LA PHYSIQUE
ET L'ÉNIGME DU RÉEL

« Sciences d'aujourd'hui »

Marceau Felden

LA PHYSIQUE ET L'ÉNIGME DU RÉEL

Les difficultés d'interprétation
de la théorie quantique
et de la relativité générale

Albin Michel

« Sciences d'aujourd'hui »
Collection dirigée par Michel Cazenave

22, rue Huyghens, 75014 Paris

ISBN : 2-226-10491-7
ISSN : 0755-1819

« Zum Raum wird hier die Zeit. »

Parsifal (Acte 1)

Introduction

Pour une large part, c'est l'expérience quotidienne qui façonne le langage courant et lui donne sa signification. Ainsi l'expression *le réel* désigne-t-elle habituellement *l'ensemble de ce qui a une existence effective* ou, plus généralement, *tout ce qui est.* Mais puisque toute interprétation linguistique émane du psychisme, elle dépend aussi bien de la culture et de l'éducation que de l'état des connaissances. Elle est donc relative. C'est pourquoi, si le concept de *réel au quotidien* n'implique pas de difficulté de compréhension, ce n'est plus vrai dès que le discours sort du champ naturel de perception humaine. Il peut d'ailleurs tout aussi bien s'agir de la connaissance scientifique que du domaine des idées et du débat philosophique, au sens le plus large.

Cela étant dit, comment caractériser le réel ? Le dictionnaire *Le Robert* en donne la définition suivante : « Qui existe effectivement. » « Qui constitue une "chose", un être autonome défini. Qui produit des effets, qui agit ; qui existe actuellement, concrètement. » Mais il va plus loin en précisant que ce terme « ne constitue ou ne concerne pas seulement une idée, un mot ; qui est présent ou présenté à l'esprit et constitue la matière de la connaissance ». C'est ainsi que, jusqu'à une époque récente et pour ce qui concerne notre perception de la nature, cette identification du réel à la connaissance ne s'étendait guère au-delà des observations de la vie courante. Or, les progrès réalisés au cours de ce siècle ont clairement montré les limites trop étroites de cette conception qui s'avère totalement inadaptée pour l'interprétation des théories cherchant à décrire des champs physiques situés hors de notre perception sensorielle. Les difficultés ainsi soulevées conduisent à poser la question du réel en termes nouveaux, qu'il s'agisse aussi bien de ses caractéristiques scientifiques que de ses aspects philosophiques et ontologiques. Car ce problème n'est pas neutre puisque, dans son acception usuelle, l'idée de réel est également synonyme d'authenticité, d'exactitude et de vérité, et c'est pourquoi, dans des cas ambigus, une telle interprétation ne manque pas de conduire à des dérives sémantiques comme le montrent certaines tendances philosophiques actuelles. Ce n'est pas un phénomène nouveau puisque certains savoirs anciens ont aussi connu de telles difficultés avec, pour conséquences, quelques élucubrations aussi surprenantes que, par exemple, la génération spontanée et la force vitale, ou le phlogistique et l'éther. Pourtant jusqu'à l'aube de notre siècle, et dans les sciences comme ailleurs, le concept de réel identifié aussi bien à la connaissance qu'à la certitude de la vérité n'a pas explicitement conduit à quelque situation rédhibitoire qui aurait impliqué une rupture. Avec toutefois cette restriction essentielle : ce fut le cas, et uniquement le cas, tant que le discours est resté confiné dans le champ naturel, celui du monde quotidien.

Depuis quelques décennies, cette condition n'étant plus remplie, la question de l'interprétation du réel se pose en termes fondamentalement différents. Car l'exploration de l'infiniment petit comme celle des profondeurs du cosmos ne s'accommodent plus des représentations de notre monde quotidien, tant par leur nature et leurs étranges propriétés que par les moyens nécessaires pour les découvrir. Par exemple l'exploration directe du monde des particules élémentaires n'étant pas possible, il faut utiliser des moyens techniques de plus en plus complexes pour rechercher leurs propriétés et tenter de résoudre la masse d'énigmes qu'elles nous posent. En conséquence, l'information recueillie transite par une longue chaîne dans laquelle l'informatique tient une place prépondérante de sorte que les données collectées sont généralement dépourvues de toute *signification physique directe.* C'est aujourd'hui une servitude irréductible à cause, d'une part, du caractère indirect des mécanismes de détection et, d'autre part, de l'incertitude entachant certains processus interactionnels qui restent conjecturaux. Aussi, pour interpréter les données, faut-il recourir à de subtiles théories dans lesquelles la part des hypothèses et des approximations n'a fait que progresser pour finalement devenir prépondérante. C'est pourquoi les limites entre les présupposés théoriques et les objectivations concrètes (pour autant que celles-ci aient encore un sens) finissent par s'estomper et l'on ne sait plus avec certitude où sont les références physiques puisque rien n'est *directement* accessible.

C'est ainsi que, par nécessité inhérente à leur nature, ces procédures n'ont plus grand-chose à voir avec les principes et les méthodes sur lesquels a été fondée toute la physique classique, c'est-à-dire sur l'observation, l'expérimentation et la vérification effective et incontestable. Comme ce n'est manifestement plus possible ici, un réexamen, tant conceptuel que méthodologique, est devenu nécessaire en dépit de la complexité de ce problème. Observons que les simulations numériques n'échappent pas plus à ces critiques car, impliquant l'utilisation de modèles, elles sont tout autant tributaires d'hypothèses, donc d'incertitudes et de réserves de nature équivalente quant aux vérifications et aux interprétations. L'ambiguïté d'une telle situation est évidemment une puissante source de controverses qui finissent par rendre de plus en plus obscur et insaisissable cet étrange réel. Et pourtant, ce concept paraissait si simple pour le bon sens commun...

Plus précisément, le cas de la physique quantique illustre encore mieux ce problème puisque plus de trois quarts de siècle après sa découverte, et en dépit de ses remarquables succès, son interprétation, ou plus exactement, sa signification demeure un profond mystère. Que représente-t-elle et à quelles sortes d'objets est-elle censée s'appliquer ? À quelle perception d'un hypothétique réel peut-elle correspondre, pour autant d'ailleurs que cette question ait encore quelque sens ? En dépit de multiples tentatives, et bien que la position de l'École de Copenhague ait fini par prévaloir – probablement plus par accoutumance que par raison –, aucune proposition n'est véritablement parvenue à convaincre. Pourquoi ? L'exemple du « vide quantique » permet déjà d'apprécier quelques-unes des difficultés rencontrées : pour tenter de justifier certains mécanismes microscopiques, cette théorie doit introduire une sorte de milieu si étrange et si complexe que, paradoxalement, il est tout... sauf vide. Et ses hypothétiques propriétés seraient si extraordinaires qu'elles auraient été capables de « faire sortir le Tout du Rien », autrement dit d'engendrer l'univers. Est-ce plausible ? La question reste posée, et de façon de plus en plus critique, pour l'interprétation de l'information extraite du micromonde.

On rencontre tout autant, bien que sous d'autres aspects, des difficultés analogues avec les théories cosmologiques dont les principaux modèles reposent sur la relativité générale, ou sur quelques structures géométriques plus abstraites. Si elles constituent un cadre de référence, l'un des problèmes, qu'Einstein n'a pas pu résoudre de manière satisfaisante, concerne la représentation du contenu et l'interprétation des propriétés de l'énergie-matière (le tenseur énergie-impulsion de ses équations de champ). Des travaux plus récents ont exploré des voies différentes, avec des modélisations géométriques plus complexes qui ne sont pas exemptes d'artifices, alors que la gravité quantique reste rebelle à toute formalisation qui ne soit pas ad hoc. Toutes les tentatives de représentation de l'univers et de ses propriétés observables rencontrent bien d'autres obstacles, les modèles actuels révélant certaines failles et obscurités dont quelques-unes sont également surprenantes. C'est, par exemple, le cas du big bang et de sa phase initiale d'inflation, ou de la curieuse constante cosmologique. Dès que l'on sort de notre galaxie, l'incertitude sur les observations et les mesures croît avec la distance et certains paramètres de l'univers restent inconnus, qu'il s'agisse, par exemple, de son âge (déterminé par la constante de Hubble) ou de son contenu (la matière sombre, ou les champs fondamentaux) dont dépendent aussi bien sa structure géométrique que son devenir. Ce qui fait que le concept de réel appliqué au cosmos, à ce qu'il contient, à ses lois et à ses structures, est lui aussi caractérisé par de profondes incertitudes qui, bien que distinctes de celles du micromonde, peuvent cependant les rejoindre.

Plus généralement, l'examen des données théoriques et des résultats de la physique actuelle fait apparaître un nombre non négligeable de difficultés suscitant quelques interrogations quant à certaines hypothèses et aux interprétations qui s'en déduisent. Ce qui ne va pas sans certains risques de dérapages : par exemple, pour tenter de sortir des impasses rencontrées dans les modélisations ou les simulations, et même dans certaines interprétations, on observe maintenant une tendance aussi lourde que fâcheuse à l'abstraction pouvant finir par dépasser le raisonnable. Les outils mathématiques utilisés (par exemple les supergroupes intervenant dans la supersymétrie et les algèbres associées), les espaces aux topologies torturées, et les arguments invoqués, finissent par constituer des sortes de puzzles mathématiques aussi abscons que complexes qui confinent à l'ésotérisme. Une chose est d'imaginer des êtres archimédiens [1] biscor-

1. Êtres théoriques idéaux, c'est-à-dire simplifiés au maximum et aux propriétés supposées parfaites. Ils peuplent un univers archimédien qui ne peut être qu'une schématisation abstraite très pauvre et restrictive du monde effectif. Pratiquement toutes les modélisations sont de type archimédien, ce qui induit peu de conséquences à certains niveaux d'observation, mais pas nécessairement à tous.

nus, puis de les manipuler selon des règles parfois si abstruses qu'elles en deviennent amphigouriques. Mais une autre, tout à fait différente, est de prétendre les identifier à quelque représentation physique non utopique. Position qui exigerait d'être démontrée autrement que par quelques coïncidences circonstancielles. Ce qui est loin, et même très loin, d'être le cas !

Deux effets pervers peuvent déjà être identifiés. En premier lieu, et comme on l'observe aujourd'hui dans certains domaines de recherches théoriques, de telles pratiques poussées au-delà de la complexité raisonnablement acceptable multiplient les difficultés d'interprétation et de signification des modèles physiques concernés. Car toutes les étapes sont en cause, qu'il s'agisse aussi bien des axiomatiques, et des formalismes associés, que des méthodes de résolution, ce qui pose la question de leur représentativité phénoménologique : à quel réel de telles spéculations peuvent-elles correspondre ? Personne ne le sachant précisément, c'est l'analyse épistémologique qui devrait étudier les problèmes de la validité et de la recevabilité des représentations physiques. Question primordiale s'il en est, mais qui pourtant ne préoccupe guère les physiciens, ceux-ci se bornant le plus souvent aux seules validations numériques de leurs modèles.

En second lieu, l'extraordinaire développement et la richesse des champs exploratoires situés hors de notre perception directe, donc qui échappent complètement à notre entendement, ne manquent pas de susciter parfois quelques spéculations hasardeuses. Ne mentionnons brièvement, et pour mémoire, que quelques exemples tels que l'introduction inattendue d'un prétendu « principe anthropique » susceptible d'« expliquer l'homme-univers » (retour imprévu de quelque déité masquée ?), ou de bizarres coquetteries consistant à « voiler le réel », le cas échéant en l'associant à quelques « univers aussi multiples que parallèles ». Digressions distrayantes, peut-être, mais qui, ne se fondant sur aucune donnée opératoire objective, ne font qu'obscurcir le problème tout en évitant de poser les véritables questions. Ce qui peut être nuisible pour les disciplines voisines, mais également pour l'information des décideurs et du public ; en un mot, pour le développement scientifique.

Quelles que soient les difficultés rencontrées, et les objections soulevées, il n'en reste pas moins que, jusqu'aux débuts de notre siècle, tous les progrès de la connaissance *rationnelle* ont été fondés sur le paradigme postulant que le réel, c'est-à-dire la Nature selon Leibniz, est modélisable, représentable et interprétable en langage mathématique. Explicitement cela signifie que l'univers, dans son ensemble comme dans ses détails, est supposé « connaissable et compréhensible » au sens du réalisme scientifique. Celui-ci a fini par s'imposer, après la révolution intellectuelle du XVIIe siècle, parce qu'il semble correspondre à nos perceptions et à nos schémas intellectuels. Mais est-ce si sûr ? Car, en dépit de ses succès, dans les années trente il fut violemment contesté à propos de l'interprétation de la mécanique quantique, qui était alors naissante, ce qui donna lieu à une véhémente querelle opposant Bohr à Einstein. Toute sa vie durant, ce dernier a toujours refusé d'abandonner le réalisme, se fondant sur un argumentaire qui lui paraissait solide, mais qui n'était cependant pas dépourvu de failles puisqu'il n'est pas parvenu à convaincre la partie adverse. C'est d'ailleurs le point de vue de Bohr qui a fini par s'imposer. Mais assurément pas de façon définitive car, en dépit de trois quarts de siècle d'efforts, les meilleurs théoriciens n'ont pas réussi à unifier de manière *cohérente* et *indiscutable* la relativité et la théorie quantique. Ce qui conduit à supposer que celles-ci ne sont que transitoires, auquel cas une certaine prudence s'impose concernant les interprétations. Comment pourrait-on en faire une authentique synthèse ? Aujourd'hui personne ne peut encore le prévoir, les tentatives actuelles étant bien trop problématiques pour être crédibles. Pourtant, et quelles que puissent être les divergences au sein de la communauté scientifique, sur le plan opératoire tout se passe comme s'il était admis quelque légitimité implicite à cette fusion. Position insolite dont, jusqu'ici, les éventuelles justifications n'ont guère été discutées.

Une autre question, peut-être plus énigmatique encore, concerne le sens et la puissance descriptive des mathématiques, c'est-à-dire leur pouvoir de représentation des phénomènes naturels. À ce propos, on observe que la position platonicienne (l'existence du monde des Idées et Formes fondamentales) offre une résistance inattendue, bien que la querelle ayant pour objet la « réalité des mathématiques » ait plus recours à un argumentaire métaphysique que rationnel. Et de toute façon, là encore et peut-être plus qu'ailleurs, de quelle réalité peut-il s'agir ? Question intéressante puisqu'elle ne peut manquer de rejoindre, et d'enrichir en la complétant, celle de la réalité physique.

Bien que cette introduction ne représente qu'un aperçu très limité des problèmes rencontrés par les développements de la physique actuelle, comme il en existe d'ailleurs dans d'autres disciplines, dont les mathématiques, ce qui précède montre déjà que c'est la question de l'interprétation physique, c'est-à-dire celle de nos possibilités de modélisation et de représentation, qui est posée. Les acquis scientifiques les plus récents, et les développements théoriques associés, mettent de plus en plus l'accent sur l'étrangeté du concept de réel, impliquant maintenant la nécessité d'une réflexion nouvelle susceptible de remettre en cause certaines idées reçues. Dans quelle mesure la physique actuelle peut-elle nous permettre de connaître l'univers, ses origines, son histoire, ses lois d'évolution et son devenir ? Quelles sont ses limites ? Comment nos moyens d'investigation peuvent-ils évoluer avec le progrès technologique dont quelques particularités – par exemple les développements de certaines applications de l'ordinateur prétendant rejoindre les neurosciences – ne manquent pas de laisser perplexe ? Que peut objectivement représenter et signifier une simulation (quand je simule un orage, je ne suis ni mouillé ni foudroyé) ? Vastes questions puisque, à travers les interrogations sur la modélisation et la théorie des représentations fondant la méthode scientifique, le véritable problème rencontré n'est rien moins que celui, beaucoup plus général, de la *signification*, de l'*interprétation* et de leurs *limites*, dont celles des mathématiques, qui seraient aussi celles de la *connaissance rationnelle*. Finalement, à travers le réel la question posée dans sa généralité est celle de la validité de la science rationnelle telle que nous l'avons construite jusqu'à présent, question qui constitue peut-être l'énigme la plus étonnante de notre époque.

Note. Les termes techniques utilisés dans le texte sont expliqués dans le glossaire, pages 295-315.

Chapitre 1

Le *réel* : un vrai problème !

En trois décennies, au carrefour du siècle, la physique a connu une révolution d'une ampleur telle que la connaissance scientifique et la pensée rationnelle en ont été profondément bouleversées. Et la prolifération des applications, ainsi que leurs performances ont été à l'origine d'une formidable expansion technologique qui, par ses potentialités, est devenue capable de changer la trajectoire humaine. Or, fait curieux attesté par la littérature de la fin du XIXe siècle, cette rupture fut tout à fait imprévisible : par exemple un physicien aussi éminent que lord Kelvin considérait que sa discipline entrait dans une phase de déclin... faute de sujets originaux ! Jusqu'à cette époque, et pour d'évidentes limites techniques, les observations et les expérimentations n'étaient guère sorties du champ perceptif qui nous est naturel bien que, dès le XVIIe siècle, les inventions du microscope et du télescope, puis leurs rapides développements aient déjà permis quelques découvertes inattendues. Les questions soulevées et les discussions qui s'ensuivirent permirent de fixer les normes et les méthodes fondant la science rationnelle. Cette étape préliminaire était indispensable pour reconnaître, collecter et sélectionner l'information objective et pertinente, matière première de tout scientifique, avant de pouvoir l'interpréter et, le cas échéant, exploiter son contenu. Car antérieurement, dans le fatras idéologique où le poids des croyances le disputait à celui du dogme, une telle opération n'allait pas de soi. La seconde transition, celle de ce siècle, fut d'une tout autre dimension puisqu'elle s'est traduite par l'accès à deux mondes inconnus, et complètement insoupçonnés : ceux de l'infiniment petit et de l'infiniment grand. Avec, pour conséquence, une véritable mutation intellectuelle concernant aussi bien notre conception de la science, de ses principes et de ses lois, que de ses méthodes, de sorte que notre vision du monde en a été complètement transformée. Et si les innovations technologiques ont déjà permis l'ouverture de vastes champs tout à fait surprenants, les perspectives d'extensions restent entières, mais inévitablement conjecturales.

Cela étant dit, l'extrême diversité de ces explorations, qui ne correspondent plus aux normes usuelles, ne pouvait que conduire à toute une série de problèmes nouveaux, les plus critiques concernant les possibilités d'interprétations des résultats obtenus et les représentations correspondantes. En effet, ne nous étant pas directement accessibles, nombre de ces phénomènes, totalement inédits, semblent ne pas s'intégrer dans les schémas qui caractérisent usuellement le concept de *réel au quotidien*. C'est donc la question de la signification de celui-ci, ou même celle de ses limites, qui se pose ; question jusque-là proprement impensable ! Comment alors y répondre ? Est-il possible d'en adapter et d'en élargir le sens, ou bien est-ce le concept lui-même qui doit être revisité ? Dans ces conditions, comment le généraliser ou même, cas extrême, par quoi le remplacer ? Problèmes d'autant plus délicats que certains ensembles de données extraites de ces nouveaux milieux laissent planer le doute quant à l'unicité de leur interprétation. À quoi chacune de celles-ci pourrait-elle ainsi correspondre s'il n'existait aucun critère permettant de les départager, ce que certaines discussions qui perdurent laissent supposer ? À terme, quelles pourraient en être les conséquences sur notre perception du milieu dans lequel nous vivons, sur notre conception de l'univers et sur la place que nous y occupons ? Comme les développements récents de différentes théories physiques traitant de ces milieux extrêmes ne font qu'attiser les controverses, ces interrogations prennent parfois un tour déconcertant. Car c'est précisément le sens général du concept de *réel* qui en est l'enjeu alors qu'il constitue l'un des repères de base de l'espèce. Et, par voie de conséquence, la question posée est finalement celle de la *signification* de la connaissance rationnelle.

Une nouvelle mécanique à l'échelle atomique

Les principaux événements ayant été à l'origine de cette rupture sont, d'une part, l'étude de l'atome et de ses constituants et, d'autre part, l'acquisition de nouveaux moyens d'observation de l'univers. Dans le premier cas, c'est l'interprétation du spectre d'émission électromagnétique du corps noir qui montra que, au plan microscopique, les échanges d'énergie entre une structure atomique et le champ électromagnétique sont nécessairement discontinus. Rapidement, les physiciens s'aperçurent que la discrétification des transferts énergétiques au niveau élémentaire est générale, ceux-ci se traduisant par des unités spécifiques de base, qu'ils appelèrent quanta, qui sont caractéristiques des phénomènes étudiés. Or les seules lois connues jusqu'alors, celles de la physique classique, ne permettent pas d'en rendre compte car elles sont incompatibles avec la structure de l'atome telle qu'elle fut révélée par l'expérimentation. Aussi fallut-il imaginer une théorie nouvelle qui, dans sa première version, s'inspirait de certaines analogies optiques, d'où sa dénomination initiale de mécanique ondulatoire. Puis, comme elle traite de la dynamique des quanta, elle fut d'abord reformulée de manière plus générale sous la forme d'une véritable mécanique quantique qui, dans un premier temps, s'avéra être celle de l'échelle des dimensions atomiques, avant d'être généralisée.

Peu avant, une étude plus approfondie de la lumière (l'effet photoélectrique[1]) avait montré que celle-ci est indiscutablement dotée de certaines propriétés de nature corpusculaire. Or l'existence incontestable des figures d'interférences implique tout autant une structure ondulatoire qui était la seule admise, à cette époque, depuis les travaux de Th. Young au début du XIXe siècle. Cette découverte posait donc une curieuse énigme : comment concilier ces deux représentations physiques apparemment irréductibles puisqu'un corpuscule est localisé alors qu'une onde ne l'est pas ? D'autant que, rapidement, d'autres découvertes (dont l'effet Compton[2]) confirmèrent cette bizarre propriété des rayonnements électromagnétiques. De plus, les difficultés s'amplifièrent considérablement avec les développements de la nouvelle mécanique et avec la question de son interprétation. En effet, compte tenu de certaines restrictions quant à la nature de l'onde associée (qui n'est pas effectivement physique mais probabiliste), le physicien L. de Broglie généralisa ce curieux phénomène de dédoublement à tous les corpuscules (n. 1, ci-dessous). C'est ainsi que, pour tenter de sortir de ce dilemme, fut proposée l'idée insolite de « dualisme », mot exprimant le fait que la matière paraît dotée d'une structure capable de manifester des propriétés soit corpusculaires soit ondula-

---

1. Émission d'électrons provenant d'un métal bombardé par un faisceau électromagnétique de fréquence appropriée – car il existe un seuil caractéristique pour que le phénomène se produise. C'est à cette occasion que A. Einstein a établi sa célèbre relation liant l'énergie du photon, vecteur énergétique de l'onde, à la fréquence de celle-ci. C'est l'une des deux relations de base de la mécanique ondulatoire. L'autre, due à L. de Broglie, relie la longueur d'onde, de l'onde associée, à la quantité de mouvement (produit de la masse par la vitesse) du corpuscule, quelle que soit la nature de celui-ci. Dans les deux cas la constante de proportionnalité est celle de Planck. Remarquons que l'axiomatique générale de la physique quantique est plus complexe que celle de la mécanique ondulatoire.

2. Variation de fréquence des photons d'énergie suffisante diffusés par les électrons atomiques. A. H. Compton observa une diminution de la fréquence de rayonnements X diffusés par de la paraffine, contrairement à ce que prévoyait la physique classique.

toires. Car, outre des effets localisés caractéristiques des particules, des interférences peuvent également être mises en évidence à partir de faisceaux corpusculaires.

Mais on se heurte alors à un curieux problème : quand l'un de ces deux aspects – soit le corpuscule, soit l'effet ondulatoire – est observé il se trouve que, inexplicablement, l'autre disparaît. Il en va ainsi quels que puissent être les processus expérimentaux jusqu'ici utilisés, ou les multiples astuces techniques mises en œuvre. Et pourtant, dès lors qu'elle n'est pas concomitamment sollicitée, cette double caractéristique se traduit par des effets concrets conduisant à admettre que c'est l'une des particularités essentielles de la matière-énergie. Ainsi se trouve-t-on confronté à une situation paradoxale qui reste inexpliquée. À défaut d'autre interprétation, on en a conclu que toute expérimentation serait équivalente à une sorte de règle de sélection, le principe de complémentarité impliquant un choix exclusif entre ces deux groupes de propriétés qui, pour des raisons mal comprises, seraient expérimentalement incompatibles. Et cela en dépit de quelques commentaires ad hoc qui ne peuvent pas convaincre. La « dualité » ne représente finalement qu'une dénomination, c'est-à-dire une étiquette apposée sur notre ignorance. Mais, dans de telles conditions, où donc est le réel ? L'être quantique n'est plus stricto sensu représentable en tant qu'objet physique, il ne l'est qu'à travers un formalisme complexe dont l'essence est de nature mathématique de sorte qu'il ne peut plus que correspondre à ce que l'on peut appeler un *réel formaliste*. En fait, le problème est beaucoup plus compliqué, comme nous en discuterons au chapitre 4.

Après ces succès atomiques, on se rendit assez rapidement compte que la nouvelle mécanique s'appliquait également au noyau de l'atome puisqu'elle fut capable d'interpréter la radioactivité alpha (émission de noyaux d'hélium par certains éléments lourds). À la suite d'une spectaculaire accumulation de résultats expérimentaux, et de différents travaux dont l'objet était de reformuler son axiomatique, la mécanique ondulatoire se transforma finalement en physique quantique. Ce fut en particulier l'œuvre du physicien P.A.M. Dirac qui, en introduisant un nouveau cadre conceptuel beaucoup plus général, parvint à mettre au point une théorie bien plus élaborée dont la symbolique s'est imposée. D'une façon extraordinaire, Dirac fut capable de prévoir l'existence d'un monde totalement nouveau : celui des antiparticules que, jusqu'alors, rien n'aurait pu laisser supposer. Quelques années plus tard (en 1932), dans l'étude du rayonnement cosmique, C. Anderson découvrit la première d'entre elles, le positron – antiparticule de l'électron –, confirmant ainsi de manière éclatante la théorie de Dirac. Les autres constituants de cet antimonde potentiel, fait d'antimatière, furent identifiés dès que l'on eut des accélérateurs suffisamment puissants, c'est-à-dire dans les décennies qui suivirent la fin de la seconde guerre mondiale. Aujourd'hui, on en est à la phase des premiers anti-atomes.

Mais, outre les questions posées par ces remarquables découvertes, une surprise de taille attendait les physiciens. En effet, de façon tout à fait imprévue, l'axiomatique de la théorie quantique (principe de Heisenberg [1]) implique irréductiblement une indétermination paramétrique fondamentale : il s'agit, en fait, d'une limite de précision imposée à la mesure simultanée des couples conjugués de paramètres dynamiques d'un microsystème. Cette restriction est inéluctable car, étant inhérente au formalisme, elle correspond à une indétermination qui ne dépend en aucune façon des processus de mesure, c'est-à-dire

1. Il indique que le produit des indéterminations relatives à la position et à la quantité de mouvement d'un corpuscule doit être supérieur à la constante de Planck – à un facteur numérique près. De même pour le produit de l'indétermination concernant l'énergie et le temps. Ce principe a des conséquences exceptionnellement importantes car, dans les conditions inférieures aux limites qu'il détermine, les lois de conservation de la physique peuvent être violées, ce qui autorise les combinaisons les plus audacieuses et conduit aux étranges propriétés du « vide quantique »... qui n'a de vide que le nom !

de l'expérience. En fixant formellement une valeur limite inférieure de précision aux paramètres du système, donc aux conditions initiales, ce principe interdit une détermination rigoureuse de l'état du système à l'instant considéré, aussi implique-t-il une incertitude irréductible concernant son évolution ultérieure dont la connaissance ne peut être que statistique. En conséquence, il y a rupture de la chaîne causale puisque, par exemple, une précision trop élevée sur la vitesse entraîne une très grande incertitude sur la position, et réciproquement. *Il s'agit donc d'une dénonciation du déterminisme scientifique classique*, au sens de Laplace. Il y a dénonciation en ce sens que le déterminisme n'est pas éliminé, la théorie quantique le rendant statistique. Ce qui en change profondément les conséquences, l'une d'elles étant, par exemple, qu'il est impossible de reproduire un état dynamique microscopique à l'identique.

Cette découverte fit l'effet d'un véritable cataclysme scientifico-philosophique puisque, jusqu'alors, toute la connaissance rationnelle reposait sur le principe du déterminisme qui, étant fondateur, semblait absolument intransgressible. Rappelons que Claude Bernard, dont l'influence sur les méthodes de la recherche scientifique fut considérable, déclarait, dans son *Introduction à la médecine expérimentale* (1865) : « Il y a un déterminisme absolu dans toutes les sciences. » Il exprimait ainsi une opinion admise de façon générale par le monde scientifique qui postulait que, de manière formelle, l'ordre causal et les lois de la nature sont constants, universels et inaliénables. C'est précisément ce qui fonde le déterminisme à travers la causalité et qui donne sa valeur à la démonstration rationnelle, donc à la méthode scientifique dans son ensemble. Sa remise en question, même si elle ne concernait que l'infiniment petit, ébranla donc profondément le réalisme scientifique et fut l'objet d'une longue querelle, qui n'est d'ailleurs toujours pas éteinte. Elle ne l'est pas car aucun des protagonistes n'a pu, jusqu'ici, apporter un argument capable d'emporter indiscutablement la conviction, la physique quantique s'accommodant remarquablement des seuls résultats de nature probabiliste qu'elle peut fournir. Ce qui n'empêche pas que la question de sa signification, ou plus exactement celle de sa représentativité, reste une énigme. En dépit de tous ses succès, et ils sont considérables, et malgré le fait que, jusqu'à présent, on n'est pas parvenu à la mettre en défaut, il s'agit tout de même d'une bien étrange théorie qui contrevient totalement au sens du réel au quotidien. D'autant que, dans ses développements les plus récents, les divergences n'ont fait qu'aller en s'accroissant.

La révolution relativiste

Le concept d'absolu est, d'une façon naturelle, inhérent au psychisme humain. En effet, s'il a besoin d'éléments de référence et de comparaison stables, Homo sapiens sapiens y est également incité par la permanence de certaines données et par la pensée religieuse tendant à en universaliser l'expression. C'est pourquoi, aussi bien pour des raisons culturelles que pratiques, la physique classique s'est accommodée des absolus sans éprouver le besoin d'en discuter le bien-fondé, particulièrement dans cette théorie fondamentale que fut, pendant plus de deux siècles, la mécanique de Newton. En effet, dans un scolie, celui-ci en a précisé le cadre en déclarant « l'espace absolu, sans relation aux choses externes, demeurant par sa nature toujours similaire et immobile », alors que « le temps absolu, vrai et mathématique, sans relation à rien d'extérieur, coule uniformément et s'appelle la durée ». Il a également indiqué que « le mouvement absolu est la translation d'un corps d'un lieu absolu en un autre lieu absolu ». Il ne fait donc aucun doute que, pour Newton, l'espace, le temps et le mouvement sont des invariants absolus mais, comme l'a précisé Mach dans sa critique de la mécanique rationnelle (*Die Mechanik in ihrer Entwicklung historisch-kritisch dargestellt,* 1883, éd. revue et corrigée 1908), inaccessibles puisque « personne ne peut rien dire de l'espace absolu et du mouvement absolu qui sont des notions purement abstraites, qui ne peuvent en rien être le résultat de l'expérience ». En d'autres termes, il aura fallu attendre plus de deux cents ans pour s'apercevoir que de telles « définitions » – qui à l'évidence n'en sont pas –, rendent leur objet insensible à tout, donc inaccessible à l'investigation. Ce sont des dogmes. D'ailleurs, outre les critiques de Mach, les fondements de la mécanique classique ont fait l'objet de discussions approfondies au début du siècle, en particulier par P.W. Bridgman (*The Logic of Modern Physics*), montrant qu'ils ne sont pas exempts d'ambiguïtés. C'est, par exemple, le cas de la première loi dynamique de Newton impliquant la caractérisation opératoire du mouvement rectiligne généralisé.

Ces restrictions n'empêchent cependant pas l'utilisation pratique, et avec quel succès, de la mécanique de Newton d'autant que son formalisme implique que des référentiels locaux (référentiels galiléens ou d'inertie), en translation relative rectiligne et uniforme, conservent les lois du mouvement. C'est le principe de relativité de Galilée qui se traduit par une loi linéaire simple de composition des vitesses. Comme cette loi devait être applicable à un éventuel mouvement absolu de la Terre, sous certaines conditions celui-ci aurait dû être détectable. Rappelons que, pour des raisons philosophiques, Platon et surtout Aristote avaient supposé l'univers rempli d'une sorte d'élément mal défini, appelé éther. Cette hypothèse avait perduré, avec des fluctuations quant aux propriétés de ce curieux milieu qui, à la fin du siècle dernier, était devenu le support des ondes électromagnétiques récemment découvertes. Car les lois de la physique classique n'étant pas compatibles avec leur propagation dans le vide, ce point de vue semblait cohérent avec le rayonnement visible des étoiles et la transmission des interactions gravitationnelles newtoniennes. Mais pour établir les fondements de sa théorie électromagnétique, dont ses célèbres équations, J.C. Maxwell avait été contraint d'attribuer à cet éther de bien étranges propriétés puisque, pour transmettre les ondes lumineuses qui sont transversales, sa rigidité devait être celle d'un solide parfait alors que, pour n'opposer aucune résistance au déplacement des étoiles, il devait être parfaitement fluide. De plus, pour des questions techniques, Maxwell l'avait pourvu d'une structure particulièrement artificielle, faisant ainsi de l'éther la construction la plus paradoxale qui soit !

Malgré tout, étant supposé au repos absolu, l'éther représentait à cette époque le référentiel idéal de Newton pour la quasi-totalité des physiciens. Aussi, avec lord Kelvin, considéraient-ils que ce milieu constituait le seul cadre acceptable pour édifier une physique universelle. Et c'est pour le mettre en évidence qu'ils envisagèrent de mesurer la vitesse absolue de la Terre, opération réalisable à partir de l'utilisation de la loi de composition des vitesses de Galilée. Comme l'optique pouvait fournir une précision suffisante, une première série d'expériences [1] fut réalisée dans des conditions devant limiter les causes d'erreurs. Pourtant ce fut l'échec. Pour en expliquer les causes, Fresnel émit l'hypothèse, dite « du vent d'éther », selon laquelle la Terre, dans son mouvement, entraînerait localement ce milieu, annulant ainsi les effets recherchés. Quelque temps après, avec la maîtrise de méthodes nettement plus performantes, la question pouvait être reconsidérée avec une meilleure probabilité de réussite. C'est ainsi que, vers la fin du siècle, l'optique interférométrique fut utilisée dans ce but avec la célèbre expérience [2] de Michelson et Morley. Mais, en dépit de sa sophistication, elle fut encore négative. Et de nouveau, recourant à une explication ad hoc, Fitzgerald et Lorentz tentèrent d'en justifier les raisons

1. Ces expériences, dites techniquement « du premier ordre », permettent de mesurer le rapport v/c, où v est la vitesse de la Terre et c celle de la lumière – rapport dont la valeur est de l'ordre de 10^{-4} –, ce qui est tout à fait à la portée des mesures optiques de l'époque.

2. Dans les expériences de Michelson et Morlay (1887) ce sont les effets du deuxième ordre, c'est-à-dire en $(v/c)^2$ – soit de l'ordre de 10^{-8} –, qui sont mesurés. Et la précision est suffisante pour qu'on soit assuré de la validité des résultats qui, une fois encore, sont négatifs.

avec leur hypothèse de contraction des longueurs qui, pour eux et contrairement à la mécanique relativiste, était une contraction absolue résultant du mouvement lui-même.

Comme cette situation devenait tout de même suspecte, en particulier le fait que des effets secondaires soient aussi parfaitement ajustés pour s'opposer à toute mise en évidence expérimentale de l'éther, un certain scepticisme finit par se manifester chez les physiciens les plus critiques. C'est alors que la question fut magistralement résolue par Einstein qui publia, en 1905, la théorie de la relativité restreinte[1]. Elle se fonde sur l'idée physique suivante : pour des questions de symétrie dynamique des observateurs, il est opératoirement impossible de mettre en évidence quelque mouvement *absolu de translation rectiligne et uniforme* que ce soit, rendant ainsi caduque la recherche d'un référentiel universel et absolument immobile. La théorie mathématique des groupes, ici celui de Poincaré-Lorentz, permet d'en rendre compte. Le concept de repos absolu n'a donc pas de sens physique, ce qui constitue une propriété essentielle du réel, celle de sa relativité par rapport au mouvement rectiligne et uniforme. Tous les référentiels d'inertie sont donc tels qu'aucune expériences interne, effectuée dans quelque système physique associé que ce soit, ne peut mettre en évidence leur état dynamique propre. Avec pour conséquence qu'aucune interaction physique n'est possible entre eux puisque de tels mouvements n'induisent aucune force.

1. Deux postulats en sont à la base : 1° la covariance, c'est-à-dire l'invariance de la formulation des lois physiques dans tous les référentiels d'inertie ; 2° la constance absolue de la vitesse de propagation de la lumière dans le vide. L'équivalence physique des référentiels d'inertie résulte du premier postulat.

Quelques conséquences de la relativité

En devenant fondés sur l'idée de champs se propageant dans le vide, les phénomènes ondulatoires et gravitationnels ne nécessitent plus aucune des propriétés attribuées à l'éther. C'est ainsi que, vidé de tout contenu physique, donc ne jouant plus aucun rôle effectif, celui-ci est purement et simplement éliminé. En revanche, le concept de champ va se révéler d'une grande fécondité, ici comme en physique quantique, permettant d'autres modélisations beaucoup plus élaborées. Mais il va, lui aussi, présenter certaines difficultés d'interprétation, la première d'entre elles étant qu'un champ n'est pas directement observable. Et comme il existe autant de champs spécifiques que d'entités physiques à décrire, leur représentation met en œuvre différents types de structures mathématiques (scalaires, vectoriels, tensoriels...) dont les rapports au réel sont tout à fait problématiques. Pourtant, et pour ne parler que de lui, le champ électromagnétique se manifeste en permanence, et de plus en plus, par ses effets dans la vie quotidienne. Ce qui n'empêche cependant pas que, sur le plan des principes, un archétype impondérable, l'éther, est remplacé par un autre, le champ. Certes, tout en paraissant plus fondé, le second est autrement plus fécond mais, pour la connaissance et la compréhension du réel, il n'en demeure pas moins que le progrès n'est pas immédiatement manifeste.

Ces remarques n'enlèvent rien au fait que la relativité restreinte a représenté l'une des étapes majeures du renouvellement de la physique. En la rendant homogène elle a permis sa généralisation et son universalisation, conduisant à une moisson de résultats nouveaux. D'abord, les problèmes insolubles liés à l'éther disparaissent tandis que le concept de champ clarifie les questions de propagation comme, plus tard, il renouvellera les mécanismes d'interactions. Ensuite, elle introduit une nouvelle constante universelle en postulant l'invariance de la vitesse de la lumière (proche de 300 000 kilomètres par seconde), ce qui en fait une théorie authentiquement nouvelle. À partir de ce postulat, est formulée une transformation générale de coordonnées (transformation de Poincaré-Lorentz) établissant l'identité des lois physiques telles qu'elles sont observées dans deux référentiels quelconques en translation relative rectiligne et uniforme. C'est la covariance qui, précisément, élimine la possibilité expérimentale de distinguer de tels états entre eux, donc également celui de repos absolu qui perd ainsi tout sens opératoire. Un nouveau cadre conceptuel universel de description des phénomènes, l'espace-temps de Minkowski, est alors institué dans lequel la nouvelle mécanique et l'électromagnétisme de Maxwell sont unifiés, permettant des formulations remarquablement homogènes et d'une grande généralité. Ainsi se trouve résolu ce problème qui avait tenu en échec la mécanique de Newton, ce qui mit un point final à l'ambition de nombre de physiciens qui avaient vu en elle la théorie universelle. Enfin, et parmi d'autres, l'un des acquis les plus impressionnants du travail d'Einstein fut l'identification physique de la masse à l'énergie (la célèbre relation $E=Mc^2$). Les potentialités de cette remarquable découverte ont conduit à des applications aux conséquences les plus inattendues. Et l'on est loin d'en avoir exploité toutes les possibilités physiques et énergétiques.

Pourtant l'interprétation de certains résultats relativistes ne manque pas de laisser perplexe tant ceux-ci semblent en désaccord avec les observations de la vie courante. Par exemple, les étalons de longueur et de temps deviennent relatifs dès que leurs possesseurs ne sont plus en état respectif de repos. Autrement dit, dès qu'un observateur veut mesurer des distances ou des intervalles de temps dans un système en translation rectiligne et uniforme par rapport à lui, il doit effectuer certaines corrections pour pouvoir les comparer à ses étalons propres. Il s'agit des phénomènes bien connus de contraction des longueurs et de dilatation du temps (ralentissement des horloges). Et, conséquence pour le moins surprenante, ce qui est simultané pour l'un ne l'est plus pour l'autre. Cela signifie que l'espace et le temps deviennent relatifs alors que c'est l'espace-temps de Minkowski qui revêt un caractère descriptif absolu, ce qui ne contredit en rien le relativisme puisqu'il n'est pas physiquement opératoire. C'est un cadre particulièrement approprié aux développements des calculs ainsi qu'à certains types d'interprétations. Mais il ne correspond, pour nous, à aucun réel puisque le temps y est considéré dans son étendue alors que seul l'instant présent nous est perceptible.

Le mouvement galiléen de l'observateur conservant la formulation, donc le contenu des lois physiques, le relativisme de cette théorie doit aussi se traduire dans son pouvoir descriptif de sorte qu'elle ne peut que représenter un *réel relatif*. Et si ce fait est sans conséquence dans le monde quotidien, raison pour laquelle il a fallu si longtemps pour le découvrir, il est tout de même avéré et doit être pris en considération dans des conditions qui ne lui correspondent pas, notamment aux très grandes vitesses. Par sa nature, ce réel est également tout à fait distinct de la représentation formaliste quantique, ce qui ne contribue pas au rapprochement de ces deux théories. Cela étant, la conséquence fondamentale de ce concept de réel einsteinien est la fin des absolus physiques, à l'exception surprenante de la vitesse de la lumière. Cette question, qui a fait l'objet de nombre de discussions car elle s'apparente à une énigme, a été plus ou moins tranchée par l'adoption du point de vue de P. Ehrenfest pour qui cette hypothèse correspond à un postulat supplémentaire de non-contradiction dans la théorie d'Einstein. Jusqu'ici il est vérifié, pourtant ce n'est qu'un point de vue, non une explication.

Ce faisant, cette constante, qui est finalement celle de toute propagation limite d'énergie-matière, identifie une limite physique parfaitement définie puisque aucun mobile n'est censé pouvoir la franchir. On doit cependant observer que, malgré toutes les données et vérifications expérimentales, l'invariance de la vitesse de la lumière ne manque pas de soulever certaines questions, en particulier à propos de l'éventuelle non-localité quantique. Mais également par les restrictions qu'elle impose aussi bien à nos possibilités d'exploration de l'univers qu'aux communications et aux transferts cosmiques. Et l'on peut également s'interroger sur les *causes et conditions physiques qui déterminent sa valeur*, laquelle est considérable à notre échelle mais remarquablement faible à celle de l'univers. Quelles peuvent bien en être les raisons ? Question des plus obscures et, semble-t-il, jusqu'ici peu discutée (voir p. 264, n. 1).

En dépit de ses succès, la remise en cause du bon sens commun qu'elle implique et l'originalité de son point de vue n'ont pas facilité l'acceptation de cette théorie. Les réticences qu'elle a suscitées chez les physiciens, dont quelques-uns parmi les plus éminents, ont été telles qu'Einstein s'est vu décerner le prix Nobel de physique en 1921, soit seize ans plus tard, non pour ce remarquable travail mais pour son explication de l'effet photoélectrique. Et cela malgré le fait que, au moment de son explication c'est-à-dire dans les années mil neuf cent, l'atome était encore presque inconnu, et d'ailleurs contesté, alors que par sa nouvelle formulation la relativité restreinte semblait présenter l'avantage de clarifier en l'unifiant une part importante de la physique de son époque. Ce qui montre, là aussi, le relativisme de la rationalité de certains chercheurs...

Notons encore que, sans nécessité de recourir à cette théorie, il existe des situations dans lesquelles nos perceptions peuvent, elles aussi, être empreintes d'un certain relativisme. Ce fut, par exemple, le cas des astronautes qui ont fait le voyage lunaire, s'éloignant ainsi suffisamment de la Terre pour devoir réinterpréter certaines données. Ceux de la mission Apollo 8 (premier vol humain en orbite lunaire) ont déclaré que si le fond cosmique statique restait identique, en revanche l'observation du couple Terre-Lune était tout à fait différente de la vision terrestre traditionnelle alors qu'il s'agissait pourtant du même système. Et, par exemple, les conditions d'orientation étaient à revoir puisque l'étoile Polaire n'indiquait plus la direction du pôle nord lunaire, ce qui traduit, là encore, la relativité des observations et des interprétations.

La relativité générale

La restriction de la covariance aux seuls référentiels galiléens n'est pas satisfaisante pour l'homogénéité de la physique, et c'est la raison pour laquelle Einstein entreprit de la généraliser aux mouvements quelconques. Ce fut une opération longue et difficile puisque la version initiale de sa *Théorie de la relativité générale* date de 1915. Deux idées originales en furent à l'origine, d'une part un principe dit d'« équivalence locale », d'autre part l'hypothèse (inspirée de Mach) que la géométrie de représentation de l'espace physique dépend de son contenu. L'une impliquant l'autre, c'est finalement la convergence des deux qui constitue la matrice de la théorie einsteinienne de la gravitation.

Selon le principe d'équivalence, la dynamique d'un système physique en mouvement accéléré est localement équivalente à celle du même système qui serait libre mais se déplacerait dans un champ de gravité. Cela signifie que l'identité, reconnue expérimentalement avec une grande précision, de la masse inerte et de la masse grave permet d'établir une équivalence de fait entre l'action physique d'un champ de force et celle d'un champ gravitationnel, dès lors qu'ils sont convenablement adaptés. Autrement dit, rien ne permet de les distinguer expérimentalement. Mais les sources de force et celles de gravité étant par nature distinctes, il en va de même de leurs lignes de force, c'est-à-dire de leurs champs associés, aussi la correspondance ne peut-elle être que locale. Il faut préciser que cette remarquable propriété tient au fait que les accélérations inertielles et gravitationnelles sont totalement indépendantes de la nature physique des corps qui les subissent. Cela étant, il est alors possible de géométriser cette propriété et de l'affecter au milieu mais, comme la coïncidence n'est que locale, il existe des contraintes mathématiques d'ajustage des divers champs relativement à l'ensemble des observateurs, et c'est pourquoi la géométrie euclidienne ne convient plus. C'est donc pour des questions de raccordement géométrique d'espaces inertiels, localement et instantanément tangents, dans lesquels sont les différents observateurs que l'espace devient courbe. Ainsi la gravité est-elle associée à la courbure et l'on retrouve la seconde idée puisque cette courbure dépend de la masse qui la crée, c'est-à-dire du contenu. Dans cette description, la ligne de plus courte distance entre deux points quelconques, c'est-à-dire la géodésique, est celle du mouvement libre.

Ainsi, dans cette théorie, la gravitation ne résulte pas d'un champ spécifique engendré par la matière mais de la courbure de l'espace, laquelle est déterminée par sa métrique [1]. C'est pourquoi, si celui-ci est euclidien c'est-à-dire plat, il ne peut que représenter une structure physique ignorant la gravité. Ce qui n'est pas le cas chez Newton qui pose le problème différemment. Et, bien qu'il existe différentes classes d'espaces courbes constituant les géométries non euclidiennes, pour des questions techniques ce sont ceux de type riemannien qui ont été les plus utilisés, mais non exclusivement. Cela montre que, outre ses propriétés de covariance qui nécessitent l'expression tensorielle des lois physiques, la relativité générale est d'abord une théorie de la gravitation, ce qui va tout naturellement conduire à l'utiliser pour modéliser l'univers. On en discutera au chapitre 5.

Précisons encore quelques points importants. C'est le principe d'équivalence, et non la relativité générale en tant que telle, qui est responsable de la courbure de l'espace, propriété dont il

1. La métrique est une fonction mathématique déterminant la géométrie, ici celle de l'espace-temps. C'est une relation caractérisant la distance séparant deux points voisins d'un ensemble géométrique donné, qui est invariante par changement de coordonnées. Ce sont les coefficients tensoriels de la métrique qui déterminent la courbure de l'espace de représentation ; s'ils sont constants, l'espace est « plat ». Remarquons que si la métrique caractérise l'espace, elle ne définit pas sa topologie.

faut tenir compte lors des vérifications expérimentales. D'autant que, par exemple, la mécanique classique étudie le mouvement des planètes dans un espace euclidien alors que l'électromagnétisme maxwellien peut s'énoncer dans un espace de Minkowski. Il existe également un principe, dû à Mach, qui crée des difficultés. Dans sa version initiale, il déclare que ce sont les effets collectifs de l'ensemble des masses de l'univers qui déterminent les propriétés des mouvements accélérés (forces d'inertie). Dans sa version forte, ce principe signifie que l'espace physique n'existe que s'il est non vide, ce qui implique que l'espace-temps ne peut être élaboré qu'à partir des objets qu'il contient...lesquels ne peuvent exister que par rapport à lui, raisonnement qui est manifestement autoréférentiel. Ce principe soulève un problème de compatibilité avec la relativité générale car celle-ci s'accommode d'espaces courbes, bien que vides (par exemple l'espace de De Sitter). De plus, une description relativiste purement machienne, c'est-à-dire dans laquelle la structure de l'espace-temps serait entièrement déterminée par son contenu en énergie-matière, ne semble pas correspondre aux observations. C'est une question qui reste posée, son importance tenant au fait qu'elle est liée au caractère fini, ou non, de l'univers.

Précisons encore que la relativité générale se traduit par un groupe d'équations, dites « équations du champ d'Einstein », qui sont censées géométriser la physique, si possible l'ensemble de la physique, « grand rêve d'Einstein » qui sera aussi son grand échec. En bref, ces équations sont constituées d'un premier membre purement géométrique exprimant des propriétés particulières de l'espace de représentation (potentiel gravitationnel et ses dérivées liées à la courbure), lequel est formellement déclaré égal au contenu physique de l'univers représenté par un tenseur énergie-impulsion qui constitue le second membre. Il s'agit, en fait, d'une généralisation de l'équation classique de Poisson relative au potentiel gravitationnel. Une constante permet de raccorder les dimensions physiques des deux membres et les unités. La caractérisation géométrique de l'espace, qui est supposé représenter le cadre de l'univers, dépend de l'expression des coefficients de la métrique, la difficulté étant d'en formaliser le contenu physique. Et si différentes solutions sont possibles, les critères de vérification et de vraisemblance limitent assez sévèrement les choix, d'autant que le second membre, c'est-à-dire le contenu de l'univers, influence le premier, donc la géométrie d'espace-temps. C'est ainsi que l'on ne connaît pas de solution exacte de ces équations qui feraient intervenir, dans des conditions réalistes, à la fois des sources matérielles dynamiques et les champs énergétiques associés. Dans les extensions telles que celles qui ont pour objet les théories d'unification des différentes interactions, on doit faire intervenir des espaces multidimensionnels plus compliqués dont on ignore aussi bien le nombre effectif des dimensions (il existe différentes possibilités) que celui des constantes fondamentales nécessaires pour l'interprétation physique. Il en va de même pour l'origine de la masse qui reste une énigme, en dépit de Mach. C'est pourquoi il se pose de façon générale un problème de choix pour ce qui concerne les modèles, donc pour leurs possibles relations avec la réalité, ou plus précisément la connaissance de l'univers qui pourrait s'en déduire. D'autant que, dans tous les cas, des approximations sont nécessaires alors qu'il subsiste des difficultés inhérentes au formalisme qui fonde la relativité générale.

Une découverte majeure : l'expansion de l'univers

Au début du siècle, l'univers connu, supposé parfaitement statique, se réduisait à notre galaxie dont on connaissait encore mal le contenu et les dimensions. Peu après les travaux d'Einstein, le premier grand télescope mondial – celui du mont Wilson qui possède un miroir de 2,5 mètres de diamètre – fut mis en service aux États-Unis. C'est le premier instrument optique permettant de réaliser des observations suffisamment précises pour identifier des objets stellaires extragalactiques. Bien que la détermination des distances cosmiques pose d'importants problèmes, moyennant certaines hypothèses sur les étoiles pulsantes (céphéides), il devint évident pour l'éminent astronome que fut E. Hubble que le ciel était peuplé de nombreuses galaxies plus ou moins semblables à la nôtre. Leur étude photométrique lui montra que leur spectre est décalé vers le rouge, ce que l'interprétation Doppler traduit par un éloignement, alors que ces décalages croissent en fonction inverse de leur luminosité, c'est-à-dire de leur éloignement. Il en résulte, à l'évidence, qu'il doit exister une relation de proportionnalité entre ces deux effets de sorte que la vitesse radiale d'éloignement d'une galaxie est proportionnelle à sa distance par rapport à l'observateur. C'est la célèbre loi de Hubble (1929) qui traduit l'expansion de l'univers, la constante de proportionnalité portant naturellement le nom de son auteur. Il s'agit véritablement d'une découverte scientifique capitale, tant par ses conséquences scientifiques que philosophiques.

En effet, pour ce qui concerne les secondes, et comme ce fut le cas avec la remise en cause du déterminisme, cet événement eut des conséquences d'une portée culturelle considérable. Il fit l'effet d'une véritable bombe au sein des grands courants spirituels et religieux qui associaient la pérennité céleste à l'immanence divine, raison pour laquelle l'univers devait exister de toute éternité. D'ailleurs personne n'aurait même osé soulever une telle question. Il s'agissait donc, là encore, de l'effondrement d'un repère primordial de l'espèce, au moins en tant que support essentiel des différentes religions ; il en avait fallu infiniment moins pour envoyer le dominicain Giordano Bruno au bûcher [1],

1. Si G. Bruno critique la théologie de son temps, ce n'est pas pour l'éliminer du savoir au profit de la seule pensée rationnelle mais pour restaurer une ancienne théosophie attribuée au mythique Hermès Trismégiste. À ce titre, et contrairement à une opinion faussement répandue, Le Nolain (car Bruno était né à Nola, dans le royaume de Naples) n'est pas l'un des précurseurs de la science moderne. Il reste un penseur « magique » pour qui l'univers, qui est « l'âme de Dieu », est une sorte de corps vivant dont les

ou pour désavouer Galilée ! La mise en évidence de galaxies extérieures à la nôtre eut également pour effet de banaliser notre Voie lactée, rendant du même coup notre système solaire tout à fait insignifiant au sein de ce vaste univers, avec les implications ontologiques que cela comporte.

Sur le plan scientifique cette découverte représente historiquement une étape décisive de la connaissance puisqu'il s'agit de la première mise en évidence d'une authentique loi cosmologique. Avec pour conséquences que, en bonne logique, l'expansion doit impliquer l'existence d'une origine et d'une histoire de l'univers. Mais quelle origine et quelle histoire ? Serait-il possible de les découvrir et quels enseignements pourrait-on en tirer ? Questions lourdes de sens et qui, malgré de substantiels progrès, restent largement ouvertes, comme nous en discuterons au chapitre 5.

Ces remarquables travaux permirent également d'acquérir de nouvelles données sur les dimensions, sur la constitution et sur certains des constituants du cosmos. Parallèlement, ils suscitèrent de nombreuses recherches, tant en optique instrumentale que dans les différentes techniques d'extraction et d'exploitation de l'information stellaire. C'est ainsi que, peu avant la seconde guerre mondiale, la cosmologie acquit le statut de science à part entière qu'elle ne possédait pas jusque-là.

Notons que l'expansion de l'univers ne correspond pas à un déplacement relatif des galaxies mais à un mouvement spatial d'ensemble équivalant à une sorte de dilatation globale. Si ce

---

effets se manifestent dans le mouvement des astres dû à un principe vital qui en dérive. De ce fait, les astres étant également vivants, ils ont une âme de sorte qu'ils ne peuvent pas obéir à des lois de type mathématique. C'est un aspect du « biocosmologisme » qui perdurera sous d'autres formes. Pourtant, étendant les idées de Nicolas de Cusa (XVe siècle, auteur de *La docte ignorance*), G. Bruno a le grand mérite de reconnaître et de mettre en évidence, au plan humain, le rôle du concept d'infini, brisant ainsi la finitude du monde de Copernic, ce qui va ouvrir de nouveaux espaces à la pensée philosophique.

n'était pas le cas, le problème dynamique posé serait critique. Pour la cohérence et les besoins de l'interprétation, on a été conduit à postuler l'existence d'un *principe cosmologique* déclarant que tous les points de l'univers sont physiquement strictement équivalents, autrement dit que celui-ci est homogène et isotrope. Il n'y a donc aucun lieu privilégié et, en particulier, pas de centre, aussi bien pour ce qui concerne la dilatation que les autres propriétés. De manière plus précise, ce principe de rationalité déclare que toutes les lois physiques sont identiques quels que soient le lieu et l'époque. L'une de ses conséquences parmi les plus importantes concerne l'universalité de la constitution physico-chimique cosmique, bien vérifiée aujourd'hui en fonction des moyens dont nous disposons, naturellement compte tenu de certaines inhomogénéités locales. Sans de telles hypothèses, jusqu'ici parfaitement en accord avec les observations alors que la puissance des moyens modernes mis en œuvre ne fait que croître, toute cosmologie rationnelle serait impossible et la science terrestre ne serait pas généralisable, ce qui ne semble pas être le cas.

Discussion du mythe d'Euclide : la géométrie et l'espace physique

Ce sont les philosophes grecs qui ont été, semble-t-il, les premiers à envisager de géométriser l'espace physique. Deux idées étaient à la base de leur démarche : la mesure, celle des distances, des surfaces et des volumes, et la représentation figurative nécessitée aussi bien par la construction et l'organisation que par la cartographie céleste utilisée pour la navigation. Mais, selon l'histoire, il fallut attendre Euclide et ses *Éléments* (IIIe siècle avant J.C.) pour que la géométrie devienne véritablement la première construction mathématique structurée et cohérente. Car c'est à son propos que le fondateur de l'école mathématique d'Alexandrie inaugure une méthode originale et tout à fait générale : partant d'un groupe d'assertions posées a priori – les postulats et axiomes de base, vérifiant certaines conditions de compatibilité et de vraisemblance –, il utilise des chaînes de raisonnements déductifs fondés sur la seule logique pour produire des propositions nouvelles, appelées théorèmes. Par la procédure inférentielle qui les engendre, ces théorèmes se trouvent ainsi démontrés relativement à l'axiomatique dont ils sont issus et qui est constituée par les propositions de départ. À partir de ceux-ci, le processus peut se poursuivre et s'enrichir, mais aussi se diversifier de sorte que les potentialités de développement de la méthode logico-déductive sont incommensurables. C'est par sa généralisation, inspirée du modèle géométrique, que sont nées puis ont proliféré les autres branches des mathématiques sans lesquelles l'essor des sciences exactes n'aurait pas été possible.

Mais si l'invention de la géométrie euclidienne eut une portée culturelle considérable, elle ne fut cependant pas exempte de quelques effets pervers. Le plus important, par ses conséquences conceptuelles, a été le suivant : compte tenu des connaissances de l'époque, Euclide n'a pas discuté la nature et la valeur des axiomes de base choisis pour construire sa géométrie. Il considérait que les assertions correspondantes étaient tout simplement des « vérités évidentes » au regard du « bon sens », ce qui constituait, pour lui et pour ses disciples, une justification suffisante. Pourtant, au fil du temps, il apparaît invraisemblable qu'aucun de ses successeurs ne se soit intéressé à la valeur d'une « vérité évidente » mesurée à l'aune du « bon sens » qui est censé la justifier ! Il n'en fut cependant rien, bien que la question du postulat des parallèles[1] ait soulevé quelques objections, mais

1. Ce postulat déclare que « par un point pris hors d'une droite, il passe une parallèle, et une seule, à cette droite ». On a longtemps pensé que cette proposition devrait être démontrable à partir des autres postulats. Comme il n'en a rien été, on a finalement étudié les différentes possibilités d'où sont issues les géométries non euclidiennes réfutant ce postulat : pour celle de

sans véritablement retenir l'attention avant le XIXe siècle. C'est cette attitude qui a conduit au « mythe d'Euclide » qui *consiste à postuler qu'il existerait des vérités premières, absolues, évidentes en soi et immuables, qui seraient des caractéristiques intrinsèques de la nature directement accessibles à l'homme* – position naïve qui reste largement partagée par nombre de nos contemporains. C'est une lourde erreur d'interprétation des rapports que l'homme entretient avec son milieu, comme en témoigne de façon indiscutable toute la connaissance actuelle, celle de l'infiniment petit comme celle de l'infiniment grand. Car, jusqu'à preuve contraire, ***on ne connaît strictement aucun moyen opératoire pour extraire de la nature quelque vérité première que ce soit.***

C'est ainsi que le mythe d'Euclide fut à l'origine d'une grave méprise intellectuelle puisque, pendant deux millénaires, tout le monde a cru que la géométrie euclidienne constituait une vérité absolue, rigoureuse et immuable, laquelle aurait été acquise par le raisonnement pur. Et si l'on était parvenu à un tel résultat par la seule force d'une démarche intellectuelle, pourquoi alors ne pas aller plus avant dans la quête des absolus ? En conséquence, et de manière fâcheuse pour la progression de la connaissance rationnelle, une telle attitude représenta une entrave essentielle à la prise de conscience du concept de relativité, qu'il s'agisse de la valeur de tout raisonnement logico-déductif comme de toutes les données qui s'en déduisent. Et à celle du doute, occultant ainsi tout esprit critique à l'égard de quelques autres « savoirs » dont les effets ont marqué, et marquent toujours l'histoire de l'humanité.

Riemann il ne passe aucune parallèle alors que pour Gauss, Bolyai et Lobatchevski il en passe au moins deux. Notons qu'il n'existe aucun critère rationnel permettant de départager ces trois types de géométries, c'est-à-dire que ni l'une ni les autres ne sont « vraies » ou « fausses » dans l'absolu ; chacune est « vraie » dans sa propre axiomatique en ce sens qu'elle n'y est pas contradictoire, et c'est tout ce que l'on peut en dire. Ce qui montre déjà la relativité aussi bien du concept de « vérité » que du « réel géométrique » au sens attribué par la théorie à l'univers.

Une seconde erreur conceptuelle consista à identifier formellement l'espace physique à sa représentation géométrique euclidienne. Cela revient en effet à postuler que, d'une part, l'espace physique est un absolu géométrique immuable, éternel et immanent – en somme un concept qui possède quelques attributs d'une divinité – et que, d'autre part, toute propriété physique est géométrisable, ce dont on a quelques raisons légitimes de douter. Les absolus faisant partie des concepts primitifs humains dont il semble particulièrement difficile de se défaire, cette position était tout à fait compréhensible du temps d'Euclide et de ses successeurs. Le fait qu'elle ait perduré aussi longtemps l'est assurément beaucoup moins, les facteurs philosophiques et religieux ayant été par trop dominants. On sait quelles en furent les conséquences culturelles et intellectuelles et c'est pourquoi, au XVIIe siècle, Newton va reprendre cette hypothèse sans plus la discuter tant elle semblait aller de soi et, en lui adjoignant pour paramètre d'évolution un temps absolu, il va construire une mécanique rationnelle absolue qui, pendant plus de deux siècles, sera considérée comme définitive.

La remise en cause de la représentativité géométrique du réel

C'est au XVIIe siècle que vont apparaître les prémices de la pensée rationnelle moderne qui finira, non sans difficultés, par triompher de l'obscurantisme du Moyen Âge. Parmi d'autres, les contributions de Fermat et de Descartes sont importantes, notamment lorsqu'ils entreprennent d'algébriser la géométrie qui, jusque-là, restait fondée sur l'axiomatique d'Euclide et d'Apollonius. C'est la naissance de la géométrie analytique qui va s'enrichir des méthodes de l'analyse mathématique. Conjointement, deux idées nouvelles apparaissent : il s'agit, d'une part, du concept de loi physique formelle institutionnalisé par Newton et, d'autre part, d'un principe de correspondance qui permet d'établir des relations d'univocité entre des champs de données a priori sans rapport (extension du cas de la géométrie analytique). Il va d'ailleurs en résulter une théorie des correspondances particulièrement féconde en mathématique. À ce sujet, on peut observer que la relation biunivoque reliant les points d'une droite au corps des nombres réels, et qui assure l'équivalence de la géométrie et de l'algèbre, implique que toute contradiction entre les axiomes géométriques se traduirait par une contradiction dans le domaine arithmétique, et réciproquement. Car l'une et l'autre ne sont que deux modèles différents d'une même structure de relations logiques. D'où leur intérêt majeur pour la physique puisque celle-ci est à la fois la science de la mesure, c'est-à-dire des nombres, et celle de la matière, donc des structures spatiales, de sorte que la synergie de leur complémentarité démultiplie leur efficacité. À cette époque, personne ne doute que l'espace physique réel, celui dans lequel l'homme vit, est rigoureusement identique à l'espace géométrique euclidien.

Tant que la géométrie euclidienne régnait sans partage en référence à son caractère absolu et supposé absolument parfait, l'unité des connaissances était implicite et d'ailleurs non discutée. Toutes les disciplines étaient donc placées sur un même plan, qu'il s'agisse aussi bien des mathématiques, de la physique, de la chimie ou des sciences de la nature, que de la philosophie, de la morale et de la religion. Mais dans les premières décennies du XIXe siècle, la situation changea radicalement avec la découverte des géométries non euclidiennes mettant irréductiblement en échec le caractère absolu de celle d'Euclide. Découverte qui, par ses conséquences, a marqué une rupture irréversible dans le développement de la pensée rationnelle laquelle a dû, à son corps défendant, intégrer la chute des absolus. En effet, par les bouleversements qu'elle annonçait, celle-ci fit l'effet d'un véritable séisme intellectuel. La prise de conscience fut difficile, la diffusion étant entravée par une sévère résistance. Ainsi, une quarantaine d'années plus tard (en 1869), un mathématicien de premier plan, J.J. Sylvester, n'hésita pas à déclarer devant une société savante britannique que les géométries non euclidiennes constituaient un véritable danger et une grave menace contre l'unité et l'autorité de la connaissance.

L'une des premières conséquences fut la nécessité d'établir une hiérarchie des différentes disciplines, ce qui revenait à concevoir une échelle de valeurs scientifique, opération toujours à risques. Toute la communauté scientifique se sentit concernée d'autant que d'autres orages s'annonçaient avec C. Darwin (*De l'origine des espèces par voie de sélection naturelle* fut publié en 1859) mais aussi avec K. Marx et quelques autres qui commençaient à réfléchir sur la valeur de la science. Comme tout avait été fondé sur la certitude du caractère absolu de vérité de la mécanique rationnelle qui était supposée représenter le réel, un réel indiscutable – raison pour laquelle on tentait de tout lui rapporter –, le choc fut particulièrement rude pour les physiciens. Mais pas seulement chez eux, car la remise en cause de la prééminence de la géométrie d'Euclide entraîna la fin du mythe de la connaissance parfaite, mythe totalement infondé mais que personne n'aurait osé discuter jusque-là. Et l'on assista à la fin de la mythologie mécaniste des Encyclopédistes qui, notamment avec Condorcet, postulait que la méthode scientifique devait mener à la vérité absolue – belle illusion, mais qui ne dura guère, bien que...

À la fin du XIXe siècle, sous l'impulsion de F. Klein, la géométrie a subi une profonde mutation qui changea son statut : c'est sur les propriétés des invariants par certains groupes de transformations que furent centrés les travaux de recherche. L'intérêt, pour la physique, tient au fait que souvent ces invariants correspondent à des caractéristiques essentielles telles que les lois de conservation dynamiques (énergie, quantité de mouvement, moment cinétique...) des systèmes considérés. On peut également se donner un espace et un groupe de transformations pour définir une géométrie (Klein, programme d'Erlangen, 1872). Et, au carrefour du siècle, le grand mathématicien D. Hilbert examina longuement le problème de l'axiomatique géométrique dans son ouvrage *Grundlagen der Geometrie* (1899) qui a marqué un tournant. Il montre que, par sa construction même, une géométrie ne peut pas être l'expression d'une quelconque « vérité absolue », donc de quelque réalité que ce soit, d'autant qu'il faudrait déjà que celle-ci existe, et même que cette expression ait un sens. Car on ne connaît aucun critère général (et non limité au seul « réel au quotidien ») pour en décider. Ce qui atteste que, d'une manière plus extensive, « les mathématiques ne peuvent rien affirmer, ni au sujet de nos représentations intuitives, ni à celui des réalités matérielles » (Einstein, *Geometrie und Erfahrung*).

Force fut donc de constater que l'on n'avait aucune raison objective d'attacher a priori quelque « réalité à la géométrie ». Car, d'une géométrie, on exige qu'elle soit cohérente avec la logique, mais il n'existe rigoureusement aucune motivation autre que spéculative nécessitant de lui conférer quelque représentativité que ce soit. Celle-ci ne peut que devenir plausible, d'ailleurs de manière nécessairement provisoire puisque, à n'importe quel moment, une expérience peut toujours la remettre en cause. Et pour en décider, seules comptent les concordances entre les prévisions et les vérifications expérimentales, sachant la précarité de tels arguments. Autrement dit, *l'adéquation géométrique à quelque réel que ce soit ne peut pas être une propriété a priori mais seulement une donnée a posteriori.* Elle l'est d'autant plus qu'il faut bien comprendre, fait essentiel, que les différentes géométries, euclidienne ou non, ne sont ni contradictoires, ni vraies, ni fausses (voir p. 39, n. 1) mais seulement différentes. Et l'on peut encore remarquer que les philosophes grecs auraient tout aussi bien pu les découvrir si les conditions culturelles s'y étaient prêtées.

Qu'en est-il, aujourd'hui, de la représentation géométrique qui est largement utilisée par toute la théorie physique ? Si, jusqu'au début du siècle, cette discipline mathématique possédait un caractère expérimental incontestable, au moins pour ce qui concerne ses rapports avec certaines démonstrations physiques, ce n'est plus le cas actuel comme le montrent, par exemple, les difficultés de détermination d'un espace multidimensionnel relativiste de représentation. Le problème reste évidemment celui des axiomes de base ou, plus précisément, celui de la définition optimale des données primitives, qui n'est jamais évidente. Cette question, qui se pose particulièrement en physique théorique, est une source permanente de difficultés : comment passer de données observables (expérimentales ou dérivées) à leur formulation mathématique ? C'est aussi bien le cas pour les symétries abstraites des théories unitaires que pour l'expression des champs quanto-relativistes, et même beaucoup plus simplement pour la définition de la ligne droite *infinie*. Comme on ne connaît pas de méthode générale pour y parvenir, on ne peut que traiter des cas d'espèce. Pourtant l'élimination de l'approximatif, facteur d'invalidation, est à ce prix. L'écueil rédhibitoire de toute théorie étant la contradiction, la logique est le seul moyen de l'éviter de sorte que tout présupposé non rigoureusement analysé et justifié doit être inexorablement éliminé en tant que tel.

Cela étant, une modélisation ne peut guère, au mieux, qu'idéaliser le système à étudier quand les données expérimentales le permettent. Quand ce n'est plus le cas, par exemple dans les milieux hors de notre portée, ou extrêmes, tout juste se borne-t-elle à suggérer des interprétations, et ce n'est même pas toujours possible. C'est pourquoi la représentativité géométrique du réel est devenue un large sujet de controverse, particulièrement pour tout ce qui concerne l'infiniment petit. On comprend donc la difficulté de parvenir à quelque signification objective, autre que linguistique, dans de telles conditions dont les contraintes peuvent présenter un caractère antinomique qui est autre qu'apparent. C'est Einstein qui a déclaré que « pour autant que les théorèmes de mathématique s'appliquent à la réalité, ils n'en sont pas nécessairement valables, et pour autant qu'ils soient valables, ils ne s'appliquent pas nécessairement à la réalité ».

C'est également le cas pour les théories physiques purement

spéculatives telles que, par exemple, celles d'unification des différentes interactions de la nature. Finalement, en allant d'Euclide à Riemann puis à Klein, Hilbert et Cartan – qui relie les travaux de Klein aux géométries exotiques –, on est passé du concept primitif d'espace euclidien en tant qu'entité intrinsèque, et des objets physiques qui le meublent – c'est-à-dire du réel associé –, aux propriétés géométriques structurelles fondamentales. Celles-ci, en tant que caractérisant l'espace lui-même, permettent d'en ajuster les données aux exigences de ses possibilités de représentations physiques. C'est l'un des grands acquis de la théorie des groupes qui constitue un progrès essentiel pour ce qui concerne la modélisation. Mais c'est indiscutablement la fin de la représentativité géométrique du réel, au sens classique du terme, ce qui complique singulièrement, et même rend obscure, l'interprétation physique.

Les faces multiples du réel : un concept évolutif

Ce qui précède montre que le concept de réel, qui n'est pas axiomatiquement définissable par suite de l'effet lexique[1], peut être interprété de différentes manières selon les époques, les systèmes physiques considérés, les niveaux auxquels on se place et les points de vue adoptés. Si cette diversité, à la fois objective et subjective, peut paraître quelque peu arbitraire pour un esprit scientifique habitué à un paramétrage plus rationnel, elle n'en demeure pas moins un fait culturel. Pourtant, en dépit de ce flou, on a pu passer de l'idée générale de « réel au quotidien » à celle d'un certain « réel en soi » qui est aussi un « réel formaliste » de la géométrie après avoir rencontré les « réels atomique, relativiste, et cosmique », sans d'ailleurs en avoir autrement pré-

1. Voir à ce sujet : *Le Modèle géométrique de la physique ; l'espace et le problème de l'interprétation en relativité et en physique quantique*, Marceau Felden ; Masson (1992) ; chapitres 5 et 6.

cisé le sens car il ne s'agissait que de poser le problème. De plus, cette énumération n'épuise pas les possibilités puisque, par exemple, nous allons nous heurter à un « réel temporel ». La question fondamentale qui se pose est alors la suivante : quels sont les rapports entre ces différents « réels » attributifs ? Parlent-ils d'une même entité ? Et, dans l'affirmative, de quelle essence peut-il s'agir ? Ou bien ne représentent-ils que des expressions symboliques, car relatives à des concepts différents, le cas échéant sans rapport les uns aux autres ? Autrement dit, la polysémie de ce terme est-elle de circonstance ou de fait ? Nous sommes ainsi confrontés à l'énigme du sens du réel relativement aux différentes utilisations rencontrées, mettant ainsi en cause leurs rapports sémantiques, pour autant qu'ils puissent être établis. Là est précisément tout le problème.

Ces difficultés sont illustrées par les arguments échangés, d'ailleurs sans emporter la conviction de l'une des deux parties, lors de la célèbre querelle dite « de l'École de Copenhague » dont l'objet était l'interprétation de la mécanique ondulatoire. En fait, ce fut le point de cristallisation d'une confrontation épistémologique plus large car rendue inéluctable par l'évolution scientifique multiforme de ce siècle. Elle oppose les tenants du réalisme physique aux néopositivistes. Les premiers considèrent que le monde matériel existe concrètement et qu'il doit être connaissable, c'est-à-dire analysable et compréhensible par le cerveau humain. C'est ce qui doit finalement faire l'objet de la science. En revanche, pour les seconds, cette question est dépourvue de sens opératoire en raison d'un indéterminisme inhérent aux possibilités de description ultime de la nature. Il implique que la connaissance correspondante ne peut se départir d'un caractère intrinsèquement probabiliste particulièrement perceptible dans le microcosme. Bien qu'elle ait apparemment quitté le devant de la scène, cette querelle perdure pourtant car, jusqu'ici, personne n'a pu fournir un argument suffisamment convaincant pour y mettre un terme. Et la réflexion montre que c'est finalement le poids de la connaissance stricto sensu face à celui de ses applications qui est ici en cause.

Indépendamment de cette remarque, du point de vue fondamental ce problème est de première importance puisque l'enjeu est la conservation du déterminisme causal sur lequel se fonde la science rationnelle. En fait, il peut se résumer par la question suivante : le monde matériel, celui de la physique, est-il, ou non, connaissable ? C'est, comme nous le verrons, le fond de la querelle ayant opposé Einstein à Bohr à propos de la signification et de la complétude de la théorie quantique. Finalement, à travers cette querelle, c'est la signification générale du concept de réel qui est en jeu dès que l'on quitte notre environnement naturel. Ce problème, qui est posé depuis l'apparition de la nouvelle physique, prend de l'importance parce que, en cette fin de siècle, le physicien se trouve de plus en plus confronté à d'étranges difficultés dues aussi bien à la théorie quantique qu'à la relativité. Celles-ci semblent, en effet, régenter des mondes bizarres dont les êtres obéissent à des lois d'autant plus curieuses que leurs formalismes paraissent mutuellement incompatibles. Que peuvent-elles donc signifier ?

Et que deviennent tous les attributs du monde quotidien à travers toutes ces métamorphoses ? Il apparaît à l'évidence, comme le montre la discussion qui précède, que la perception que l'homme a de son milieu, donc l'image qu'il s'en fait, et sa conception de l'univers dépendent directement de sa culture et de son savoir. En conséquence, cette représentation évolue avec les progrès de la connaissance. Ainsi est-on passé d'une vision purement magique (qui semble pourtant encore largement répandue) du monde à une première construction ayant pour base l'union du syllogisme et de la géométrie dont la fusion a conduit au premier système cohérent de description du système solaire, ce qui a constitué une étape considérable pour le développement de la connaissance rationnelle. Soutenue par la pensée discursive et le développement de la logique, celle-ci a subi une longue évolution qui a d'abord fourni les bases de la culture occidentale laquelle, après deux millénaires de progression, est devenue la civilisation européenne dont, en dépit de ses scories, le caractère scientifique et les performances technologiques sont les déterminants fondamentaux. Bien sûr, et comme toute œuvre humaine – car tout dépend de ce qu'en font les hommes –, elle présente des aspects contestables mais ses capacités de transformation et de renouvellement sont exceptionnelles. Il faut cependant comprendre que, en dépit de ses incommensurables potentialités, la méthode scientifique possède, elle aussi, ses propres limites, qui sont d'abord celles de son champ d'application. En effet, à la fin des années soixante on a commis l'erreur gravissime de croire que la science pouvait tout résoudre alors que celle-ci doit impérativement se limiter au seul champ du rationnel (voir p. 265, n. 1). Car pour qu'une activité intellectuelle puisse être qualifiée de scientifique, il faut qu'elle se soumette à un certain nombre de normes impératives, sous peine de dérives rapidement incontrôlables. Pourtant, et comme on peut presque quotidiennement le constater, cette condition reste souvent ignorée.

Chapitre 2

La singularité du temps

Dès les époques les plus reculées, il apparut que l'observation du mouvement des corps célestes mettait en évidence certains caractères de répétitivité pouvant permettre des repérages temporels. C'est ainsi que la périodicité diurne comme celle des saisons furent attribuées à des déplacements cycliques dans lesquels le Soleil occupait une place centrale. Bien que, durant plusieurs millénaires, ces longues et minutieuses scrutations aient été essentiellement motivées par des raisons religieuses, elles furent cependant à l'origine des premières ébauches de calendriers, particulièrement en Égypte et en Chaldée. C'est ainsi que le calendrier égyptien, qui comportait 365 jours répartis en 12 mois correspondant aux 12 lunaisons annuelles, fut à l'origine du calendrier julien qui est l'ancêtre du nôtre.

Dans la philosophie platonicienne, l'« existant », c'est-à-dire le Grand Tout, est divisé en deux parties : le monde des Idées (eidos, idea) et des Formes pures, qui est immuable et éternel donc intemporel, et le monde sensible (horatos kai haptos), le seul qui nous soit directement perceptible. Comme ce dernier subit manifestement des changements, Platon doit se donner le moyen de les décrire. Il le fait dans le *Timée* en expliquant que le démiurge, qui a organisé le monde, « a créé une image mouvante de l'Éternité quand il ordonna les cieux, image qui se meut selon la loi des nombres et que nous appellerons le “temps” ». C’est ainsi que non seulement le temps est associé au mouvement mais aussi au nombre, condition nécessaire aussi bien pour repérer les événements que pour en ordonnancer les séquences et les relier entre elles. Le fait que le temps et le mouvement soient indissociablement liés permet à Platon d’introduire la durée temporelle – la « grande année » – à partir du cycle nécessaire pour que les cinq planètes recensées à son époque décrivent un cycle complet. C’est ainsi que s’impose une conception cyclique du temps fondée sur la circularité apparente du déplacement de la sphère céleste. Le *Timée* représente une étape importante puisque, selon l’histoire, il s’agit de la première tentative de vision globale du système univers se référant à la rationalité qui, pour Platon, est la seule voie (l’eikôs logos) permettant sa compréhension par l’esprit humain.

Aristote, élève de Platon, en infléchit la doctrine en supposant que l’essence est contenue dans les choses elles-mêmes, conférant ainsi au monde sa pleine et entière réalité. Dans son traité *Du ciel* et dans son système décrit dans sa *Physique*, il est le premier à faire la distinction entre le temps et le mouvement qui lui est associé – la circularité uniforme des cycles attribués aux orbites platoniciennes des corps célestes –, c’est-à-dire en disjoignant l’objet de son système de repérage. Ce faisant, et en déclarant que « le temps est le nombre du mouvement selon l’antérieur et le postérieur », Aristote change le statut du temps qui devient ainsi un concept autonome, ce qui représente un progrès considérable par les conséquences des propriétés ainsi acquises, dont celles-ci : la continuité du temps résulte directement de celle du mouvement ; de plus, étant indépendant de la nature des déplacements considérés, le temps s’écoule toujours uniformément sans subir d’influence de la part des événements extérieurs. Une troisième propriété, peu discutée jusqu’à une époque récente, concerne son unidimensionnalité résultant de la possibilité d’instaurer un ordre temporel énumérable, c’est-à-dire un ordonnancement conforme aux observations de la vie courante. Cette question fait aujourd’hui l’objet de controverses dans l'interprétation de certaines théories physiques avancées.

Malgré tout, et en dépit des remarquables travaux d'Aristote et de ses successeurs, la pensée grecque ne parvient pas réellement à s'extraire d'une vision cyclique du temps. Dans le *Phédon*, Platon déclare que « le temps linéaire c'est la mort du temps », ajoutant que « même pour l'homme le temps est cyclique dans la mesure exacte où le divin l'emporte sur le matériel ». Pour Aristote, le temps du monde supralunaire, le seul parfait, reste cyclique puisqu'il s'agit de la rotation de la sphère céleste autour de la Terre dans un « lieu » immobile. Pourtant un écoulement linéaire est absolument indispensable pour que le temps puisse être le vecteur du changement. Sinon le raisonnement est confronté au mythe de l'éternel retour qui, par suite de l'infinie répétitivité des cycles temporels, exclut l'imprévisibilité c'est-à-dire toute innovation et tout progrès. *Le temps cyclique n'est donc pas compatible avec l'évolution.* De manière plus ou moins latente, cette fixation va durer pendant près de deux millénaires, confortée par le modèle du monde de Ptolémée qui n'utilise que les mouvements célestes circulaires. Malgré tout, on assistera à quelques modestes tentatives de remise en cause, l'une des plus importantes étant celle de saint Augustin (Vᵉ siècle) à qui n'échappe pas la contradiction entre Rédemption et temps cyclique. Mais il faudra attendre le XVIIᵉ siècle pour que la question soit tranchée par la mécanique physique.

Temps subjectif et temps objectif

On sait aujourd'hui que le temps, en tant que concept premier, ne peut pas être axiomatiquement défini dans sa généralité. Pas plus d'ailleurs que les éléments primordiaux servant de principes fondateurs à toute connaissance rationnelle. Cependant, de longues dissertations philosophiques, et l'expérience humaine, ont montré qu'il existe deux grandes classes de phénomènes liés à la temporalité. Il s'agit, d'une part, du vaste champ que représentent aussi bien l'activité psychique individuelle que certaines de ses manifestations collectives. C'est pourquoi, sans entrer dans les détails, on peut parler à leur propos de « temps subjectif », ou de « temps humain », lequel présente la particularité de *ne pas être mesurable.* Ce qui n'empêche pas tout individu d'en ressentir les effets psychologiques tout au long de son existence, et toute société d'en subir les contraintes. L'autre classe est celle du temps physique, ou « temps objectif », qui fut d'abord celui de la mécanique avant d'être généralisé à toute la science rationnelle. Comme, à l'inverse du cas précédent, ce temps est mesurable – c'est le « temps des horloges » –, il sert également de référence à l'homme, dans ses activités comme dans l'organisation et le fonctionnement de ses sociétés. Ce qui a pour conséquence malheureuse, dans la vie courante, de confondre ces deux classes de temps. Aussi oublie-t-on le plus souvent que la perception psychique de l'écoulement du temps n'est en rien liée à sa mesure, ce qui n'a pas manqué de conduire à quelques fâcheuses méprises philosophiques, sinon à certaines dérives épistémologiques.

Bien que ce soit le temps physique qui fasse l'objet de notre discussion, il n'est pourtant pas inutile de faire quelques remarques à propos du temps subjectif, source de nombre d'ambiguïtés. Celui-ci est attaché à la connaissance psychique que l'on peut avoir des événements, quels qu'ils soient, et à leur classement relatif par rapport à l'instant considéré : seul l'événement présent est sensoriellement accessible, pour le reste soit on se souvient, soit on anticipe. Comme ce type de connaissance dépend du sujet, ce temps subjectif est non rationnellement pertinent, c'est-à-dire non scientifique. Or c'est essentiellement ce temps-là qui a été discuté depuis que saint Augustin a posé ce problème dans un sens général : « Si tu ne me demandes pas ce qu'est le temps, je crois savoir ce qu'il est. Si tu me demandes ce qu'est le temps, alors je ne le sais plus » (*Confessions,* Livre XI).

Selon Pascal, « il n'y a rien de plus faible que le discours de ceux qui veulent définir ces mots primitifs (...) le temps est de cette sorte. Qui pourra le définir ? Et pourquoi l'entreprendre puisque tous les hommes conçoivent ce qu'on veut dire en parlant du temps, sans qu'on le désigne davantage » (*De l'esprit géométrique*). Cette déclaration pascalienne traduit à la fois la difficulté du sujet et son caractère ambivalent, les deux sens n'étant pas distingués.

Avec Kant le champ est élargi, sa réflexion ayant pour objet l'étude de l'acte de connaissance et ses limites, lesquelles ne peuvent être que celles de nos facultés intellectuelles (*Critique de la raison pure*). Il fonde son analyse sur les concepts de *matière* (Stoff) et de *forme* (Form). La *matière* correspond à une donnée spécifique et immédiate de la sensation qui, en s'imposant au psychisme, montre qu'il existe autre chose que lui (réalisme). Les *formes* sont constituées par les lois de la pensée permettant de percevoir et de comprendre les informations fournies par les sens. C'est ainsi que le temps est la *forme* du sens interne et l'espace celui de la *forme* externe. Les deux sont des *formes a priori* de la sensibilité, les *Catégories* étant les *formes* de l'entendement pur alors que les *Idées* (pensées ne dérivant pas des sens) sont celles de la *Raison* pure. Ce système dual compliqué n'est en fait qu'une extrapolation revue et amplifiée de l'idéalisme platonicien mais qui présente l'inconvénient majeur d'enfermer la science dans une subjectivité inhérente à la transcendance de la *Raison* de sorte que l'« on ne peut connaître que des "objets connus" ». Autrement dit, « la chose en soi » demeure inconnaissable, ce qui limite les possibilités de l'expérience alors que c'est sur elle que se fonde toute la science moderne. Conséquence pour le moins fâcheuse d'autant que, à notre époque, il se trouve encore quelques cercles philosophiques pour partager les idées du modèle kantien.

Au début du siècle Bergson, qui est un spiritualiste, centre sa réflexion sur les rapports du sujet à l'objet, problème qu'il pose en termes de « durée » rapportée aux phénomènes psychiques qu'il distingue formellement du temps de la science. Pour lui, il y a opposition de principe entre la « durée continue et indivisible, celle du devenir » – le temps subjectif qui est celui du vivant, de l'intuition et de la mémoire –, et le « temps abstrait et divisible de la science », c'est-à-dire le temps spatialisé, celui de la mécanique qui n'a pas de signification humaine (*Données immédiates de la conscience*). En cela, il ne fait que reprendre, sous une forme différente, les idées de Kant sur le temps mais en distinguant clairement ses deux formes. Il est conduit à identifier deux modes de connaissance spécifiques : l'intuition, qui échappe à toute analyse et concerne la vie et la « vraie connaissance » (celle de l'« intérieur des choses » et de leur nature intime) par opposition à l'intelligence qui ne s'applique qu'à la « connaissance du dehors des choses » et est dirigée vers l'action. Ce qui signifie que seule l'intuition, dont l'essence est la « durée », peut saisir le monde et la vie. C'est pourquoi l'intelligence ne peut pas comprendre la nature intime du mouvement, donc la « durée » dont elle ne perçoit que la projection spatiale. N'ayant pas bien perçu les attributs et les conséquences de la théorie de la relativité, dont sa préservation de l'ordre causal, Bergson ne peut accepter la remise en cause du caractère absolu du temps, ce qui le conduit à contester les travaux d'Einstein à partir d'un argumentaire inexact (*Durée et Simultanéité*).

Bien que mathématicien et logicien, Bertrand Russell est aussi philosophe et, à ce titre, il s'intéresse également à la connaissance. C'est dans son ouvrage *Human Knowledge* (1948) que, sous différentes formes, il distingue clairement le temps subjectif, qu'il attribue sans ambiguïté à la pensée, et le temps objectif de la science. Il se propose d'étudier leurs possibles relations, question qui exige au préalable de poser correctement les données du problème : comment caractériser le temps subjectif, celui qui découle de la *durée* kantienne, afin de pouvoir le relier à celui de la mécanique. En dépit de plusieurs tentatives effectuées dans différentes directions, dont le recours à une théorie causale de la perception, Russell ne parvient pas à s'affranchir soit du raisonnement circulaire, soit des interprétations incertaines. C'est donc l'échec, pour lui comme pour ses successeurs qui ne parviennent pas non plus à clarifier les données de base nécessaires pour seulement poser rationnellement le problème.

Peu de temps auparavant, le fondateur de la phénoménologie, Husserl, s'était également intéressé à ces problèmes dans ses *Leçons pour une phénoménologie de la conscience intime du temps.* Comme la phénoménologie est également une tentative de théorisation de la connaissance, il introduit lui aussi un temps phénoménologique. Pour cela, présupposant l'unité de l'« objet temporel » qu'est le son (sa durée propre), il étudie les différentes séquences d'une partition musicale ou d'une suite de notes, celles-ci étant identifiées à une série d'instants successifs. C'est à partir de cette analogie que Husserl espère parvenir à une sorte de modélisation des rapports entre les différents instants et la *durée* dérivée de son acception kantienne. Pourtant, cette étude de l'objet temporel « son » le ramène au problème du séquençage temporel : est-il continu ou discret ? Adoptant la première hypothèse, Husserl postule que la conscience de la mobilité permanente du temps doit correspondre au temps objectif. Ce faisant, il retombe lui aussi dans le raisonnement circulaire. De plus, l'hypothèse de la continuité de l'écoulement séquentiel du son, qui correspond à celle des différents instants constitutifs de sa durée, ne fait finalement que le ramener à la question de principe posée par la *durée* kantienne sans la résoudre ni pratiquement rien apporter de plus, sinon quelques hypothèses ad hoc.

Le problème posé par la relation entre ces deux catégories de temps

Tout ce qui précède montre que, quelles que soient les différentes approches envisagées, le cœur du problème, bien perçu par Russell est finalement le suivant : comment mettre rationnellement en correspondance le déroulement temporel des événements externes observables, ceux qui constituent les faits du monde quotidien, avec un temps qui caractériserait ce qu'il est maintenant convenu d'appeler les « états de conscience » ? La difficulté est précisément de donner sens à ce temps psychique, ce qui présuppose que lesdits états de conscience puissent avoir quelque sens objectivable, opinion qui reste tout à fait de nature conjecturale tant que l'on n'est pas capable de les relier aux données fonctionnelles de base du psychisme. Pourtant, si c'était le cas, pour que le problème soit résolu encore faudrait-il trouver une correspondance rationnelle pertinente entre ce temps des états de conscience, qui pourrait être associé au temps subjectif, et les séquences externes caractérisant le temps objectif.

Dans les travaux philosophiques postérieurs, la question reste posée bien que sous des formes diversifiées, mais sans évidence d'avancée convaincante. Ce qui peut s'expliquer aisément si l'on observe que c'est une gageure de prétendre envisager une théorie de la connaissance, quelle qu'elle puisse être, sans se référer aux neurosciences. Comme ce domaine est d'origine très récente, tous les travaux qui lui sont antérieurs ne peuvent être qu'incomplets. Et il faut observer que les acquis concernant le fonctionnement cérébral – qu'il s'agisse des processus fondamentaux de traitement de l'information tels que la perception ou la mémoire, ou des mécanismes physiologiques de base – restent tout à fait insuffisants pour faire autre chose que spéculer. C'est, par exemple, ce que ne manquent pourtant pas de faire couramment nombre de pratiquants de cette nouvelle technique qui se qualifie, quelque peu arbitrairement, d'« intelligence artificielle »[1]...

Remarquons également que la remise en cause des « absolus scientifiques » est à l'origine de difficultés conceptuelles et psychologiques dans nombre d'autres disciplines. Car elle ne peut que rendre suspecte toute connaissance qui prétendrait être *à*

1. Pour en examiner les raisons, on peut par exemple consulter *Le Songe de Minerve, le cerveau et les sciences de l'artificiel*, Marceau Felden ; Éd. Lieu Commun/Sciences (1987), qui traite ce sujet.

la fois rationnelle et absolue. C'est encore une raison incitant à la prudence pour ce qui concerne l'analyse de certains travaux philosophiques du passé. Par exemple, la découverte des géométries non euclidiennes, le deuxième principe de la thermodynamique ou la relativité, pour ne citer que ces données, ont indiscutablement porté un coup irrémédiable aux conceptions kantiennes relatives au cadre que Kant fixait à la connaissance, dont ses *formes a priori* associées au temps et à l'espace. Pourtant, aujourd'hui encore, cette impossibilité d'accéder à quelque connaissance rationnelle absolue, quelle qu'elle puisse être, reste une idée mal comprise donc mal acceptée, comme nous en discuterons.

Pour conclure on remarque que, d'une part, il apparaît un décalage inquiétant entre la réflexion épistémologique des différentes écoles philosophiques, dont la française et l'anglo-saxonne, et les données de la recherche scientifique contemporaine qui, dans certaines théories, n'hésite plus à aller jusqu'à remettre en cause l'unidimensionnalité du temps objectif. Il arrive même que sa représentation devienne imaginaire (au sens des nombres complexes). Certes, il ne s'agit que de modélisations tout à fait particulières dont le caractère spéculatif ne peut que concerner une sorte de reflet de quelque « réel formaliste » de circonstance, pourtant la question de la dimensionnalité temporelle n'en est pas moins posée, même si elle l'est de manière équivoque ! D'autre part, il semble résulter de tous ces travaux que la distinction entre les concepts de temps subjectif, celui du psychisme, et de temps objectif, celui de la science rationnelle, correspond effectivement à une donnée ontologique. Cela étant, et bien que ni l'un ni l'autre ne soient axiomatiquement définissables en tant que tels, la différence fondamentale entre les deux est que le premier n'est pas universellement opératoire, c'est-à-dire qu'il n'est pas effectivement mesurable selon les critères de la rationalité (dont la reproductivité), ce qui n'est pas le cas du second. C'est pourquoi, rechercher quelque relation entre les deux relève de la présomption. Aussi, et pour nous en tenir à l'avertissement de Wittgenstein qui, dans son *Tractatus Logico-Philosophicus*, déclare que « sur ce dont je ne peux parler, j'ai pour obligation de me taire », ne parlerons-nous plus de cet insaisissable temps subjectif, bien que sachant qu'il est potentiellement latent.

À propos du temps de la science

En préalable à toute discussion ayant pour objet le temps objectif, celui de la science, insistons encore sur le fait que ce concept n'est pas axiomatiquement définissable. Il ne l'est pas, comme tout concept premier, par suite de l'inévitable autoréférence qu'impliquerait toute formalisation de type mathématique. D'où la difficulté rencontrée par tout dictionnaire quand il doit donner quelque sens à ce mot. C'est ainsi que, selon le *Vocabulaire technique et critique de la philosophie* de Lalande (neuvième édition 1962 ; p. 1111), le temps est « un milieu indéfini, analogue à l'espace, dans lequel se dérouleraient les événements chacun y marquant une date, mais qui, en lui-même, serait donné tout entier et indivisément à la pensée (soit qu'il existe par lui-même, comme le pensent Newton et Clarke, soit qu'il n'existe que dans la pensée, comme l'ont soutenu Leibniz et surtout Kant) ». En tout état de cause, il ne peut pas s'agir d'une définition rationnelle puisque, outre le fait qu'elle est dépourvue de sens physique, une telle assimilation du temps à quelque hypothétique « milieu » rappelle fâcheusement le précédent de l'éther. Les nombreuses discussions philosophiques ayant traité ce thème peuvent d'ailleurs tout à fait être résumées par l'opinion suivante : « On peut dire du temps (en soi et en général) qu'il est une idée confuse » (*Essai*, Hamelin)...

Cela étant, le physicien s'affranchit de cette difficulté de principe en remarquant que, puisque l'objet de la chronométrie est la mesure précise des *intervalles de temps*, elle permet de donner à ceux-ci un sens physique parfaitement défini. En conséquence, eux seuls peuvent être opératoires. Mais comme on remarque que le choix de leur amplitude est arbitraire, cette restriction n'implique aucune contrainte expérimentale. C'est ainsi que, finalement, il s'établit une jonction de fait entre la matérialité des intervalles de temps et l'immatérialité du temps proprement dit. Bien que sans conséquence pratique, une telle fusion ne peut cependant pas être ignorée puisqu'elle traite d'entités de nature différente. De plus, sur le plan théorique, certaines questions ne manquent pas de se poser à propos des limites dans des circonstances extrêmes, par exemple dans des modèles quantiques impliquant des intervalles de temps tendant vers zéro – cas du big bang, ou lors de certaines interactions corpusculaires à très haute énergie. Les théories cosmogoniques peuvent également conduire à des difficultés d'interprétation, en particulier dans le choix des modèles.

En dépit de ces cas particuliers, on peut conclure que le temps de la science est effectivement rendu objectif par l'ensemble des techniques qui permettent de mesurer les intervalles temporels. Il s'agit des horloges scientifiques dont les conditions de fonctionnement, et les qualités requises pour fournir des mesures précises et reproductibles qui soient comparables et cohérentes, font justement l'objet de la chronométrie. En tant que métrologie, celle-ci est soumise à un certain nombre de contraintes générales assurant l'universalité de toute mesure physique. L'une d'elles, parmi les plus délicates car c'est elle qui conditionne la précision, concerne le choix d'un étalon, question sur laquelle nous reviendrons. Notons que les mesures des intervalles de temps extrêmement brefs, ou immensément longs, connaissent ainsi des limites pratiques impliquant certaines extrapolations, dont le caractère peut parfois être discutable.

La genèse du temps absolu de la science et ses contraintes

Venons-en maintenant à la question du temps absolu de la science qui représente la première phase d'émergence du temps objectif. Comme c'est le cas pour tout paramètre intervenant dans la construction rationnelle d'un modèle, il faut faire des hypothèses et des choix à son propos pour en obtenir une représentation opératoire et mesurable de sorte que ce temps soit doté d'un sens physique plausible et interprétable. Pour ce qui concerne son caractère monodimensionnel et linéaire, il s'est imposé avec les travaux de Galilée (1564-1642), l'un des fondateurs de la science expérimentale. C'est en effet lui qui associa étroitement le mouvement et le changement en reliant la mesure dynamique d'un intervalle de longueur à celle d'un intervalle de temps. Cette idée, qui permet une première numération temporelle, a également pour conséquence de mettre en évidence l'existence d'un rapport très étroit entre l'espace et le temps, mais sans autrement en préciser la nature. Ce qui n'est d'ailleurs pas évident puisque si, par exemple, un mouvement unidimensionnel peut être bidirectionnel ce n'est manifestement pas le cas du temps qui ne peut que croître.

Le bien-fondé de ces hypothèses fut confirmé par le modèle céleste héliocentrique de Kepler (1571-1630) qui introduisit des orbites planétaires elliptiques. Ce faisant, il rompit définitivement le dogme de Platon et d'Aristote pour qui seules des trajectoires circulaires et uniformes pouvaient exister : ils postulaient, en effet, que ce mouvement était l'inéluctable traduction de la perfection divine. Entre autres conséquences qui s'y rapportaient, ce fut la fin du mythe de l'éternel retour associé au temps cyclique. Par la même occasion, l'élimination du géocentrisme de Ptolémée entraîna quelques sévères remises en cause, particulièrement dans certaines de ses implications philosophico-religieuses.

Citons également les apports de Huygens (1629-1695) dont

les travaux en mécanique et en optique sont remarquables. C'est à lui qu'est due l'idée d'utiliser le pendule pour réaliser les premières horloges à ancre, ce qui en a fait des outils modernes bien adaptés aux mesures précises des intervalles de temps. C'était un préalable indispensable pour initier des études dynamiques susceptibles de tester les hypothèses et les premiers éléments de mécanique de l'époque. Huygens fut aussi l'auteur de la première théorie ondulatoire de la lumière dans laquelle il fut le précurseur de l'utilisation des surfaces d'onde ; on sait quelle richesse contenait cette idée particulièrement originale.

Mais c'est finalement Newton (1642-1727) qui, dans son traité fondamental *Philosophiae naturalis principia mathematica* (Londini, 1687) [1], envisage la question du temps, comme d'ailleurs celle de l'espace, dans le cadre d'une théorie mathématique beaucoup plus générale. Il s'agit, en effet, de la première tentative ayant pour objet l'interprétation du monde dont il faut noter que, à l'époque, le caractère statique était unanimement admis. Cette remarquable construction fonde une axiomatique nouvelle, celle de la mécanique rationnelle, qui va être le point de départ d'une révolution scientifique et culturelle. À partir du concept de force [2] associé à celui de masse, et de l'établissement de la loi de la gravitation universelle, Newton se propose de développer une explication générale des phénomènes de la nature. Il est guidé par la conviction qu'il existerait une sorte de principe d'intelligibilité de la dynamique universelle, donc

1. *Principes mathématiques de la Philosophie naturelle* ; trad. Mme la marquise du Châtelet, Paris (1756).

2. Il s'agit de la deuxième loi de Newton déclarant que la force est un vecteur dont l'intensité est égale au produit de la masse par l'accélération. La physique fournit l'expression de cette force en fonction d'éléments matériels idéalisés (modèle archimédien) alors que l'accélération permet l'expression géométrique du mouvement correspondant, paramétré par le temps. L'intervalle de temps est mesuré par la longueur du déplacement d'un mobile animé d'un mouvement rectiligne et uniforme (première loi de Newton). C'est le premier schéma de principe qui fonde la physique mathématique.

du mouvement et du changement, qui reposerait sur le concept primordial d'interaction. Pour cela, il lui faut disposer d'une expression générale et opératoire des lois du mouvement qu'il va parvenir à établir, d'une part en proposant un sens expérimental à la mesure du temps, d'autre part en inventant de nouveaux outils mathématiques.

Pour ce qui concerne le premier point, Newton donne un sens physique à la mesure des intervalles temporels en faisant la distinction entre le temps absolu, qu'il appelle « durée », et le temps relatif « apparent et vulgaire [qui] est cette mesure sensible et externe d'une partie de durée quelconque (égale ou inégale), prise du mouvement ». Cette démarche est suffisante pour les explicitations alors envisagées. Quant à la seconde exigence, il utilise génialement la continuité – ici celle du temps[1] mais ce n'est pas restrictif –, pour inventer une opération mathématique fondamentale : le calcul des fluxions (équivalent du calcul différentiel mis au point par Leibniz à la même époque ; plus tard il inventera son inverse, ou calcul intégral) lui permettant de définir axiomatiquement la vitesse et l'accélération, en association avec le concept de trajectoire paramétrée par le temps. Ces idées sont authentiquement révolutionnaires car ce sont elles qui autorisent une mathématisation véritable de la mécanique et, par là même, de la physique. Il s'agit d'un profond changement dans la façon de concevoir, de poser et de traiter les problèmes correspondants. De plus, le Livre III des *Principia* contient les *Règles de philosophie* établissant et discutant les conditions à remplir par toute recherche qui se veut scientifique. C'est pourquoi, par sa nature profondément originale

1. Dans une axiomatique générale, l'opération « passage à la limite » sous-entend la compacité, propriété mathématique non découverte à l'époque de Newton. Elle caractérise le fait que, entre deux instants donnés quelconques, aussi rapprochés soient-ils, il en existe toujours un autre. Cette condition implique la continuité rigoureuse du temps, question qui se pose pourtant en physique quantique.

et sa richesse, la méthode utilisée par Newton pour construire sa mécanique rationnelle marque une étape essentielle, celle du début de la physique mathématique et de la science rationnelle. C'est véritablement l'ouverture d'une ère nouvelle de la pensée.

Pourtant, malgré tous les considérables succès de la mécanique rationnelle, l'objectivité implique quelques restrictions. C'est Mach qui, dans sa *Mécanique*, est peut-être le critique le plus sévère, notamment quand il déclare, à propos du temps, que « Newton se trouve encore sous l'influence de la philosophie du Moyen Âge et est *infidèle* à son dessein de n'étudier que les *faits* », référence au célèbre aphorisme newtonien « hypothese non fingo ». Cette objection est loin d'être infondée si l'on veut bien observer que l'œuvre de Newton est fortement empreinte de considérations théologiques, y compris dans les *Principia* où il émet quelques solides commentaires sur Dieu qui « fut appelé maître universel ou Pantocrator » en raison du fait qu'il « régit tout (...) comme souverain absolu de tout ce qui existe ». Commentaires qui peuvent être compréhensibles pour l'époque, Newton se situant à la transition entre deux systèmes philosophiques antagonistes, mais cette attitude présente l'inconvénient d'obscurcir sa pensée en rendant ses écrits parfois difficiles à interpréter et ses principes délicats à déchiffrer.

Les difficultés et la remise en cause du temps absolu

À partir des lois de la mécanique rationnelle, et de la découverte du calcul différentiel et intégral, il devient possible de décrire paramétriquement les systèmes physiques dont la modélisation acquiert ainsi un statut mathématique à part entière. Quant au temps, il devient tout simplement le terme caractéristique de l'évolution du modèle considéré. La géométrie analytique, découverte par Descartes dans les débuts du XVIIe siècle, fournit le cadre idéal pour l'étude des phénomènes physiques et de la dynamique des corps. Son intérêt majeur, pour ce qui concerne le temps qui est supposé continu, est de permettre sa représentation par un axe spatial orienté pour en marquer le sens unidirectionnel d'écoulement. Comme aucune donnée a priori n'en délimite l'étendue, c'est l'ensemble de cet axe qui peut être utilisé, depuis le passé le plus reculé (les infinis négatifs) jusqu'à l'avenir le plus lointain (les infinis positifs). S'il n'est évidemment pas possible d'affecter au support géométrique lui-même un ordre numéral absolu, en revanche il est possible de choisir une origine et une unité conventionnelles permettant d'associer un intervalle temporel à tout segment. C'est l'utilisation de l'axiomatique (première loi du mouvement de Newton) qui justifie cette représentation, assurant ainsi l'ordonnancement des événements et la définition de la simultanéité. On peut alors distinguer concrètement « l'avant » de « l'après », condition indispensable pour opérationnaliser la causalité dont on connaît l'importance dans tout raisonnement rationnel. Dans la reformulation de la mécanique faite par Lagrange avec sa *Mécanique analytique* (1788), le temps devient un paramètre complètement « mathématisé ». Et c'est ainsi que dans les développements ultérieurs, notamment ceux de Jacobi et Hamilton dont le formalisme va servir de base à la théorie quantique, la variable temps est banalisée. Elle l'est en ce sens qu'elle ne fait pratiquement plus l'objet de commentaire, ainsi qu'il est aisé de s'en rendre compte en consultant la quasi-totalité des traités de mécanique et de physique théorique.

Les questions ne manquent cependant pas. L'une des plus importantes concerne l'un des aspects les plus contestables du temps absolu de Newton : son insensibilité totale à toute interaction qui exclut toute possibilité d'expérimentation, donc toute intégration physique. Étant ainsi totalement abstrait, il ne peut être que d'essence métaphysique, c'est-à-dire spéculative. Comme il en va de même pour l'espace « sans relation aux choses externes », et puisque c'est l'association des deux qui constitue le cadre du monde newtonien, on peut légitimement s'interroger sur ce que celui-ci peut représenter. Les informations dynamiques qu'il fournit, et qui sont certes essentielles, n'en éliminent pas pour autant la question de ses rapports avec le « réel ». Cette déconnexion de fait entre ce « réel newtonien » et son objet est ontologiquement difficile à accepter, tant par principe que pour la cohérence de l'édifice du savoir rationnel. Pourtant comme il se trouve que les conséquences pratiques en sont quasiment nulles, cette construction abstraite dans sa formulation, mais remarquablement efficace dans ses applications, peut être admise. D'autant qu'elle reste compatible, durant les deux siècles qui suivent, avec le progrès des connaissances, qu'il s'agisse aussi bien de l'irréversibilité thermodynamique, cohérente avec l'unidirectionnalité, que de la biologie ou des sciences de la Terre et de l'univers en accord avec l'évolution.

Une autre objection, également de principe, concerne le statut des absolus attachés à l'espace et au temps, car ils sont intrinsèquement de nature différente. En effet, une mesure de longueur ne peut pas être qualifiée d'absolue puisque le principe de relativité de Galilée[1] interdit de distinguer dynamiquement l'état de repos absolu du mouvement de translation relative si celle-ci est rectiligne et uniforme. Donc une mesure de longueur est nécessairement relative à l'observateur. Ce qui n'est pas le cas pour une mesure d'intervalle de temps qui, pour Newton, est absolue, donc indépendante des conditions dans lesquelles elle est effectuée. Cette dissymétrie entre la fonctionnalité de l'espace et celle du temps soulève une question de cohérence, compte tenu de l'importance accordée au concept de repos absolu dans cette axiomatique. Objection qui n'a évidemment

1. Observons que lors du transfert de mesures entre deux référentiels en translation relative rectiligne et uniforme (référentiels galiléens), la loi de transformation des coordonnées est symétrique. Les observations l'étant aussi, déclarer que soit l'un, soit l'autre, de ces référentiels est au repos ne peut avoir qu'un caractère relatif. Le mouvement absolu ne peut donc pas être mis en évidence par la mécanique faute de pouvoir identifier le repère qui serait absolument au repos, c'est-à-dire l'éther de la physique classique. D'où l'idée de recourir à l'optique, qui se révélera aussi vaine.

pas échappé à Newton mais sans qu'il parvienne à y remédier, y compris par ses arguments théologiques.

Ce modèle soulève également d'autres questions d'interprétation. Considérons deux événements se produisant à deux instants différents ; bien que l'intervalle de temps soit absolu, la relativité galiléenne ne permet pas de savoir s'ils ont lieu, ou non, au même endroit, donc dans le même environnement. Par exemple au niveau de l'univers, dans l'observation des phénomènes stellaires, il peut en résulter des difficultés d'interprétation. Pour en tenir compte, et assurer l'universalité de la connaissance rationnelle, il est nécessaire d'introduire le **principe cosmologique** (ou **principe de rationalité**) dont nous avons parlé et qui peut s'exprimer sous la forme générale suivante : *toute loi scientifique déterminée sur Terre est universellement valable, à tout instant et en tout lieu de l'univers.* Pour qu'il en soit ainsi, il faut que l'écoulement du temps soit continu et uniforme, celui-ci devant avoir un caractère universel pour que les comparaisons expérimentales aient un sens. Ce que permettent aussi bien le temps absolu de Newton que celui de la relativité générale. De plus, ce principe signifie que notre planète ne joue aucun rôle particulier au sein du cosmos, opinion qui n'aurait certainement pas été appréciée à l'époque de Newton.

Remarquons encore que synchroniser deux horloges situées en des lieux différents, condition nécessaire pour les mesures comparatives, pose un problème. Car la vitesse étant le rapport entre la distance parcourue et le temps mis pour ce faire, pour réaliser une synchronisation il faut soit disposer d'une vitesse étalon (cas de la relativité) soit utiliser des phénomènes physiques se propageant à des vitesses infinies (cas de la mécanique classique, bien que de tels phénomènes soient inconnus. Ils sont d'ailleurs interdits par la relativité). La question n'est pas posée dans la mécanique newtonienne, pas plus que celle de l'éventualité d'un décalage des horloges consécutif à tout déplacement, comme l'analysera la relativité.

Einstein et le temps relatif

On a indiqué comment les objections précédentes ont été magistralement balayées par la théorie de la relativité restreinte d'Einstein. Son axiomatique est telle que le temps et l'espace interviennent conjointement dans les lois de transformation reliant deux observateurs en translation relative rectiligne et uniforme. Ce qui a pour conséquence la définition d'un nouveau cadre de représentation de la physique relativiste : l'espace-temps. Outre ses avantages opératoires, qui sont grands, celui-ci présente l'intérêt majeur d'unifier au sein d'une même structure l'espace et le temps qui, chez Newton, étaient strictement sans rapport l'un à l'autre. Avec pour conséquence que la valeur de toute mesure les concernant dépend alors de l'observateur de sorte que ces deux paramètres lui sont devenus relatifs. Cela signifie que deux opérateurs dynamiquement distincts [1], qui utilisent respectivement des horloges identiques et les mêmes étalons de longueur, obtiennent des résultats numériques différents lors de paramétrages de phénomènes physiques observés de manière commune. Mais, par exemple, s'ils étudient un même événement, la seule connaissance de leur vitesse relative permet de relier entre elles les différentes séquences de valeurs obtenues par chacun d'eux. Remarquons que de telles mesures exigent des horloges synchronisées, opération qui est ici possible puisqu'il existe une vitesse commune étalon, celle de la lumière qui est une constante universelle, la propagation d'un faisceau électromagnétique servant de référence pour étalonner les intervalles de temps en fonction des distances parcourues.

Pour la physique, un intérêt majeur de l'espace-temps est

1. Mais supposés en translation relative rectiligne et uniforme dans le cadre de la relativité restreinte qui postule également la covariance (l'invariance) des lois de la physique dans de telles conditions.

qu'il possède une structure de groupe[1] particulière caractéristique d'une symétrie interne. Or on a dit que les symétries correspondent aux lois physiques de conservation dont l'importance est considérable, aussi bien dans l'étude des phénomènes de la nature que dans la recherche des solutions des équations les modélisant. Cela étant, puisque le principe de relativité traduit la symétrie entre les observateurs, celle-ci doit se manifester dans les lois de transformations de l'espace-temps qui, de ce fait, forment le « groupe de Poincaré-Lorentz » (noms de ses auteurs). C'est la contrainte de l'invariance universelle de la vitesse de la lumière qui implique les transformations de Poincaré-Lorentz dont résulte le caractère relatif de toute mesure d'intervalle de temps et de longueur. C'est donc la fin des absolus de Newton.

La théorie des groupes est un outil mathématique majeur de la physique moderne, aussi bien pour la relativité restreinte, ou générale, que pour la physique quantique. On en voit ici l'un des avantages essentiels avec l'introduction du nouveau cadre de représentation permettant de parfaitement symétriser les rôles respectifs du temps et de l'espace. Tant sur le plan de la représentation et de l'interprétation des phénomènes physiques, que pour différentes raisons théoriques, il s'agit d'une avancée considérable, et qui fut d'ailleurs nécessaire pour sortir des impasses de la fin du XIXe siècle. Pourtant, si l'espace-temps est particulièrement bien adapté à la formulation des théories nouvelles, il n'a aucune réalité objective. De plus, il existe certains problèmes de

1. Les mathématiques sont réductibles aux interactions entre les « objets » qui les constituent (nombres, êtres géométriques...) indépendamment de la nature de ces objets, et à leurs morphismes (la manière dont les opérations subies les transforment). Une grande découverte de ce siècle est que ces morphismes peuvent définir ces objets. La catégorie des transformations qui les laissent invariants est essentielle. C'est à ce propos qu'intervient le concept de groupe de symétrie et des lois physiques de conservation qui lui sont associées. Notons à ce propos que le principe de relativité ne fait que traduire la symétrie entre deux observateurs galiléens.

compatibilité avec la physique quantique, théorie qui présente des ambiguïtés pour ce qui concerne sa conception du temps.

La théorie d'Einstein pose la question du réel sur des bases différentes de celles de la physique classique puisque, d'une part, elle mêle le temps et l'espace alors que, d'autre part, elle supprime tout caractère absolu aux mesures les concernant. En conséquence la simultanéité devient elle aussi relative, fait pour le moins surprenant si l'on ne se réfère qu'aux observations de la vie courante. Pourtant on en comprend les raisons si l'on remarque que les effets relativistes ne se font sentir que pour des vitesses de déplacement proches de celle de la lumière, cas qui ne se présente pratiquement jamais dans le réel au quotidien. La relativité est donc bien en cohérence avec celui-ci, c'est-à-dire avec la mécanique de Newton qui en est un cas limite, précisément aux faibles vitesses. Et l'on sait parfaitement aujourd'hui mettre en évidence les effets prévus.

Faisons encore deux remarques : la découverte de l'expansion de l'univers par Hubble, en 1929, a donné au temps une tout autre dimension, tant universelle que de nature ontologique et philosophique. Car la généralisation de la relativité permet de concevoir des modèles cosmologiques de différentes natures qui devraient être comparés aux données observationnelles. Malheureusement, en dépit des progrès de l'exploration et de l'instrumentation spatiale, de telles opérations restent problématiques. D'autant que, sur le plan théorique, c'est la nature de la métrique de l'espace-temps (l'expression mathématique de la distance entre deux points-événements) qui détermine tout le reste, or les possibilités sont multiples alors que l'on ne dispose pas de tests expérimentaux pour les sélectionner. Mais, point remarquable, certains modèles correspondent à une expansion spatio-temporelle divergeant à partir d'un point-source qui, pris pour référence, permet de définir un temps universel caractéristique de cette évolution. De ce fait, l'expansion exprime physiquement une anisotropie qui est celle de la flèche du temps. Or si celle-ci est aussi liée aux phénomènes irréversibles, dont ceux de la thermodynamique, il se trouve que *les équations de la physique ne l'expriment pas.*

Seconde remarque : comme le temps et l'espace constituent le cadre universel de toute notre connaissance de la nature, le caractère de relativité qui leur est inhérent doit aussi être celui de toutes les informations rationnelles qui s'en déduisent. Autrement dit celui de toute la physique relativiste qui, avec la théorie quantique, est à la base de toutes les modélisations actuelles. Dans ses fondements, toute notre connaissance qui y fait appel, c'est-à-dire pratiquement *toute notre science rationnelle, ne peut donc être que relative.* Donnée essentielle que, pourtant, la plupart de nos contemporains semblent avoir beaucoup de difficultés à intégrer !

La définition du temps de la science revisitée

En faisant perdre au temps de la science son caractère absolu, mais en lui conférant un statut authentiquement universel, la relativité et l'expansion de l'univers ont totalement rendu obsolètes toutes les exégèses antérieures le concernant. C'est pourquoi l'intégration de ces conditions nouvelles, qui doit être faite dans le nouveau cadre quanto-relativiste de la physique actuelle, implique un retour sur différentes questions fondamentales se posant à son propos.

Commençons donc par reconsidérer le problème de la définition du temps de la science. Si l'on se place au seul point de vue rationnel, il peut être posé de la façon suivante : est-il épistémologiquement concevable de *postuler* que ce temps est, en soi, un élément totalement indépendant du cosmos, de son contenu et de ses transformations, ou bien *doit-il* nécessairement lui être relié à travers les processus physiques qui s'y déroulent ?

Dans le premier cas, qui appartient au domaine des Formes platoniciennes, on ne peut que retrouver une expression du temps newtonien. Absolu, ou non, sa définition implique qu'un tel temps n'est pas physiquement opératoire, ce qui l'exclut ipso facto du champ scientifique proprement dit. De ce fait, ce n'est qu'un concept abstrait puisque vide de tout sens expérimental. Il ne peut donc que rejoindre la catégorie des hypothèses inutiles telles que l'éther ou le calorique. C'est pourquoi la connaissance rationnelle doit rejeter ce postulat.

C'est donc la seconde hypothèse qui doit être retenue. On sait, aujourd'hui, qu'il existe de nombreuses manières de la rendre opératoire, ce qui permet de donner un sens général au concept physique d'horloge et, par là même, à la définition des intervalles de temps, *et d'eux seuls*. Partant de là, c'est dans le cadre relativiste de l'espace-temps, qui est une pure construction mathématique, que s'exprime la physique moderne. Dans chaque référentiel, dont on connaît les lois de correspondance avec ses équivalents, un temps propre caractéristique est défini par une horloge *physique* quelconque, mais immobile en chaque point qui devient un point-événement, élément de base de l'espace-temps. Dans son discours, Einstein en discute les propriétés, dont celles qui concernent la synchronisation et le déplacement des horloges. Ainsi que nous l'avons dit, cela revient à identifier des intervalles d'amplitude quelconque mesurés par des horloges avec le temps scientifique proprement dit, c'est-à-dire à ne plus distinguer le temps physique de sa représentation mathématique.

Est-ce sans conséquence sur les mesures de temps ? Il se trouve que la réponse est non. Considérons, par exemple, la cosmogenèse : si le temps physique ne prend sens qu'avec un système matériel, il ne peut exister qu'avec l'apparition de l'univers. Ainsi a-t-il nécessairement une origine, ce qui fait que parler du temps *avant* le big bang n'a pas de *sens physique*, en dépit de controverses opposant certains théoriciens. Et puisque ce temps scientifique n'a de sens qu'associé à l'énergie-matière, il est lié aux lois qui la régissent ainsi qu'au contenu du cosmos. Il apparaîtrait donc légitime de s'interroger sur d'éventuelles corrélations entre ces différents paramètres de sorte que de possibles modifications au cours de l'évolution cosmique ne devraient pas être neutres vis-à-vis des systèmes physiques de mesure, donc sur la définition de ce qu'ils mesurent. On sait, par exemple, qu'un champ gravitationnel ralentit les horloges ; qu'en est-il à propos des conditions à l'origine de l'univers, ou de certains objets singuliers qu'il pourrait contenir ? En d'autres termes, on ne peut a priori exclure l'existence de certaines connexions entre le temps physique, l'énergie-matière relativiste et quelque dynamique quantique sous-jacente dont on ne sait encore à peu près rien. On remarque également que si la relativité générale permet de définir mathématiquement un temps universel, celui-ci ne peut physiquement exister que si l'espace-temps n'est pas vide d'énergie-matière (c'est elle qui en détermine la structure), ce qui nous ramène aux restrictions précédentes, notamment la confusion ainsi faite entre ce temps purement mathématique et celui des horloges. Quant à l'âge de l'univers (donné par l'inverse de la constante de Hubble), il correspond à son expansion qui se fait à la vitesse de la lumière, à partir du big bang. Or, bien qu'ayant le statut de constante universelle, rien ne permet d'affirmer que cette vitesse limite n'aurait pu subir aucune variation depuis les origines. On peut d'ailleurs s'interroger sur les facteurs physiques qui fixent cette constante universelle, et pour quelles raisons il en est ainsi (voir p. 264, n. 1).

Et si la définition d'un paramètre *mathématique* bien construit est indispensable pour qu'une modélisation puisse prétendre à quelque généralité, il se pose également la question de sa représentation numérique. Axiomatiquement, ce temps devient un ensemble dense et ordonné d'instants, associé à la structure topologique simple (mais ambiguë) qu'est la droite, modélisation qui permet les opérations mathématiques fondamentales dont le repérage et l'ordonnancement ainsi que le passage à la limite. Par définition, l'isomorphisme avec la droite de représentation implique qu'il s'agit des nombres réels (certaines extensions complexes sont parfois utilisées) alors que, par essence, *toute mesure ne peut fournir qu'un nombre rationnel* puisque sa précision et celle de l'étalon sont nécessairement finies. Bien que sans conséquence pratique, en élargissant le champ des possibilités fonctionnelles cette extension ne peut pas non plus être ignorée pour des questions de principe pouvant intervenir dans la théorie des représentations.

On observe ainsi qu'il existe une divergence de nature conceptuelle entre, d'une part, le temps mathématique de l'espace-temps relativiste, qui en est une caractéristique, et, d'autre part, sa représentation physique due aux horloges. C'est pourquoi, à une question de nature physique, par exemple sur le réel, est apportée une réponse mathématique. Or il se trouve que, puisqu'elle dépend des mécanismes de mesure utilisés, la nature *physique* du concept de temps scientifique n'est pas nécessairement unitaire. Par exemple la question se pose en théorie quantique[1] dans laquelle le temps soulève quelques difficultés de principe. C'est aussi le cas à propos des temps de la thermodynamique et des transitions atomiques ou nucléaires, qui sont irréversibles, et pour d'autres tels que ceux de la géologie ou de la biologie. Comment leurs rapports réciproques peuvent-ils influencer notre représentation du monde et quelles peuvent en être les conséquences sur l'interprétation scientifique ? Ici encore, on trouve quelques raisons justifiant la relativité de notre connaissance du réel.

1. Définir une horloge dans un espace de Hilbert (espace de représentation des états quantiques) n'a aucun sens opératoire. De plus, le temps n'y étant pas quantifié, il n'est pas représenté par un opérateur alors qu'il vérifie une relation d'indétermination en association avec l'énergie qui est sa variable canoniquement conjuguée, ce qui traduit une incohérence. S'il était quantifié, il se poserait des questions de passage à la limite (problème de la convergence d'Ehrenfest). Dans ce formalisme, le temps, qui est introduit ex abrupto, reste un concept tout à fait mystérieux.

Temps, déterminisme causal et probabilités

Une théorie est déclarée causale si elle postule que, à tout instant, l'état du système physique qu'elle décrit est *complètement* déterminé par la *seule* connaissance de tous ses états antérieurs. Ce qui revient à dire que cet état ne résulte que de faits appartenant à son passé, et à lui seul, et que c'est lui seul qui détermine son devenir. On peut ainsi poser le problème de son évolution à partir de la donnée d'un état originel spécifié par des valeurs numériques attribuées aux paramètres caractéristiques qui sont appelés « conditions initiales ». Par l'ordonnancement qu'il permet, le temps y occupe donc une place centrale et c'est pourquoi une théorie causale s'oppose irréductiblement à une théorie finaliste (ou anticausale) dans laquelle ce serait l'avenir qui influencerait le présent. C'est la raison pour laquelle le finalisme biologique tel que celui de Lamarck, fondateur du transformisme, comme d'ailleurs celui de toute religion quelle qu'elle soit ne peuvent pas appartenir à la catégorie de la science rationnelle logico-déductive.

C'est Leibniz qui, avec son « principe de raison suffisante », a commencé à préciser les termes du raisonnement scientifique appliqué à la connaissance du monde en déclarant que, d'une façon générale, « jamais rien n'arrive sans qu'il y ait une cause ou du moins une raison déterminante » (*Essais de théodicée* ; 1710). Puis le déterminisme causal, selon lequel tout phénomène résulte, et ne résulte que de causes qui le précèdent, (« les mêmes causes produisent les mêmes effets[1] »), est devenu l'un des axiomes fondamentaux de la connaissance rationnelle. À un point tel que la théorie de la relativité restreinte d'Einstein a pour fonction première de conserver la causalité[2] lors des chan-

1. L'expression « effet » signifiant ici « phénomène », au sens physique habituel.

2. Il s'agit, en fait, de dépendance causale puisque l'interaction n'étant plus instantanée, un observateur peut ne connaître des faits déterminant un

gements de référentiels, caractéristique essentielle des transformations de Poincaré-Lorentz. Car, d'une part, c'est ce principe qui fonde le concept de *loi* de la nature puisque la fonction première de celle-ci est précisément de relier les causes et les effets, le but de la connaissance rationnelle étant d'en découvrir le mécanisme et d'en exprimer les termes avant d'en tirer les conséquences, dont des prévisions. D'autre part, c'est le déterminisme qui justifie l'application de la méthode logico-déductive – c'est-à-dire de la mathématique qui en est l'expression – à l'étude des phénomènes physiques, permettant précisément d'en formuler les lois sous une forme opératoire. Il est clair que le temps y fait fonction de règle de sélection en distinguant l'« avant » de l'« après ». C'est pourquoi la concaténation imposée par le déterminisme entre les « causes pleines » et les « effets entiers » représente une contrainte forte, bien que peu visible sinon dans quelques formulations extrêmes telles que celle, bien connue, de Laplace. Mais il se trouve maintenant que, d'une certaine façon, cette trop grande rigidité est contrebalancée par l'indétermination quantique qui n'est aucunement contradictoire avec ce qui précède puisque, finalement, elle n'est pas autre chose qu'une forme d'expression d'un déterminisme probabiliste beaucoup plus souple.

Si, d'une façon générale, l'équation différentielle exprime le déterminisme, il se pose la question de la précision des conditions initiales (ou limites) dont dépend l'évolution effective du système physique qu'elle décrit. Outre les difficultés expérimentales, qui peuvent être grandes, cette précision est, comme on vient de le dire, limitée par les relations de Heisenberg. Notons à ce propos que tant qu'aucune mesure n'est faite, la physique quantique est causale et déterministe, ses équations l'étant. Mais

---

événement que postérieurement à sa réalisation. Il faut donc distinguer déterminisme et prédictibilité. Malgré quelques difficultés de langage (nécessité d'introduire le concept de difféomorphisme assurant la similitude locale des formes), la dépendance causale subsiste en relativité générale.

la curieuse réduction du paquet d'ondes[1] inhérente à toute opération de mesure quantique est intrinsèquement probabiliste et irréversible. En revanche, en physique relativiste, ou classique, il faudrait connaître les conditions initiales avec une précision infinie pour pouvoir faire des prévisions générales à très long terme[2]. Comme ce n'est techniquement pas possible (la limite est celle des appareils de mesure et des étalons), dans certains cas il peut en résulter des incertitudes pouvant parfois être de grande ampleur comme l'a montré Poincaré dans *Les méthodes nouvelles de la mécanique céleste* (1892-1899). Il en a discuté les effets sur la stabilité du système solaire – qui ne peut pas être assurée au-delà de quelques millions d'années – et sur les limites de la prévision, ouvrant ainsi la voie à l'étude du comportement des systèmes chaotiques, dont l'« effet papillon » de E. Lorenz et ses attracteurs étranges sont bien connus. Ces états représentent une limite du déterminisme classique.

D'autres difficultés subsistent également, tant pour certains aspects du déterminisme, que la thermodynamique peut mettre en défaut, que pour ce qui concerne l'étude des « causes » et des « effets ». C'est, par exemple, le cas des processus instables tels que la désintégration radioactive ou les transitions atomiques. Dans certaines expérimentations complexes où l'observation directe n'est pas possible, l'identification des causes nécessaires pour en faire la théorie n'est pas dépourvue d'arbitraire ni d'incertitudes, ce qui ne peut que se retrouver dans les interprétations. C'est, le plus souvent, le cas dans l'analyse des processus microscopiques, par exemple dans la physique des particules élémentaires créées par les interactions à hautes énergies, ou dans différents processus cosmiques. En conséquence, l'expli-

1. Voir, par exemple, la référence de la page 46, n. 1.

2. On peut également noter que la mécanique analytique permet une étude variationnelle à partir des conditions aux limites (principe de moindre action) qui sont analytiquement équivalentes car correspondant aux mêmes équations.

citation des données recueillies exige généralement des hypothèses lourdes de sorte que, dans de telles situations, le concept de réel n'a plus aucune signification observationnelle au sens opératoire qui devrait rester celui de la physique.

Dans d'autres circonstances, et pour différentes raisons (trop grand nombre d'événements, complexité, évolution conditionnelle, facteurs aléatoires, notamment dans les jeux et les calculs de risque, systèmes chaotiques...), toutes les causes ne peuvent pas être prises en considération en dépit du fait qu'elles seraient susceptibles d'être identifiées. Aussi, et bien qu'étudiant des systèmes déterministes, on ne peut qu'en extraire des interprétations probabilistes. Et c'est encore le cas si les informations connues sont exactes mais incomplètes. Dans de telles situations, le passé et le futur ne peuvent plus être mis en relation causale directe, d'où le recours aux méthodes statistiques qui doivent être adaptées aux différentes occurrences. Ainsi existe-t-il certains domaines d'intérêt général dans lesquels la prévision déterministe n'est pas possible alors que les applications peuvent être importantes (par exemple en météorologie). De telles situations sont fréquentes, particulièrement en physique des gaz et plasmas, ou dans l'étude des liquides et plus communément dans celle des phénomènes collectifs. C'est pourquoi certaines interprétations peuvent prêter à discussion, ce qui n'est pas sans conséquence sur notre connaissance du réel. Et puisque certaines questions cosmologiques (arpentages extragalactiques, objets non visibles – trous noirs, matière sombre –, lentilles gravitationnelles et étoiles doubles...) se heurtent tout autant à des contraintes équivalentes, on voit déjà que nos possibilités de représentation de l'univers ne peuvent pas, elles non plus, être exemptes d'incertitudes.

L'irréversibilité du temps

Considérer le déterminisme causal, et parler de conditions initiales, présuppose l'existence d'un sens d'écoulement du temps. C'est ce que la physique appelle la flèche du temps qui permet de distinguer le passé du futur, créant ainsi une dissymétrie fondamentale dans l'évolution des phénomènes puisque seul le passé est figé. Mais comment est définie la flèche du temps ? Le paradoxe, car c'en est un, tient au fait que la nature est remplie de processus irréversibles alors que (sauf quelques exceptions dont la thermodynamique et les interactions, ou les mesures quantiques) la description qu'en donne la physique, celle de Newton comme celle d'Einstein ou de Schrödinger, se traduit par des *équations* insensibles au sens d'écoulement du temps[1]. Si, par exemple, la causalité relativiste est conservée, elle est cependant conventionnelle. Pourtant même le fonctionnement des horloges est irréversible ! Ce difficile problème tient au fait que le temps entrant dans les équations physiques est un paramètre *mathématique* alors que la règle de sélection *physique* que constitue la flèche du temps, associée à

1. Si la physique classique est causale et déterministe, le fait qu'un retournement du temps laisse ses équations invariantes implique que, en principe, elle pourrait tout aussi bien être anticausale. Dans la pratique, l'expérience montre qu'il n'en est rien. Considérons, par exemple, le cas classique des équations de Maxwell (réversibles par rapport au temps) : les seules solutions qui sont physiquement observées sont celles qui correspondent aux ondes électromagnétiques retardées, autrement dit celles qui se propagent en divergeant à partir de la source. Mais la théorie prévoit également la possibilité d'ondes avancées, c'est-à-dire qui proviendraient de l'infini et convergeraient vers la source en remontant le temps. Or ces ondes sont strictement inconnues. Vers la fin de la guerre, Wheeler et Feynman ont tenté d'en expliquer les raisons à partir de considérations physiques fondées sur l'éventualité d'existence d'interférences destructives dues à la structure de l'univers. Bien que cohérentes, ces explications ne sont pourtant étayées par aucune donnée expérimentale, si minime soit elle. De plus elles ne sont pas objectivement convaincantes, et elles sont même dépourvues de valeur si l'on considère que le phénomène physique n'est pas l'onde mais « l'onde plus la source » qui n'a pas de sens à l'infini. Certains ont avancé l'hypothèse qu'il existerait un mécanisme inconnu brisant cette symétrie, hypothèse jusqu'ici purement gratuite.

l'irréversibilité, doit être établie dans le cadre général de la physique[1].

C'est le physicien Joseph Fourier qui, au début XIXᵉ siècle, a entrepris les premiers travaux sur ce sujet en étudiant les transferts de chaleur dont l'irréversibilité est évidente. Puis le développement de la machine à vapeur, associé à l'étude thermique des états gazeux, conduisit Carnot (1824) à la découverte de la thermodynamique, dont celle du second principe qui la caractérise. C'est à Clausius (1865) que revient le mérite d'en avoir perçu le sens profond avec sa définition de l'entropie[2] et de l'irréversibilité temporelle de principe qu'elle implique, ce qui donne un sens *macroscopique* à la flèche du temps.

Mais l'épineuse discussion du théorème H de Boltzmann (1844-1906) montre que ces données nouvelles soulevèrent

1. Ce qui n'est aucunement évident puisque, en dépit de l'expansion de l'univers, les équations du champ d'Einstein sont insensibles au sens d'écoulement du temps. De fait, ce sont les différences de conditions physiques régnant aux limites de tout intervalle temporel qui induisent la flèche du temps, distinguant ainsi le passé du futur. Au niveau *fondamental*, tous les phénomènes de la nature sont irréversibles (toute transformation effective, tout déplacement de masse coûte de l'énergie) ce que ne traduisent pas les équations correspondantes. Et s'il y avait recontraction de l'univers (big crunch) la théorie standard prévoit que, pour des questions d'entropie, la flèche du temps resterait invariante. Notons également que la vie étant un phénomène intrinsèquement irréversible, la flèche du temps est aussi une donnée intuitive.

2. L'entropie est une grandeur macroscopique dont l'équation aux dimensions est celle d'une quantité de chaleur (énergie) divisée par une température (paramètre macroscopique). Le second principe de la thermodynamique déclare que l'entropie d'un système isolé ne peut pas décroître, quelles que soient les transformations internes subies. Or toute transformation effective étant irréversible, l'entropie d'un tel système ne peut donc que croître jusqu'à une valeur limite correspondant à l'état d'équilibre qui est celui du désordre maximum. L'étude de la fonction entropie est donc associée à celle de l'évolution temporelle irréversible du système considéré. C'est une grandeur additive (extensive) qui, à ce titre, ne peut pas mesurer le désordre du système (lequel est une grandeur intensive, comme la température qui en dépend).

d'âpres controverses [1], lesquelles ont d'ailleurs fini par contribuer au suicide de son auteur. La principale question posée est celle de la rétrodiction dans l'évolution statistique d'un gaz. L'intention de Boltzmann était d'y recourir pour démontrer l'irréversibilité entropique, c'est-à-dire la flèche du temps. En dépit de ses efforts, il ne parvint pas à réfuter l'argument central, a priori péremptoire, de Loschmidt selon lequel il ne doit pas être logiquement possible de démontrer l'existence d'un effet macroscopique irréversible – ici la flèche du temps – à partir des seules équations réversibles de la mécanique des constituants élémentaires. Et pourtant, en dépit de l'apparente pertinence du propos, les simulations actuelles sur ordinateur montrent que l'inversion formelle du temps, donc des vitesses à un instant donné, ne permet pas de retrouver réversiblement le chemin inverse des différents états évolutifs du système gazeux initial. Car l'analyse montre qu'une partie de l'information caractéristique est irréversiblement transformée par suite de la création de corrélations dues aux interactions particulaires. En effet, avant un choc donné entre deux particules quelconques, celles-ci sont indépendantes, ce qui n'est plus vrai après le choc, celui-ci créant une corrélation. Ainsi, à l'évolution interactionnelle du milieu est associée une fonction corrélationnelle caractéristique qui n'est pas annulée par renversement du temps. Elle se traduit alors par une dissymétrie des conditions initiales aux deux extrémités d'un même intervalle de temps, selon le sens dans lequel il est parcouru. Autrement dit, l'inversion du sens d'écoulement

1. Le théorème H de Boltzmann traite de l'irréversibilité dans l'étude statistique d'un gaz. C'est une autre forme d'expression de l'évolution entropique. Sur ce sujet, on peut consulter l'excellent ouvrage de R. Dugas, *La Théorie physique au sens de Boltzmann*, Ed. du Griffon, Neuchatel-Suisse (1954), qui traite également des objections de Loschmidt et de Zermelo. Notons que la correspondance faite par Van der Waals (1911) entre le théorème de Bayes sur les probabilités conditionnelles et le second principe thermodynamique permet aussi de répondre aux objections de Loschmidt et de Zermelo.

du temps ne correspond pas à des conditions initiales relatives qui seraient informationnellement équivalentes. Et c'est précisément l'irréversibilité de l'information statistique, celle du flux des distributions corrélationnelles, qui crée l'ordre temporel, c'est-à-dire la flèche du temps. C'est pourquoi, à son époque, Boltzmann n'avait pas les moyens techniques de mener son projet à terme.

On conçoit l'importance de ce théorème qui associe l'irréversibilité du temps au second principe de la thermodynamique, donc à celle de la transformation d'énergie en chaleur, c'est-à-dire en rayonnement. La généralisation de cette propriété se fonde aussi bien sur le fait que le temps et l'énergie sont des paramètres canoniquement conjugués que sur l'observation de l'universalité de l'irréversibilité dans les phénomènes naturels. Pourtant, en dépit du fait que la flèche du temps est une donnée expérimentale incontestable, la relativité et la physique quantique ne l'intègrent pas, ce qui est indiscutablement une faille traduisant leur caractère provisoire. Qui plus est, la théorie quantique n'est pas exempte d'ambiguïté à ce propos. En effet, on a dit que le temps est introduit ex abrupto dans l'espace des représentations (espace de Hilbert), donc que rien ne prouve qu'il corresponde à celui de la relativité[1]. Sans compter l'existence des relations d'indétermination et de leurs conséquences sur la détermination des conditions initiales, ainsi que des problèmes liés à l'éventuelle non-séparabilité, laquelle reste cependant à démontrer[2]. De plus, l'existence de deux comportements temporels quantiques distincts selon qu'il y ait ou qu'il n'y ait pas de mesure soulève une question de principe qui laisse perplexe. Car, dans le premier cas, le système a un comportement aléatoire alors que dans le second il est déterministe. Jusqu'ici, aucune réponse satisfaisante n'a pu être

1. Sinon l'interprétation par passage à la limite sur de grands ensembles, qui n'est pas dépourvue d'un certain arbitraire.

2. Cette question est discutée dans la référence de la page 46 (p. 152-158).

apportée à ce comportement paradoxal. La physique quantique se borne à plaquer son formalisme sur l'événement mais elle ne peut pas le décrire, conduisant à la position de Bohr concernant son interprétation.

Dans l'espace-temps relativiste, outre le fait que le « maintenant » dépend de l'observateur (relativité de la simultanéité), on ne peut pas permuter les axes sans changer la structure du système, ce qui montre bien la spécificité de celui qui est associé au temps. D'autant qu'une ligne d'univers est une représentation figée, c'est-à-dire sans écoulement du temps, de sorte qu'un opérateur ne peut pas l'observer dans son ensemble, ce qui marque indiscutablement une limite de la géométrisation de la physique : *il convient de ne pas confondre le cadre de la physique avec la physique elle-même.* Et puisque l'on ne possède pas de théorie quanto-relativiste fondée sur une axiomatique qui ne serait pas de circonstance, il paraît logique de supposer qu'une telle construction devrait probablement reconsidérer la question de la flèche du temps.

Car, outre l'expansion de l'univers, la croissance de l'entropie ou la possibilité – qui reste théorique – des ondes avancées, il existe d'autres manifestations physiques de l'asymétrie temporelle. C'est dans ce cadre que rentre le théorème PCT déclarant que « les lois locales régissant les champs physiques sont invariantes par changements simultanés de la parité P, de la charge C et du temps T ». Il en résulte qu'un microsystème dans lequel les antiparticules remplacent les particules, alors que le sens d'écoulement du temps est inversé, ne peut pas être distingué de l'original observé dans un miroir. Bien que l'on en saisisse mal les raisons, si ce théorème était rigoureux (ce que l'on ignore pour des questions de non-localité quantique) il impliquerait l'existence de microsystèmes dans lesquels la flèche du temps aurait un sens (désintégration du meson K^0 à vie longue) sans rapport apparent avec la thermodynamique. Il semblerait que la flèche du temps, la violation de la symétrie PC et l'antimatière (et peut-être la gravité) seraient en correspondance selon des modalités qui resteraient à préciser, sinon à découvrir. Et peut-être devrait-il exister une asymétrie maîtresse du cadre spatio-temporel, non encore identifiée, de laquelle découleraient toutes les autres ?

Quelques remarques pour conclure

Commençons par la mesure des intervalles de temps, qui est l'une des plus précises que l'on sache faire puisque la précision relative actuelle est de l'ordre de 10^{-14} alors que l'on espère atteindre prochainement 10^{-16} de façon opératoire. L'étalon est la seconde **t** définie par la Conférence des poids et mesures (1967) comme étant « la durée de 9 192 631 770 périodes de la radiation correspondant à la transition entre les deux niveaux hyperfins de l'état fondamental de l'atome de césium 133 ». Cette définition étant conventionnelle, le nombre de périodes est *déclaré exact*. Comme la théorie de la relativité postule que la vitesse **c** de la lumière est une constante universelle, en 1983 la même Conférence a choisi conventionnellement la valeur **c** = 299 792 458 mètres par seconde qui est donc, elle aussi, une valeur *déclarée exacte*. L'avantage de ce choix est le suivant : puisqu'une vitesse est le rapport entre une longueur et un temps, et puisque les valeurs des étalons **t** et **c** sont connues, on peut en déduire celle de l'étalon de longueur **l**. Il s'agit de la seconde-lumière qui est la distance **l** parcourue à la vitesse de la lumière en une seconde. Sa valeur est : **l** = 1/**c** = 0,000 000 003 335 640 952 seconde-lumière. Ce point de vue est conforme au principe d'économie de la science qui cherche « à faire le plus avec le moins ». Pourtant, compte tenu de l'incapacité dans laquelle nous sommes d'unifier la relativité et la physique quantique, et en l'absence d'informations pertinentes sur les causes de cet échec, cette façon d'opérer peut paraître hasardeuse. Car la constance de la vitesse de la lumière n'est expérimentalement fondée que sur une classe d'expériences *négatives* qui soulèvent quelques réserves alors que les vérifications restent locales et restrictives. Aussi existe-t-il quelques raisons de s'interroger sur son absolue universalité (voir p. 264, n. 1). C'est pourquoi cette procédure présente l'inconvénient d'exclure toute mise en évidence d'une éventuelle variation, ou fluctuation de **c** dont l'invariance est devenue un dogme. Ce qui n'est pas conforme à l'esprit scientifique.

Avant l'invention des horloges atomiques, on utilisait généralement des phénomènes astronomiques pour repérer de façon précise l'écoulement du temps. Il est cependant intéressant d'observer que, outre les cycles célestes, il existe une autre catégorie d'horloges naturelles intrinsèques constituées par la désintégration d'ensembles de noyaux radioactifs. Chaque espèce instable est caractérisée par une probabilité de désintégration qui détermine un nombre spécifique d'événements survenant dans un intervalle de temps donné. C'est donc l'équivalent d'une horloge dont la précision dépend de la quantité de noyaux en présence (la désintégration d'un noyau radioactif isolé ne détermine évidemment pas un intervalle de temps). Le large spectre des durées moyennes de vie des différentes espèces nucléaires fait que la gamme naturelle des possibilités de mesure des intervalles de temps est vaste, et c'est ainsi que l'on dispose d'une précieuse géochronométrie naturelle.

Les processus radioactifs sont importants à plusieurs titres. D'une part, ils sont intrinsèquement probabilistes et irréversibles, donnant ainsi de façon naturelle un sens physique au temps, mais aussi au hasard. Ce faisant, à leur échelle ils démontrent l'évolution permanente de l'univers ainsi qu'une certaine forme d'instabilité de ses constituants. Mais d'une certaine forme seulement puisque, d'autre part, associés aux interactions nucléaires, ils caractérisent à la fois son unité de constitution issue de la cosmogenèse – tous les constituants cosmiques provenant des protons primordiaux – et sa grande diversité consécutive aux multiples transformations subies aussi bien à l'intérieur des fournaises stellaires que dans leurs cycles évolutionnels.

Ce qui est encore la marque d'une profonde différence de nature entre la signification du temps physique associé à tous ces phénomènes et sa représentation mathématique qui leur est étrangère.

Finalement, on constate qu'il existe trois grandes classes de méthodes physiques de mesure du temps : les phénomènes périodiques naturels, la mesure des distances qui exige de connaître une vitesse – d'où l'intérêt de la relativité –, enfin les processus aléatoires soumis aux lois des grands nombres. Sont-elles équivalentes ? En principe oui. En fait certaines limites ou dérives sont possibles, notamment dans les cas extrêmes : il existe, par exemple, une *limite physique* opératoire qui est de l'ordre de 10^{-24} seconde (temps approximatif mis par une information pour franchir une distance de l'ordre des dimensions d'une particule élémentaire à la vitesse de la lumière). De plus, toute mesure physique est nécessairement limitée par la précision des étalons qui est loin d'atteindre de telles valeurs ce qui, là encore, sépare le temps physique de sa représentation mathématique.

Pourtant, en lui conférant une dimension cosmologique, la découverte de l'expansion de l'univers a donné un autre statut au temps *physique*. Il paraît désormais possible de *modéliser* l'évolution de l'ensemble du système cosmique, constituants compris, à partir de la représentation *mathématique* de ce temps qui en fait un paramètre unidimensionnel, continu et linéaire, mais dont le caractère irréversible devrait être explicité. Si, pour des raisons que nous avons vues, le temps physique doit avoir une origine (ce qui n'est pas le cas de sa représentation mathématique), en revanche on ne peut actuellement rien prévoir concernant son futur, qui est celui de l'univers. Dans les modélisations actuelles, le temps est irréductible à l'espace bien que lui étant étroitement lié. On peut en tirer un certain nombre de propriétés d'invariance du cadre liées aux groupes continus de transformation de la géométrie d'espace-temps. Leur intérêt est que ces propriétés jouent le rôle de règles de sélection, permettant de repérer un certain nombre de solutions incompatibles. Mais il reste une question fondamentale : compte tenu des inexorables limites de toute modélisation géométrique[1], quels peuvent être les rapports entre de telles représentations et le réel ? Question encore compliquée par le fait que si le temps physique en est la grandeur pivot, sa représentation mathématique est entachée du fait que cette discipline est atemporelle[2].

Concluons par une remarque philosophique. Si une sorte de principe de continuité et de cohérence, plus fondé sur l'ignorance et la nécessité que sur l'objectivité, nous incite à admettre l'invariance temporelle de nos lois physiques, des postulats qui les fondent et des grandeurs fondamentales, rien cependant n'en assure la justification. Ce ne sont certainement pas quelques observations stellaires, ou de modestes expérimentations locales telles que celles qui sont faites en physique des hautes énergies, qui ont valeur de preuve car il peut, par exemple, exister quelques dizaines d'ordres de grandeur entre celles-ci et les données du big bang, ce qui est considérable. Les concepts qui *fondent* la physique conservent-ils un sens quelles que soient les conditions, par exemple celles de Planck ou celles d'un trou noir ? Existe-t-il quelques raisons objectives pour répondre par l'affirmative ? Si, à l'échelle humaine, de telles questions ne se posent évidemment pas, rien n'indique qu'il doit en aller de même sur les énormes intervalles de temps de l'évolution cosmique, ou dans des situations extrêmes telles que celles qui régnaient lors de l'apparition de l'univers, ou dans des circonstances cataclysmiques. Personne ne connaissant la réponse à de telles questions, une certaine prudence devrait s'imposer dans les interprétations

1. Question discutée dans la référence de la page 46.

2. Une fois mathématiquement démontré, un théorème est toujours vrai, indépendamment du temps. La valeur « vrai », ou « faux », de la logique des prédicats fondant le raisonnement mathématique est extérieure aux questions dans lesquelles intervient le temps. En d'autres termes, le temps est exclu de toute *assertion* mathématique considérée en tant que telle.

cosmologiques qui devraient être dépouillées de tout anthropomorphisme, ce que l'on ne remarque guère dans les travaux contemporains. Le principe anthropique en est même un contre-exemple caricatural. Épistémologiquement, si des paramètres caractéristiques et des lois de l'univers étaient soumises à variation, c'est-à-dire au temps, cela signifierait que la physique serait intrinsèquement spatio-temporellement relative. C'est ainsi que, à cause du temps, l'horizon de nos connaissances pourrait rencontrer certaines limites dont on apprécie mal les conséquences.

Chapitre 3

Le mésocosme

Tant que les possibilités d'exploration du milieu dans lequel vit l'homme restèrent limitées aux seules performances de ses sens, il n'y eut pas véritablement de grosses difficultés de *représentation* des objets matériels qui le peuplent. Ce fut encore le cas quand de modestes appareillages tels que la lunette et le microscope optique furent mis au point. En revanche, les croyances, mythes et syncrétismes dogmatiques prétendant expliquer le monde furent des thèmes de controverses, parfois âpres en raison de leurs implications religieuses. C'est pourquoi il fallut beaucoup de temps pour qu'apparaissent les premières véritables tentatives d'inventaire et d'interprétation rationnelle du monde physique. Rappelons que Francis Bacon (1561-1626) avait montré dans le *Novum Organum scientiarum* (1620) et dans *De dignitate et augmentis scientiarum* (1605, augmenté en 1623) qu'une nouvelle méthode d'exploration de la nature, fondée sur la recherche expérimentale de ses lois et sur l'induction, était indispensable pour progresser, mais c'est à Newton que revint l'immense mérite d'en formaliser les termes et de la mettre en application. Toutefois ce dernier n'ignorait pas, ni ses successeurs, qu'en tant que construction théorique la mécanique ne pouvait s'appliquer qu'à des objets matériels idéalisés – donc abstraits – dont il suffisait de connaître la masse, et l'expression physique des forces agissantes, pour déterminer la dynamique.

Ultérieurement, il sembla possible d'étendre cette théorie en introduisant quelques paramètres physiques simples tels que, par exemple, le cœfficient de frottement, la charge électrique ou l'indice de réfraction. Et il en alla ainsi jusque vers la fin du XIXe siècle, en dépit de quelques questions ambiguës concernant, notamment, la constitution de la lumière et de l'électricité, ou de la matière que révélait la chimie, ainsi que la stabilité du système solaire ou la dérive du périhélie de Mercure. Mais ces difficultés ne paraissaient pas critiques en ce sens qu'aucune ne semblait capable de remettre en cause les savoirs de l'époque. À la restriction près que ceux-ci restaient limités au champ quotidien de l'observation humaine.

Si la philosophie s'est interrogée de longue date sur l'essence du monde et sur ses attributs, les questions relatives à ce qu'il est convenu d'appeler sa « réalité », et les données la concernant, ont été profondément renouvelées par les développements des sciences modernes. Les innombrables discussions ayant pour thème le « monde extérieur » ont donc suscité – et suscitent toujours – quantité de controverses, singulièrement quant à l'objectivité de son existence. En approximant grossièrement, on peut dire que le spectre des opinions philosophiques sur le réel s'étend des rationalistes, dont Descartes pour qui l'esprit doit inférer son modèle à partir de sa raison et de son expérience du monde, jusqu'à Berkeley qui n'hésite pas à mettre en cause le concept de réalité objective. En déclarant : « Le monde est ma représentation », le redoutable débatteur que fut l'évêque irlandais entendait que l'intellect doit lui-même construire sa propre représentation fondée sur la sensation, l'intuition et l'imagination : c'est le solipsisme qui, en se développant dans l'école idéaliste, va pousser le subjectivisme à son extrême. Pour ses adeptes, le monde qui est extérieur au sujet pensant n'apparaît que dans ses états de conscience induits par ses sensations externes, de sorte que ce sont elles, et uniquement elles, qui constituent la seule « réalité connaissable ». Donc, pour le solipsiste, celle-ci est et ne peut être que le produit de son imagination. Bien que perdurant, une telle position semble pourtant logiquement difficile à soutenir au regard des résultats scientifiques et des réalisations technologiques de notre époque, du moins pour ce qui concerne notre milieu quotidien.

C'est pourquoi il n'apparaît pas rationnellement cohérent de rejeter toute forme de réalisme physique, à condition d'en adapter les termes aux connaissances nouvelles issues du progrès des sciences et des techniques. Si celui-ci a pour source principale l'ensemble des sciences de la matière, c'est indiscutablement la physique qui contribue de façon déterminante au problème du réel, tant par sa manière de le poser et de l'étudier que par la mise en évidence de la multiplicité de ses aspects. Car, depuis les débuts du siècle, l'énorme quantité d'informations nouvelles produites par les extensions considérables de son champ d'action a nécessité l'invention de théories révolutionnaires. ***Pourtant, en dépit de leur pouvoir prédictif fort, celles-ci ne possèdent qu'une valeur descriptive faible, sinon nul.*** Aussi, question critique, elles engendrent de redoutables problèmes d'interprétation et, plus généralement, de compréhension. À un point tel que les représentations physiques qui leur sont respectivement associées peuvent diverger puisque, par exemple, on ne comprend toujours pas l'aspect dualiste de la matière, de même que l'on ignore si ce sont les particules ou les champs qui sont des concepts premiers. C'est l'une des raisons pour lesquelles la complexité croissante des données dont on dispose aujourd'hui implique la nécessité d'introduire une nouvelle division dans l'échelle de lecture des phénomènes mis en évidence par la physique, et c'est précisément l'objet du *mésocosme.*

Hiérarchies : définition du mésocosme[1]

L'observation, l'expérimentation et l'interprétation physique, considérées dans toute leur généralité, montrent qu'il existe trois sortes de hiérarchies fondamentales : il s'agit des dimensions, ou plus exactement des structures dimensionnelles qui les matérialisent, des masses-énergies et de la sémantique nécessaire pour désigner le contenu et les processus de tout milieu observé. Bien que les deux premières, qui sont imposées par la nature, ne soient pas indépendantes, elles doivent cependant être distinguées en raison de la complexité de leurs relations. Le tableau de l'annexe (p. 286) indique que, à titre dérivé, d'autres facteurs de rang doivent également être introduits. Dans le réel au quotidien, chacune de ces hiérarchies est caractérisée par l'existence de deux discontinuités opératoires qui en bornent les extrémités, l'une apparaissant au seuil du micromonde et l'autre dès que l'on dépasse l'horizon planétaire. Le progrès technologique appliqué à l'exploration de ces domaines adjacents montre de façon indiscutable que les changements d'échelle qui leur correspondent s'accompagnent de mutations structurelles dans l'organisation propre de l'énergie-matière. Ces discontinuités traduisent donc la spécificité des objets et phénomènes physiques qui caractérisent chacun des champs concernés. Ce qui a pour conséquence que, dans chaque cas, l'interprétation de ces données nouvelles exige un discours fondé sur une sémantique adaptée, laquelle implique ainsi l'existence de la troisième hiérarchie. Car, de fait, le physicien est confronté au difficile problème de la désignation et de la description d'« objets » et de « phénomènes » qui, ne lui étant pas directement accessibles, n'ont pas nécessairement de référents dans son environnement habituel.

1. Les données techniques concernant le mésocosme, le microcosme et le mégacosme, ainsi que les justifications et caractéristiques de cette division sont discutées en annexe, p. 285.

Dans le réel au quotidien, les discontinuités de la hiérarchie des structures dimensionnelles matérielles correspondent sensiblement aux limites de perception de l'œil dont le spectre varie entre une fraction de millimètre et l'horizon terrestre ou céleste, c'est-à-dire le système solaire. Cela étant, nous allons appeler **mésocosme** l'ensemble des objets et phénomènes observables dont les structures dimensionnelles matérielles sont comprises entre celle qui caractérise la moyenne virale – soit 10^{-7} mètre, qui est aussi l'ordre de grandeur du domaine de longueur d'onde de la lumière visible – et celle du système solaire – soit 10^{13} mètres. Justifions le choix de ces limites qui est déterminé par des considérations théoriques et expérimentales. D'abord, pour ce qui concerne la valeur inférieure, bien qu'il existe une très importante discontinuité dimensionnelle entre l'atome et le noyau (de l'ordre de 10^{5}), ce n'est pas tant celle-ci qui est déterminante que le champ d'*application directe* de la théorie quantique aux microstructures, lequel est précisément supposé s'étendre de l'infiniment petit à la limite moléculaire, entité au-delà de laquelle le principe de correspondance autorise la description classique. Et il se trouve que la ligne de démarcation se situe sensiblement au niveau de la structure dimensionnelle virale moyenne. Cela en dépit du fait qu'il existe quelques manifestations quantiques à notre échelle – dont le laser, le transistor ou des effets de supraconduction –, car celles-ci ne sont pas objectivement significatives en tant que telles. Ensuite, cette subdivision correspond au palier supérieur des cinq niveaux fondamentaux jusqu'ici identifiés dans l'organisation structurelle de base de la matière : la molécule, l'atome, le noyau, le hadron [1], et le quark qui sont ainsi tous réunis dans le **microcosme**, l'un des deux domaines limites adjacents du mésocosme. Enfin, l'autre limite, celle des grandes dimensions qui définit le **mégacosme**, représente le domaine s'étendant au-delà du système solaire qui est la structure planétaire à laquelle nous appar-

1. Famille d'éléments résultant de l'interaction forte (voir le chapitre 4).

tenons. C'est le champ d'application de la cosmophysique, science récente puisqu'elle est née avec la théorie de la relativité générale et les travaux de Hubble, mais qui n'a connu son véritable essor qu'avec l'arrivée du satellite artificiel et de tout un assortiment de méthodes observationnelles nouvelles ayant révolutionné notre connaissance de l'univers.

La distinction faite entre ces trois champs physiques est également justifiée par les différentes données mentionnées dans le tableau en annexe, et les commentaires qui montrent que dimensionnellement, théoriquement et expérimentalement la jonction entre le mésocosme et ses deux voisins présente effectivement des discontinuités spécifiques qui sont inhérentes à la description que peut faire l'homme de la nature. La classification proposée est donc physiquement fondée. Elle l'est d'autant plus que, d'une part, chacun d'eux correspond à une forme d'expression caractéristique du concept de réel dans laquelle *le poids du raisonnement spéculatif dépend des modèles et des outils théoriques utilisés*. Il en va donc de même des interprétations qui, parce qu'elles en résultent directement, ne peuvent avoir la même valeur ou, plus exactement, la même signification *ontologique* dans chaque cas. D'autre part, cette subdivision introduit une cohérence logique dans les champs respectifs d'utilisation des deux théories maîtresses, mais *non indépendantes*, qui semblent gouverner le microcosme et le mégacosme. Elles ne le sont pas car, par exemple, aux limites inférieures du microcosme, c'est-à-dire dans les conditions de Planck, les effets gravitationnels et quantiques devraient interférer fortement. D'un autre côté, bien que ce soit la gravitation qui ordonne l'univers, son évolution est déterminée par les propriétés quantiques collectives des corpuscules, rayonnements et champs associés qui sont les éléments constitutifs de base de ses différents composants. Et, pour autant qu'ils existent effectivement (car, pour l'instant, ils restent tout de même encore conjecturaux), les trous noirs et leur évolution constitueraient une belle synthèse factuelle quanto-gravitationnelle en dépit du fait que, jusqu'ici, l'unification de ces deux grandes théories reste un échec.

Ces difficultés théoriques ne concernent pas le mésocosme puisqu'il est gouverné par leurs cas limites d'applications dont la mécanique de Newton est l'une des formes d'expression, mais non la seule. C'est ainsi que, avantage majeur, le champ d'interprétation qui nous est familier, *celui du réel au quotidien*, devient clairement défini, et d'ailleurs justifié par trois siècles de physique ayant montré la richesse de la modélisation géométrique classique qui, on l'a dit, cesse d'être valable aussi bien pour décrire le mégacosme, lequel n'est plus euclidien, que le microcosme soumis aux indéterminations de Heisenberg.

La hiérarchie des masses-énergies

La physique codifie les relations existant entre la structure dimensionnelle d'un objet et les contraintes énergétiques associées, lesquelles dépendent du niveau de description. Ce qui implique que, dans chaque domaine, les limites des structures dimensionnelles matérielles qui le bornent doivent être associées à celles des masses-énergies qui leur correspondent. Dans le mésocosme, exception faite de cas spécifiques n'entrant pas dans le cadre du réel au quotidien, l'approximation de la mécanique classique convient parfaitement [1]. Dans ces conditions, la partie observable, et utilisable, de l'énergie mécanique est cinétique et/ou potentielle (c'est elle qui fonde les formalismes de Lagrange et Hamilton qui ont servi de base aux extensions modernes), l'une dépendant de la masse associée au carré de la

1. La variation relativiste de masse reste inférieure à 1 % pour une vitesse de l'ordre de 85 % de celle de la lumière. Or, jusqu'à présent, des vitesses aussi élevées sont largement hors de portée des objets mésocosmiques. C'est pourquoi l'extrême petitesse des variations de masse exclut leur perception dans le réel au quotidien.

vitesse, l'autre correspondant aux différences de niveaux de potentiel. Il en existe d'autres formes – thermique, électrique, chimique, rayonnante, interne – transformables les unes en les autres, mais toutes sont limitées par les conditions opératoires qu'impose le mésocosme, et qui sont sans commune mesure avec celles du mégacosme dans lequel l'énergie gravitationnelle est colossale, ou du microcosme qui est le domaine de l'énergie massique des processus corpusculaires et nucléaires. En effet, si l'équivalence énergétique de la masse, au sens d'Einstein, n'a pas été découverte par la physique classique, c'est précisément parce qu'elle ne se manifeste pas de manière visible dans le réel au quotidien. Aujourd'hui – et comme on peut le voir dans le tableau de l'annexe –, l'étendue totale estimée du spectre de variation de l'énergie est supérieure à un facteur de l'ordre de 10^{80}, contre environ 10^{20} pour le mésocosme. C'est un écart d'une ampleur tout à fait extraordinaire qui légitime tout autant la division proposée car il serait extrêmement hasardeux, sinon impossible, de justifier la linéarité et l'homothétie des phénomènes physiques observés sur de tels intervalles. Pour ces mêmes raisons, l'unicité de leur interprétation et de leur représentation, c'est-à-dire celle d'un « réel » invariant qui en constituerait le cadre, serait en contradiction avec l'effet d'échelle que font apparaître l'observation et l'expérimentation.

Dans le microcosme, ce sont les processus corpusculaires et les rayonnements liés aux interactions à hautes énergies, aux transformations et aux instabilités, dont les désintégrations radioactives, qui prédominent. Les créations et les annihilations y occupent une place capitale, aussi bien par les énergies mises en jeu que par l'unification ainsi réalisée entre les concepts de matière et d'énergie, les transformations de l'une en l'autre étant réciproques. Cette découverte fut aussi exceptionnelle qu'inespérée car rien, dans la physique classique, ne l'aurait laissé supposer. Or c'est l'une des *conditions nécessaires pour élaborer une théorie scientifique de l'univers*, qu'il s'agisse aussi bien du big bang et de l'apparition de la matière, que de l'explication de l'unité de constitution physique de l'ensemble. En dépit de quelques points plus ou moins secondaires qui restent à élucider, ce résultat constitue un acquis intellectuel majeur de l'humanité par ses conséquences philosophiques et ontologiques. Une autre donnée essentielle est que ce sont les effets énergétiques *collectifs* de ces processus élémentaires qui expliquent les mécanismes stellaires, joints aux effets gravitationnels nécessaires pour amorcer l'ignition thermonucléaire qui va créer les différentes espèces nucléaires constituant toute la matière de l'univers. En d'autres termes, ce sont les processus transformationnels du microcosme qui, associés aux propriétés gravito-relativistes du mégacosme, permettent d'expliquer rationnellement aussi bien l'origine que les structures et le fonctionnement de la machine univers, laquelle est d'abord un prodigieux complexe de transformations énergétiques. Ce qui montre que, en dépit de leurs différences de statut, le microcosme et le mégacosme sont liés par des liens puissants, ce qui n'empêche pas la hiérarchie des masses-énergies de distinguer parfaitement, elle aussi, le mésocosme et son individualité entre les deux domaines qui le limitent.

L'échelle sémantique

Nous avons dit que le concept de réel ne peut pas être *rationnellement* défini de manière scientifiquement irréfutable[1]. C'est pourquoi le contenu sémantique de l'expression « le réel au quotidien » ne peut que correspondre à une sorte d'image construite par le cerveau en assemblant un certain nombre de données caractéristiques provenant du milieu et des conditions

1. Outre les raisons discutées dans la référence de la page 46, on peut également montrer qu'il en va de même pour toute théorie des origines qui se prétendrait rationnelle, qu'il s'agisse de celle de l'univers, de la vie ou de l'intelligence (voir Marceau Felden : *Et si l'homme était seul dans l'univers... ?* ; Grasset (1994) ; chapitre 6).

de son intégration collective. Dans le meilleur des cas, les filtres socioculturels ayant joué, il s'agit tout au plus d'une représentation intersubjective adaptée aux activités ordinaires. Mais pour aller au-delà, c'est la qualité des paramètres retenus qui va déterminer celle de la description obtenue dont la représentativité va dépendre des utilisations qui en seront faites. Et c'est précisément là que se trouve le nœud du problème car, en fonction du niveau considéré, il y a *rupture* de signification entre, d'une part, les contingences de l'imagerie populaire et, d'autre part, les contraintes de la description et de l'interprétation scientifiques. Or cette rupture est récente puisque, jusqu'à la fin du XIXe siècle, le cadre naturel de la perception humaine était suffisant pour la compréhension des découvertes faites. Comme aujourd'hui ce n'est plus possible, le problème doit être reconsidéré dans la nouvelle échelle proposée, la difficulté étant de caractériser les objets fondamentaux qui peuplent chacun des nouveaux champs explorés. Jusqu'à quel point les concepts qui nous sont familiers, ceux du réel au quotidien, peuvent-ils être extrapolés ? Et quand ce n'est plus le cas, comment et à partir de quoi concevoir de nouvelles représentations conservant quelque sens physique, et non quelques symboles archimédiens abstraits ? C'est le difficile problème de la double discontinuité du champ sémantique qui, bien que n'ayant pas la même importance dans le cosmos que dans le micromonde – où les questions se posent de manière différente –, n'a pas reçu toute l'attention qu'il méritait.

Pourtant toute l'interprétation en dépend puisqu'une rupture sémantique implique une discontinuité de sens, traduisant effectivement l'existence d'une hiérarchie telle que celle de la constitution de la matière. Si, par exemple, la découverte de l'électron a clarifié nombre de questions d'électromagnétisme, d'optique, de chimie..., la structure physique de ce corpuscule ou la nature effective de sa charge électrique, de son moment magnétique ou cinétique... restent inconnues. Et l'on observe qu'il en va généralement ainsi : la résolution d'une classe de problèmes scientifiques à un niveau donné se traduit par l'apparition d'autres difficultés à la marge, ici au niveau inférieur. De même, par exemple, l'interprétation du « redschift » – le décalage vers le rouge du spectre lumineux émis par les galaxies lointaines – ne fait pas l'unanimité des spécialistes du mégacosme parce qu'il pourrait exister d'autres explications qui, bien que moins satisfaisantes ou moins probables, ne peuvent pourtant pas être rejetées a priori. Si le puissant caractère synthétique des modélisations et des simulations numériques dues aux théories modernes représente indiscutablement un progrès considérable à notre échelle, particulièrement pour les applications, il n'en reste pas moins que, sur le plan conceptuel et interprétatif, le gain reste faible. Car, bien que sous d'autres formes, on n'a fait que déplacer les véritables difficultés, celles qui touchent aux fondements de la connaissance, ici la structure ultime de l'énergie matière ou celle de l'univers. Et l'expérience acquise au cours de ce siècle montre que de telles situations risquent de perdurer.

Pour les néopositivistes, dont ceux de l'École de Copenhague, les questions de cette nature n'ont pas de sens. Soit, mais comment définir ce qu'est une classe de « questions qui n'ont pas de sens » ? Ou mieux, de « questions qui ont un sens » ? Et pour autant que la physique conserve sa dimension expérimentale, encore faudrait-il pouvoir préciser son champ et ses limites dès lors que l'on sort du mésocosme. Particulièrement celles qui seraient associées à de telles questions, l'écueil étant de tomber dans la pseudo-philosophie ou dans quelque néoscientisme, qui perce d'ailleurs à travers une certaine rhétorique contemporaine, notamment franco-américaine, laquelle se voudrait épistémologique[1]... du moins c'est ce qu'elle prétend ! Pratiquer une telle

1. L'affaire Sokal est exemplaire. Dans son article : « Transgresser les frontières : vers une herméneutique transformationnelle de la gravitation quantique » publié par *Social Text* (numéro spécial *Guerres dans la science* ; Duke Univ. ; avril 1996), qui est une revue de référence à comité de lecture

activité à propos de la contestation de la science, qui débuta vers la fin des années soixante-dix, ne semble pourtant pas nécessairement conduire à l'identification des questions fondamentales qui se posent, ni à la réflexion sur la signification de leur contenu.

« Les limites de mon langage sont les limites de mon univers »

Si elle s'applique à l'ensemble des sciences, tout en ne reflétant que l'opinion de son auteur, cette phrase célèbre de Ludwig Wittgenstein résume cependant bien la difficulté de l'interprétation physique, et de ses connexions avec le réel. Wittgenstein fut l'un des philosophes les plus importants ayant inspiré l'École de Vienne et se fit remarquer, en 1929, par la publication de *Wissenschaftliche Weltauffassung (Conception scientifique du monde)*. En dépit du fait que la tendance philosophique dominante, mais non exclusive, de l'École de Vienne relève du néopositivisme (ou de l'empirisme logique) qui s'oppose au réalisme, il se trouve que ses travaux schématisent assez bien les problèmes que pose l'énigme du réel dans ses rapports avec le langage, ici celui de la science. C'est la raison pour laquelle nous allons brièvement rappeler quelques-unes de ses idées directrices.

L'intérêt de cette École est qu'elle naquit peu de temps après la découverte de la mécanique ondulatoire par E. Schrödinger qui, bien que réaliste, en fut aussi un membre actif. De grands

composé d'auteurs reconnus, A.D. Sokal parodie le discours abscons des postmodernistes américano-français, en vue de les confondre, comme il l'explique dans la revue *Lingua Franca* parue en mai suivant. La question posée par les postmodernistes est celle de l'idéologie dans la science, notamment dans la physique. Autre exemple, dans *Le Réalisme à visage humain* (Le Seuil ; 1994) H. Putnam se demande pendant 37 pages : « L'eau est-elle nécessairement H_2O ? », précisant qu' « il est concevable que l'eau ne soit pas en définitive H_2O mais (qu') il n'est pas logiquement possible qu'elle ne le soit pas » (p. 202). Et après... quelle conclusion ?

logiciens tels que R. Carnap, H. Reichenbach, ou A. Tarski, ainsi que quelques autres, y participèrent également. Elle doit son origine aux difficultés que connurent, au carrefour du siècle, les mathématiques, notamment avec D. Hilbert et B. Russell, et la théorie physique avec Einstein. Les paradoxes de la théorie des ensembles (dont celui de Russell) firent prendre conscience de l'importance du langage, et plus précisément de sa nature et de sa formulation, dans l'exposé scientifique. Fait qui fut également illustré par la question de la dualité de la lumière, due à Einstein, et par les problèmes soulevés par la mécanique ondulatoire. Après bien des discussions, les principaux membres de ce Cercle convinrent que l'interprétation posait la question de la signification susceptible d'être exprimée par un langage, et ils se fixèrent pour objectif de réduire la philosophie scientifique à l'étude logique des énoncés que produisaient les sciences exactes, tout en s'assurant de leur vérifiabilité.

Pour Wittgenstein « le but de la philosophie est la clarification de la pensée », position qui est celle de la philosophie analytique pour laquelle le discours philosophique, qui est dépourvu de contenu propre, doit se limiter à vérifier que, dans les sciences exactes et naturelles (et ailleurs), le langage et ses symboles sont utilisés selon des règles logiquement correctes. Cela signifie que ce n'est pas la vérité d'une proposition (son sens) qui est déterminante mais sa référence qui consiste en « son pouvoir de correspondance à ce qui est ». Cette tendance à considérer le langage comme une référence, sans plus de précision, peut conduire au paradoxe comme on a pu le voir chez F. de Saussure qui fut le fondateur de la linguistique moderne. Pour Carnap il s'agit, pour tenter d'unifier le savoir scientifique, de le débarrasser de tous les concepts vides de sens et des pseudo-problèmes que peut soulever l'interprétation. Mais la réduction de la logique à une pure syntaxe fut critiquée et c'est pourquoi, dans son *Introduction à la sémantique* (1942), puis dans *Meaning and Necessity* (1956), Carnap a tenté de constituer une sémiotique associée à une sémantique fondée sur la relation entre les signes et les objets. La difficulté est alors de définir ces derniers, ce qui nécessite une *pragmatique* du langage de sorte que la structure de celui-ci restant sémiotique, elle ne peut atteindre la nature ultime de l'objet scientifique, donc celle du réel en soi. C'est encore une conséquence de l'effet lexique. Dans sa *Théorie fonctionnelle du savoir*, Reichenbach tente d'établir conventionnellement des critères objectifs pouvant servir de base de définition d'une discipline scientifique exacte, ce qui ne fait que déplacer la question de l'effet lexique par suite des hypothèses primitives qu'il faut bien introduire quelque part, et qui en relativisent l'objet, c'est-à-dire le réel. Tarski, fondateur de la théorie des modèles, traite de la sémantique extensionnelle qui tente d'étudier les relations entre un langage formel et le concept de « vérité »...qu'il faudrait, là encore, parvenir à définir.

Quelque temps auparavant, une autre approche avait été envisagée par le logicien G. Frege qui, partant du fait que la signification d'un concept dépend du champ des événements dans lequel il est utilisé, s'est attaché à montrer que celle-ci doit être attribuée à la phrase entière, et non au mot. Le sens d'un terme donné dépend donc de sa contribution effective à l'interprétation de l'énoncé, ce qui peut éviter les difficultés de la polysémie, sauf cas paradoxal. Dans des travaux plus récents, et de façon plus générale, le logicien W. Quine cherche à étendre le problème à un ensemble de phrases, lequel est, selon lui, l'unité de base nécessaire pour exprimer la véritable signification qui devient contextuelle. Il en va donc de même pour chacune des phrases constituant le discours, ce qui revient à attribuer la signification propre d'un tel ensemble, et de ses composantes, à un effet collectif du langage. Mais puisque le contenu sémantique de chaque phrase devient dépendant du contexte, alors que le discours n'est pas unique, la signification devient nécessairement entachée d'empirisme (« holisme de la signification ») ce qui contrevient à l'interprétation scientifique.

D'autres voies ont également été explorées pour tenter de redéfinir la « réalité », soit en fonction d'un langage approprié

– dont le structuralisme qui a été supplanté par la linguistique générative –, soit en cherchant à intégrer une certaine fonction « signe » en tant que donnée première de la réalité, le langage en étant dérivé —cas de Husserl et de sa phénoménologie et, dans un certain sens, de certains travaux marxistes. Mais postuler un modèle sémiologique de la réalité appréhendée au niveau premier, ou second, ne change en rien l'impossibilité de sa définition inhérente à l'autoréférentialité de tout langage, y compris les langages artificiels et/ou formels, comme nous le verrons à propos des mathématiques. Et absolument rien ne permet *rationnellement* d'affirmer, comme cela semble être la position philosophique actuelle, qu'une théorie des signes doit précéder une théorie des choses. *Tout discours philosophique sur la réalité n'est, et ne peut être qu'un point de vue, et rien de plus.* Car savoir si le langage peut se référer à autre chose qu'à lui-même est une question indécidable, ce problème étant en dehors de la linguistique, de la même façon que la complétude de l'arithmétique ne peut pas être démontrée dans le cadre de celle-ci (Gödel). Et tenter d'en sortir, comme l'ont fait la plupart des linguistes et philosophes des sciences, implique nécessairement l'introduction d'une hypothèse formellement injustifiable ; c'est, par exemple, le cas de celle qui concerne la nature des rapports entre le langage et les opérateurs logiques car elle n'est pas réductible à une structure de langue. Par ailleurs, introduire une métalangue[1], qu'il faudrait déjà construire, ne ferait que transférer les problèmes, ne résolvant donc rien tout en risquant de conduire aux paradoxes polysémiques. De plus un tel langage, pour autant qu'il soit possible, ne nous appren-

1. Il en irait de même pour un langage spécialisé tel que, par exemple, le rhéomode du physicien D. Bohm pour qui la pertinence du discours importe plus que sa valeur de « vérité » relativement à une « réalité » qui reste hypothétique. Ce que Bohm recherche ce sont des relations fondamentales entre des symboles plutôt que leur interprétation, comme le font les langages formels.

drait rien sur le monde car il se réduirait à un système de conventions dont le choix ne relèverait que de la seule abstraction logique et non de quelque réalité que ce soit. Aussi le problème de l'interprétation physique resterait-il entier.

Qu'en conclure ? En dépit de leur échec dans leurs tentatives d'élaboration d'un langage adapté aux sciences exactes, tous ces travaux ont eu le grand mérite de poser un certain nombre de questions essentielles, certaines relevant aussi bien du langage lui-même que des difficultés et ambiguïtés inhérentes à ses référents. C'est précisément le cas pour le concept général de « réel », terme pris ici dans son seul sens scientifique, c'est-à-dire rationnel. De nombreux progrès ont été réalisés en linguistique, aussi bien dans l'étude structurelle formelle des langues et dans leur codification, que dans certaines de leurs applications techniques et dans l'appréciation de leurs limites. Mais, et c'est un problème, malgré différents travaux plus récents, il semble que, sur le plan de l'interprétation des sciences exactes, la sémantique n'a pas véritablement progressé depuis la parution de l'ouvrage de référence que reste *The Meaning of Meaning*, dû à Ogden et Richards, qui date pourtant de 1923. L'une des causes est que, devant les obstacles rencontrés, la réaction des linguistes a été de changer la nature des questions plutôt que d'en rechercher les réponses, notamment pour ce qui concerne le réel. Une autre étant que le sens d'une phrase peut être différent de sa valeur de vérité, ce que ne fait pas nécessairement apparaître l'analyse linguistique fondée sur l'argumentaire, procédure qui n'est pas acceptable dans les sciences exactes. Le fait d'employer un mot, par exemple le terme « particule » dans le microcosme, n'implique pas qu'il soit compris : il ne s'agit que d'un mot symbole qui n'a pas de réalité avérée. C'est pourquoi le rôle de la structure sémantique de la phrase scientifique, aussi bien en physique qu'en mathématique, reste à formuler et à préciser, à mon avis en étudiant les liens existant entre le langage et la théorie de l'information qui reste fruste. Il existe déjà une voie d'approche, celle dite de l'« intelligence artificielle » [1], qui montre un aspect tout à fait différent du problème, notamment avec les énormes difficultés rencontrées pour tenter de mettre au point une machine à traduire universelle. Cependant toute une clarification reste à entreprendre sur cet immense sujet.

Le réalisme physique

Le réalisme, bien que s'exprimant sous différentes formes, relève d'un courant de pensée philosophique qui considère que la connaissance peut atteindre le réel, celui-ci étant supposé exister indépendamment de l'observateur. Au sens usuel cela signifie, pour ses tenants, que les images perçues par le cerveau correspondent à la représentation du monde tel qu'il est, c'est-à-dire à la réalité. Et l'on constate, à ce propos, que la vieille formule de Descartes selon laquelle tout phénomène naturel devait s'expliquer « par figures et par mouvements » reste latente puisqu'il est le plus souvent sous-entendu que tout acte de connaissance doit être associé à une forme visuelle qui en est l'expression. Or une telle supposition, implicite ou non, est non seulement contestable puisqu'il existe d'autres formes de perception, mais également fâcheuse par les limitations qu'elle impose à la connaissance. En effet, si de telles corrélations peuvent être privilégiées – bien que non exclusives –, dans l'étude du mésocosme, nombre de données scientifiques indiquent qu'elles ne sont pas généralisables, notamment dans le microcosme alors qu'elles sont restreintes dans le mégacosme. Par exemple, dès que le physicien tente d'interpréter ses expériences et de tester ses théories dans ces nouveaux mondes, il se heurte à toute une série de difficultés qui ne sont en rien comparables

1. On peut consulter sur ce sujet l'ouvrage cité en référence page 57, dans lequel l'auteur fait une étude détaillée de cette question, dont une critique de cette dénomination injustifiée.

à celles que peut soulever l'étude de son environnement. L'une des plus importantes concerne la question de la mesure dans le microcosme, et des inévitables perturbations inhérentes à tout appareillage (chapitre 4). Étant au cœur de la querelle concernant l'interprétation de la physique quantique, cette énigme reste posée depuis sa découverte. C'est elle qui a fait resurgir le problème du réalisme, mais cette fois dans un contexte scientifique sans rapport avec ses versions philosophiques.

C'est ce qui a conduit à la définition d'un concept nouveau : le **réalisme physique** [1] qui est un postulat épistémologique visant à garantir l'objectivité de la connaissance scientifique. Observons déjà que si la physique moderne a déplacé le problème de la signification vers celui de la nature de la connaissance, celle-ci ne peut se fonder sur le seul réalisme physique car il n'en constitue que le cadre. Einstein, qui en fut l'un des promoteurs et des défenseurs les plus irréductibles, a défini le réalisme physique en déclarant que « la physique est un effort en vue de saisir ce qui existe comme quelque chose de compréhensible qui puisse être pensé indépendamment de ce que l'on peut percevoir. C'est en ce sens que l'on parle de réalité physique » (autobiographie). Cela étant, les querelles à son propos ne semblent pas près de s'éteindre, particulièrement celle qui l'oppose au néopositivisme scientifique.

On peut également définir le réalisme physique en termes de théorie de l'information en postulant qu'il existe des sources de données extérieures au cerveau, et que celles-ci contiennent des éléments caractéristiques du milieu émetteur. Il se pose alors la question de *la forme, de l'exploitation et du contenu de l'information scientifique* en fonction de son origine et des moyens mis en œuvre pour l'obtenir et la traiter. Comment, par exemple, la nature et la valeur sémantique de celle-ci traduisent-elles les discontinuités d'échelle séparant le mésocosme des deux

1. Rappelons que si le réalisme est opposé à l'idéalisme, il doit être distingué du matérialisme qui s'oppose au spiritualisme.

autres milieux ? Dans chacun de ces cas, les techniques d'analyse utilisées sont tellement différentes qu'elles ne peuvent pas fournir des informations scientifiquement équivalentes. Elles ne sont donc pas interprétables de la même façon, le problème étant celui de leur signification. En conséquence, on ne peut pas espérer qu'il y ait continuité de représentation, c'est-à-dire d'expression du réel physique associable à chacun de ces différents domaines, la situation devenant encore plus compliquée en cas d'hybridation (cas de certaines expériences quantiques). La difficulté consiste à exploiter ces différentes informations en fonction de critères qui ne soient pas exclusivement mésoscopiques puisque le poids sémantique de ceux-ci n'est pas le même. C'est pourquoi on peut en conclure qu'une représentation unitaire semblant exclue, la question du réalisme physique doit être formulée en d'autres termes.

Le réalisme physique revisité

C'est ce que nous nous proposons de faire en examinant le problème des relations pouvant exister entre le réel physique, au sens défini précédemment (celui de la valeur de connaissance de l'information scientifique), et la théorie physique. Il se trouve en effet, que l'impossibilité d'observer directement le microcosme, mais également certaines caractéristiques du mégacosme proche ou lointain, donne à l'analyse théorique une place prépondérante qu'elle ne possède pas dans le mésocosme. Les problèmes d'interprétation ne peuvent donc pas se résoudre de manière analogue, d'autant que le caractère unitaire de la signification n'est généralement pas démontrable.

Commençons par remarquer qu'une théorie, en tant que construction intellectuelle, évolue au fil du temps, du moins c'est ce qui a été observé jusqu'à présent. En revanche, à notre échelle temporelle humaine, on constate que le monde matériel, tel qu'il est observé depuis quelques millénaires, évolue peu dans son ensemble (si l'on exclut naturellement les activités humaines qui restent strictement locales). La question clé qui se pose est alors la suivante : *que décrit une théorie physique* ?

Dans le mésocosme, la physique classique représente un réel au quotidien archimédien, c'est-à-dire schématisé et simplifié. Adopter la position du réalisme physique consiste à admettre que cette description est globalement conforme à ce qui est effectivement observé, *au niveau où les observations sont faites*. Si ce n'est plus tout à fait le cas, par exemple dans certains domaines limites tels que la théorie cinétique des gaz de Boltzmann ou l'étude des champs électromagnétiques de Maxwell, il faut alors introduire certaines hypothèses théoriques supplémentaires telles que la constitution moléculaire des gaz, ou l'existence de champs électromagnétiques en dépit du fait que ceux-ci ne sont pas « concrètement visibles ». C'est la traduction de la discontinuité qui annonce précisément la limite des structures dimensionnelles mésoscopiques, celles de la physique classique. Il en irait de même si l'on voulait sortir du système solaire, bien que certaines difficultés commencent déjà à poindre dans celui-ci (sa stabilité, ou le périhélie de Mercure).

Dans le microcosme, comme rien n'est directement visible, il faut recourir à d'autres méthodes qui sont fondées sur une symbiose étroite et itérative entre l'expérimentation et la théorie. Quelle qu'elle soit, celle-ci ne peut être fondée que sur des entités exprimables par des êtres mathématiques capables de représenter, ou de schématiser, tout ou partie des éléments ou des phénomènes physiques que l'on se propose d'étudier. On doit donc déjà trouver ces êtres mathématiques par l'imagination, ou par l'induction, et déterminer les règles du jeu de leur manipulation tout en préservant leur spécificité. Autrement dit, une théorie formelle (ou des théories) qui leur correspond est à construire. Ensuite, il s'agit de découvrir quels sont les rapports pouvant relier cette formulation à sa représentation physique, c'est-à-dire modéliser un système explicatif applicable aux résultats expérimentaux à interpréter. Cela revient techniquement à adapter deux flux informationnels, l'un de nature théorique et l'autre expérimental. Enfin, il faut tester de manière itérative le modèle pour en vérifier au mieux la pertinence tout en cherchant à estimer son pouvoir prédictif et génératif. Mais on ne peut que difficilement évaluer ses limites, un résultat nouveau étant toujours susceptible de tout remettre en question à n'importe quel moment. De plus, comme le montre la pratique, l'unicité d'un modèle n'étant jamais acquise, tenter de déterminer sa représentativité physique implique l'introduction d'hypothèses toujours contestables parce que non démontrables.

Ainsi, de deux choses l'une :

– soit on admet qu'il existe un fondement structurel de nature physique (quel qu'il puisse être) correspondant à l'ensemble étudié – ici le microcosme mais le raisonnement est le même pour le mégacosme –, et l'on adopte ainsi la position de principe du réalisme physique. Ceci sans préjuger de la nature des informations susceptibles d'en être extraites, qui dépend de l'état de l'art,

– soit on postule que cette opération est dépourvue de sens opératoire, c'est-à-dire que l'objectivation d'éventuelles entités physiques n'étant pas expérimentable, la question de leur connaissance est sans objet. C'est le point de vue du néopositivisme.

On remarque que le néopositivisme se dispense de nier le réalisme physique, il l'ignore ! Bohr déclare même que ce concept est métaphysique. Notons l'existence d'une variante, le positivisme constructiviste, qui prétend ne bâtir les théories physiques que sur les faits expérimentaux, et uniquement sur eux. C'est l'opérationnalisme méthodologique, inspiré de l'école mathématique constructiviste de Brouwer. Cette position pourrait être épistémologiquement intéressante si elle ne présentait pas l'inconvénient majeur de faire perdre son statut de théorie physique à la mécanique quantique car celle-ci est fondée sur des postulats non directement vérifiables ; elle ne peut donc plus être autre chose qu'un système de règles pragmatiques.

Si la querelle de Copenhague perdure, cela tient au fait que depuis qu'Einstein a vigoureusement contesté le caractère complet de la théorie quantique (question qui sera traitée dans le prochain chapitre), rien, c'est-à-dire aucun argument pertinent, n'a formellement permis de trancher le débat, dans un sens ou dans l'autre. Et ceci, en dépit de quelques travaux sur les inégalités de Bell.

Pourtant, les grands accélérateurs de particules créent des événements mis en évidence par leurs super-détecteurs, les transistors à effet tunnel fonctionnent, les grandes gerbes cosmiques perturbent les transmissions électromagnétiques... Et quelle que soit la position adoptée, les énormes acquis de la technologie des hautes énergies, mais aussi de la cosmologie, rendent de plus en plus suspecte la méconnaissance de quelques-unes des manifestations de ce qu'il faut bien appeler une certaine forme de réalisme physique[1]. Elle est d'ailleurs tout à fait conforme à la définition que nous en avons donnée, laquelle présente l'avantage de permettre la modulation dans ses applications ce qui montre, là encore, l'intérêt de la distinction d'échelle que nous avons proposée.

En effet :

– Dans le mésocosme, toute l'expérience quotidienne que l'on en a, et tous les acquis de la physique classique et de la technologie conduisent à admettre qu'il paraît déraisonnable d'ignorer, ou même de nier le réalisme physique.

– Comme on vient de le voir, celui-ci semble effectivement se manifester de façon indirecte par différents effets secondaires dans le microcosme. Il s'agit donc d'un *réalisme physique potentiel* en ce sens que l'on ne dispose pas actuellement des moyens

1. Et non de quelque obscur réalisme philosophique qui voudrait concerner le monde dans sa totalité. On perçoit ici l'abîme qui sépare le discours scientifique de la rhétorique philosophique à propos du réalisme.

théoriques et expérimentaux nécessaires pour l'analyser. On ignore d'ailleurs s'ils peuvent exister, notamment une synthèse théorique quanto-relativiste.

– C'est également le cas du mégacosme lequel peut être caractérisé par un *réalisme physique hypothético-observationnel*. Il est, lui aussi, potentiel mais de façon différente du cas précédent puisque, d'une part, il paraît inconcevable que l'expérimentation directe puisse s'y développer à grande échelle alors que, d'autre part, si l'observation dépend des moyens, on peut légitimement se demander quelles sont ses limites (matière sombre, matière non baryonique, trous noirs, tachyons...) ? L'hypothèse cosmogéométrique (la nature de la métrique et les solutions cosmologiques correspondantes), et d'autres questions telles que celle du nombre de dimensions et de constantes fondamentales nécessaires pour en rendre compte incitent à présumer que certaines difficultés, peut-être majeures, restent à découvrir.

Discussion

Cette distinction entre ces différentes formes de réalisme physique doit être associée au concept de « valeur de vérité » qui est la probabilité pour qu'une assertion scientifique donnée les concernant soit en adéquation avec la représentation qui peut en être faite. En d'autres termes c'est, pour une proposition donnée, la probabilité pour qu'elle représente un « élément de réalité » au sens d'Einstein. C'est une question de cohérence intellectuelle relativement à la valeur d'une connaissance rationnelle exprimée dans ses différentes formulations et applications. Généralement, la valeur de vérité d'une théorie mésocosmique peut être estimée avec une bonne précision, compte tenu des limites de son champ d'application. En revanche, en l'état actuel, elle est faible dans le microcosme, toute modélisation restant trop éloignée de l'interprétation pour pouvoir être comparée à quelque représentation pertinente que ce soit. Dans le mégacosme, elle est variable en fonction de l'étendue du champ couvert, de la connaissance de son contenu et de son éloignement.

Mais on peut observer que le point essentiel dans toute discussion de cette nature est le suivant : rien ne justifie rationnellement d'adopter les mêmes formes de raisonnement et de représentation dans les différents domaines considérés. En effet, dans le mésocosme les rapports reliant l'expérimentation à la théorie occupent le plus souvent les échelons inférieurs de l'échelle de complexité interprétative, du moins tant que les données factuelles restent l'apanage du réel au quotidien. Ce qui n'exclut pas que certaines hypothèses peuvent parfois soulever de difficiles problèmes, comme ce fut par exemple le cas avec l'éther – dont le caractère idéologique était d'ailleurs indiscutable. Il n'en va plus ainsi pour les deux autres domaines, les sommets étant atteints dans le microcosme. Cela n'implique pourtant pas que l'on ne puisse en extraire aucune information de nature physique, mais que *la connaissance que celle-ci véhicule est différente de celle du mésocosme.*

En fait, ce qui sépare fondamentalement le réalisme d'Einstein du néopositivisme de Heisenberg, ou de Dirac, est essentiellement une différence de *nature* et de *précision* dans la représentation physique. Pour le premier, la connaissance physique implique une relation privilégiée entre la précision de la description, au sens géométrique, et sa visualisation, c'est-à-dire l'image de type mésocosmique (le Weltbild de M. Planck), alors que pour les seconds (et pour l'École de Copenhague) la connaissance résulte, et ne peut résulter sui generis que de l'équation, c'est-à-dire du formalisme. Ainsi, dans les deux cas il s'agit effectivement de « connaissance scientifique » mais qui ne se rapporte pas aux mêmes références, le réalisme physique puisant les siennes dans le mésocosme où les objets physiques sont bien définis alors que le néopositivisme entend ne recourir qu'à un référentiel conceptuel abstrait, mais dont il ne définit pas concrètement les termes car il ne le peut pas, le formalisme quantique étant sans rapport avec le géométrisme d'Einstein. L'espace de Hilbert n'a pas, et ne peut pas avoir pour objet de produire un schéma de l'électron, sa fonction étant de prévoir son comportement.

Dans les deux cas il s'agit donc bien du même acte de « connaître » mais celui-ci est explicité sous deux formes différentes qui, contrairement à ce que voudraient laisser entendre les longues discussions ayant opposé Einstein à Bohr, ne sont ni opposées ni contradictoires mais *complémentaires*, d'ailleurs au sens bohréen du terme. Par exemple, l'équation censée représenter l'objet mésoscopique « table » n'a pas de sens à ce niveau (elle serait d'ailleurs inutile) alors que l'image géométrique « table » en possède un qui est parfaitement déterminé, et compréhensible par tous. En revanche, dans le microcosme l'équation de l'électron de Dirac décrit correctement sa dynamique et ses interactions mais elle est sans rapport avec quelque représentation géométrique que ce soit (encore faudrait-il que celle-ci puisse avoir quelque sens) de l'objet « électron » qui n'est qu'une dénomination symbolique (au plein sens du terme) d'une caractéristique de ce milieu. Mais si l'on ne sait pas directement le visualiser, en revanche on sait parfaitement le reconnaître, ce qui montre bien qu'il s'agit d'une autre forme de connaissance qui, c'est le moins que l'on puisse dire, n'a nullement empêché les applications ! En dépit des arguments philosophiques sous-jacents, mais de peu de poids scientifique, il me semble que l'erreur de la querelle de Copenhague est de prétendre introduire un ordre hiérarchique de valeurs entre une forme de connaissance géométriquement figurative (le « tout géométrique » d'Einstein) et une autre forme de connaissance de nature purement formelle, les objets mathématiques ne pouvant être que définis contextuellement par les structures dont ils relèvent. C'est une façon d'exprimer, à travers leur complémentarité, le caractère polymorphe de la connaissance scientifique.

Concluons cette discussion en remarquant que la science, pour mériter ce titre, doit respecter un principe général de cohérence. Celui-ci, s'il a pour objet de préserver la rationalité du savoir, n'impose cependant pas que notre connaissance du milieu ne puisse s'exprimer que par des structures géométrisables de type mésoscopique, ou par des représentations figuratives à la manière de la mécanique classique. Les formes de nature théorique, qu'elles soient exprimées par des symboles abstraits ou par tout autre moyen, le cas échéant à découvrir, font elles aussi partie de la physique dont elles permettent tout autant les applications. C'est une nécessité de l'acte psychique de « connaissance scientifique » qui, tout en préservant son caractère unitaire, autorise la pluralité de ses modes d'expression. Ainsi, cette complémentarité de représentation se double également d'une symétrie de signification de l'information scientifique, selon sa nature, ce qui justifie l'*extensionnalité* que nous proposons du concept de réalisme physique.

Le mésocosme dans sa singularité...

Quel que soit le discours philosophique sur le sujet, pour la vox populi l'existence du réel au quotidien n'a pas à être postulée : il est ! La preuve étant, pour elle, que le seul fait de le nier conduirait à une situation absurde. Certes, mais comme la science ne se construit pas sur de tels arguments, cette question doit être posée en d'autres termes. C'est ce que la physique classique n'a cessé de faire tout au long de son histoire qui s'est essentiellement déroulée au sein du mésocosme. La permanence, à notre échelle, des objets qui le peuplent résulte d'un effet de saturation des composants microscopiques de la matière (principe d'exclusion) et de leurs propriétés chimiques. C'est une caractéristique remarquable de ce monde matériel qui confère une unité de signification à chacun de ses constituants, en dépit de leur multiplicité et de leur variété. Cela étant, l'observation de l'un d'entre eux sous ses différents aspects n'altère en rien nos possibilités d'identification et c'est cette individualité qui est qualifiée de « réalité », au sens usuel du terme. Si ce n'était pas le cas, l'intersubjectivité parlerait alors d'illusion. L'interprétation physique classique devait donc en rendre compte et c'est la raison pour laquelle elle s'est développée en symbiose étroite avec la figuration géométrique cartésienne. La pérennité de son succès tient aussi bien à ses qualités descriptives permettant l'interprétation visualisable, qu'à son adéquation aux calculs. Ainsi, la physique du mésocosme est-elle parvenue à construire une sorte de scénographie scientifique du réel au quotidien dont le fond est peu dépendant du progrès technique, même si celui-ci en fait évoluer la forme. Et si une telle démarche est tout à fait exclue dans le microcosme, il en va pratiquement de même dans le mégacosme pour des questions d'incertitudes sur la nature des espaces et des structures topologiques spatio-temporelles qui en rendent aléatoires les représentations tout en les limitant.

Cela étant, et outre les discontinuités signalées, différents résultats importants ont été obtenus traduisant une certaine individualité du mésocosme. D'abord, la description de son contenu lui est spécifique, étant fondée sur un paramétrage physique dans un espace postulé euclidien et continu. Cela ne signifie pas que tout y est « visible », par exemple les champs électromagnétiques et les ondes ne le sont pas mais les transmissions radio en justifient l'idée, sans toutefois formellement la « démontrer ». Ce milieu contient également des objets flous, par exemple les nuages, ce qui n'a pas entravé le développement de la météorologie. Une telle modélisation géométrique des phénomènes est impossible dans le microcosme en raison de l'étrangeté quantique. Et, transposée telle quelle, elle ne serait pas covariante dans le mégacosme. Le déterminisme mésocosmique n'est pas soumis à contrainte, contrairement au microcosme, alors que la causalité mégacosmique doit être manipulée avec prudence dans les espaces cosmologiques généraux dans lesquels existent des incertitudes touchant au concept d'objectivité.

Ensuite, l'observation et la mesure diffèrent profondément selon le domaine dans lequel elles sont faites. Car l'opération « mesure » nécessite la mise en œuvre d'un ensemble instrumental et de conditions opératoires qui diffèrent dans chaque cas. La mesurabilité, qui est la possibilité de calculer une quantité physiquement mesurable par la théorie des représentations, c'est-à-dire par l'algorithme, est donc spécifique à chacun d'eux. Dans le mésocosme, et pour les objets et phénomènes qui lui correspondent effectivement, il s'agit généralement d'une opération directe laquelle est supposée ne pas perturber le système observé. Dans les deux autres domaines, elle est toujours indirecte et, dans le microcosme, la seconde condition n'est pas remplie alors qu'il se pose le problème non résolu de la réduction du paquet d'ondes. De plus la question du « ceteris partibus » (« tout le reste ne compte pas »), c'est-à-dire de l'isolement d'un microsystème, y est plus critique et d'ailleurs contestée (nonlocalité). Dans le mégacosme, toute l'information étant de nature ondulatoire et corpusculaire, seules les énergies correspondantes et les spectres d'émission, ou d'absorption, des objets lointains sont mesurables ainsi que les angles et les intervalles de temps, les distances exigeant des hypothèses non triviales. On ne peut même pas utiliser la métrique qui n'est que locale et non directement déterminable, ce qui pose des problèmes d'arpentage et de représentation de sorte que, jusqu'ici, on est allé au plus simple. Toutes ces contraintes, qui nécessitent des conjectures plus ou moins fondées, ne peuvent pas être sans conséquences sur les interprétations.

Enfin, et c'est l'une de ses caractéristiques fondamentales, le mésocosme est d'abord l'immense champ des assemblages moléculaires complexes dont le cerveau humain représente le summum. C'est le prodigieux résultat de l'interaction électromagnétique, et de ses effets collectifs, qui s'y manifeste dans toute sa diversité. Ce qui est remarquable, c'est l'unité de signification que de telles structures moléculaires confèrent au concept d'« élément de réalité » en le fondant dans le mésocosme. Ainsi, l'information scientifique extraite de chacun de ces trois milieux ne peut pas véhiculer le même type de connaissances : il n'y a pas de rapport évident entre l'opérateur quantique, les lois de Newton et le tenseur de courbure d'Einstein. De tels écarts ne permettent donc pas une équivalence de représentation et de signification dans leurs interprétations qui doivent intégrer l'effet d'échelle. En d'autres termes, il n'apparaît pas possible de décrire les différents phénomènes recensés dans l'univers au moyen d'un seul et unique cadre conceptuel, ce qui est une façon encore plus pertinente de justifier la division proposée.

... mais le monde dans son unité

En dépit de ces singularités, nous avons vu qu'il existe une cohérence globale de constitution du monde physique puisque les quelques éléments unitaires qui le fondent restent les mêmes, du microcosme au mégacosme, seuls leur nombre et leurs assemblages variant dans des proportions gigantesques selon les différents niveaux d'organisation de la matière. En fonction de la nature des interactions dominantes [1], ce sont en effet les distributions entre les poids respectifs des effets individuels et collectifs qui, dans des manifestations multiformes mais bien codifiées, imposent les lois déterminant les différentes hiérarchies des structures dimensionnelles. Elles sont donc responsables des effets d'échelle et de la complexité qui leur correspond. C'est, rapidement dit, ce qui explique le passage du corpuscule, et du

1. Rappelons qu'il existe quatre types différents d'interactions dans l'univers : deux qui, étant à très courte portée, restent confinées dans le noyau (interactions nucléaires forte et faible), et deux à longue portée (interactions électromagnétique et gravitationnelle) qui sont fonction de la distance. Ce sont elles qui gouvernent toutes les structures et organisations matérielles. La théorie physique moderne tente de les unifier mais, jusqu'ici, la gravitation reste rebelle pour des questions techniques complexes (renormalisabilité).

champ quantique, à l'étoile, celle-ci étant la composante de base des architectures mégacosmiques. C'est pourquoi l'univers possède une unité et une communauté de caractéristiques qui ne peuvent pas être mises en doute.

Le principe de rationalité (chapitre 1), qui postule l'universalité de la constitution de l'énergie-matière cosmique et des lois qui la gouvernent, c'est-à-dire de ses propriétés, implique que, malgré sa définition anthropocentrique, le mésocosme doit y satisfaire. Car sa spécificité ne fait que traduire une apparence. En effet, un être pensant doté de rationalité (humain ou autre), situé sur une autre planète, définirait un même type de mésocosme, celui de la multiplicité des structures dimensionnelles moléculaires, la limite microscopique supérieure étant l'unité moléculaire la plus complexe, celle du mégacosme correspondant à l'au-delà de l'environnement planétaire local. Compte tenu de sa composition structurelle, le mésocosme s'intègre donc tout à fait logiquement dans la distribution hiérarchique de l'organisation du monde de sorte que, y étant à sa place, rien n'aurait dû le singulariser. Rien, sinon un fait tout à fait particulier : *étant le siège de la vie, c'est lui qui contient l'homme*, le vivant s'intégrant parfaitement dans l'ordre des hiérarchies des structures moléculaires.

Et c'est précisément ce qui fait toute la différence pour Homo sapiens sapiens puisque c'est lui l'*observateur*, mais également l'*acteur !* Si le mésocosme a été le creuset des savoirs naissants, c'est son étude rationnelle qui fut à l'origine de la science et qui en est devenue l'élément moteur. Outre les applications techniques, le but de cette interminable quête a toujours été le même : tenter de le décrire et de le comprendre. C'est cette longue recherche qui, au fil des siècles, a conduit à l'idée d'un réel ordonné et explicable par les lois de la raison. Mais la découverte récente du microcosme et du mégacosme a singulièrement compliqué et obscurci le problème du réel tout en montrant les limites de l'interprétation *figurative* et du réalisme physique, stricto sensu.

Le concept de réel correspond à une vision et une interprétation du monde qui évoluent avec les observations et les expériences qui sont faites, mais qui *dépendent des idées du moment.* Par exemple, la constitution de la lumière proposée par Descartes n'a absolument rien à voir avec la conception de l'électrodynamique quantique de Feynman. Pas plus que la gravité de Newton, pour qui c'était une propriété intrinsèque de la matière, n'a de rapport avec celle d'Einstein. Des observations de phénomènes différents peuvent aussi quelquefois conduire à des explications cohérentes, mais fausses, pouvant mener aux pires difficultés. Ce fut le cas de l'éther et il est vraisemblable que l'interminable querelle de Copenhague en est un autre exemple. Cela dit, il a fallu admettre l'existence d'entités non directement observables telles que, par exemple, les champs. Il s'agit d'une autre forme de connaissance qui, étant non figurative, n'a pas manqué de conduire à des difficultés d'interprétation. Par exemple, que peut bien représenter *physiquement* une matérialisation, c'est-à-dire la transformation d'un photon en deux corpuscules ? Personne ne le sait, et cela n'a d'ailleurs aucune conséquence pratique. Aussi convient-il d'accepter le fait que coexistent plusieurs formes de connaissance, d'autres étant probablement à inventer, et qu'elles ont chacune leurs propres limites qui restent le plus souvent à découvrir. Ce qui ne justifie certainement pas le fait de rejeter le concept de réalisme physique généralisé[1] : simplement *il est autre.* Et c'est tout. Une justification forte provenant de l'existence d'invariants dans son observation.

Terminons en remarquant encore que le réel est un sujet permanent de malentendus et de contresens épistémologiques. C'est un piège classique que celui de la dérive sémantique du langage qui guette le philosophe des sciences... et il n'est pas le seul ! Ce fut, par exemple, le cas de Bergson – pour qui « la seule méthode de connaissance possible est l'intuition » – dans

1. Ni même, telle une révérence à Schéhérazade, de pudiquement le voiler !

sa querelle avec Einstein à propos de la perte du caractère absolu du temps résultant de la relativité, idée qu'il ne pouvait accepter. De même Merleau-Ponty, dans ses cours au Collège de France, professait quelques considérations scientifiques pour le moins douteuses. Quelle que puisse être la différence de leurs points de vue, le philosophe comme le scientifique cherchent à « expliquer le monde », c'est-à-dire à étudier le problème du réel, mais pour que tout rapprochement puisse prendre sens, encore faut-il d'abord pouvoir le formuler de façon non ambiguë. Comme la polysémie du terme, jointe à la polymorphie de son objet, fait que cette énigme ne peut pas posséder de solution unique, il serait certainement vain de chercher quelque « vérité » que ce soit en la matière, l'épistémé n'étant que le Graal du philosophe. Celui-ci ne devrait cependant pas oublier que *ce qui est physiquement plausible, ou ne l'est pas, est une caractéristique inhérente à la physique, c'est-à-dire à ses lois et à leur champ d'application. Et à elles seules si le discours veut, et ne veut que rester rationnel.* C'est une propriété intrinsèque de cette science qui implique que toute hypothèse interprétative doit relever d'un ensemble de données lui appartenant. Et non ressortir à quelques hasardeuses spéculations philosophiques qui ne seraient fondées sur aucune base scientifique. Toute élucubration externe contient potentiellement le risque de conduire à des dérives parfois les plus extravagantes, pouvant aller jusqu'à confondre l'épistémologie et la métaphysique[1]. Mais, fort heureusement, la science ne s'accommode qu'un temps de tout amateurisme. Souvenons-nous de l'avertissement de Claude Bernard pour qui « la philosophie est le résultat de la connaissance, la connaissance n'est pas le résultat de la philosophie », assertion qui, jusqu'ici, n'a

1. C'est, par exemple, le cas de D. Lewis qui, dans *Conterfactuals* (Cambridge Univ. Press ; 1973), n'hésite pas à traiter de ce qu'il nomme « des mondes possibles » qui sont « non nécessairement réels » et ne peuvent correspondre à rien d'autre qu'à une vision purement métaphysique, c'est-à-dire irrationnelle, de la physique.

jamais été démentie après trois siècles de développement des sciences exactes. Ce jugement vaut également pour certains physiciens théoriciens qui, ne parvenant pas à une image de la réalité qui les satisfasse, tentent d'imposer une réalité à l'image de leurs spéculations théoriques, y compris les plus absconses.

Terminons par deux remarques. D'une part, tous les travaux épistémologiques et philosophiques qui s'y rapportent, et qui ont été réalisés jusqu'à une époque récente, ne sont pratiquement fondés que sur des considérations mésoscopiques. Notre nouvelle division permet donc de mieux en fixer les limites. D'autre part, l'aventure scientifique a montré, et plus que largement, que l'hypothèse du réalisme physique est la plus féconde pour le développement du savoir rationnel. Et si ce n'est pas véritablement une justification, il est pourtant indiscutable que c'est la moins mauvaise solution pour ce qui concerne la cohérence logique de l'ensemble des sciences exactes.

Chapitre 4

Le microcosme et la théorie quantique

Dans le microcosme, domaine borné supérieurement par la complexité de la molécule, les méthodes de la physique classique trouvent très rapidement leurs limites. C'est le cas pour tous les dispositifs expérimentaux permettant l'observation, qu'il s'agisse aussi bien des microscopes que des autres appareils optiques. Même l'un des moyens de visualisation les plus puissants, le microscope électronique, qui n'est d'ailleurs plus un appareil classique, possède lui aussi un champ limité aux investigations extra-atomiques malgré des capacités amplificatrices remarquables (grossissement de plusieurs centaines de milliers de fois). Si celles-ci conviennent pour l'analyse et la représentation de la complexité des structures moléculaires, elles ne peuvent cependant guère aller au-delà, restant ainsi fort éloignées des seuils nécessaires pour pénétrer dans le monde atomique et nucléaire. Pourtant l'existence de celui-ci est attestée dans le mésocosme, bien que de façon indirecte, par certaines de ses étranges manifestations comme, par exemple, le fonctionnement du Soleil et des étoiles, ou la couleur bleue du ciel diurne qui est due aux propriétés électroniques de l'atome d'oxygène. Parmi nombre d'autres, on peut également citer les processus radioactifs qui fournissent en grande partie l'énergie géothermique, donc celle des volcans. Or la physique classique n'est manifestement pas capable d'en rendre compte, pas plus qu'elle ne peut le faire pour d'autres phénomènes découverts au carrefour du siècle. Le problème de l'extension de son champ d'application s'est donc posé dès cette époque.

Cela étant, puisque c'est la longueur d'onde de la lumière utilisée qui limite la dimension des détails observables, soit une fraction de micron [1] dans les meilleures conditions avec le spectre visible, celle-ci est beaucoup trop importante pour permettre l'exploration effective du microcosme. Il est donc exclu que tout élément, ou phénomène, lui appartenant puisse être caractérisé par une image *directe*, au sens du mésocosme. Pourtant certaines formes de visualisations dérivées sont possibles en utilisant des processus secondaires, mais alors les informations véhiculées ne sont plus de même nature. De plus, comme elles résultent de mécanismes intermédiaires, leurs rapports aux sources impliquent quelques transformations nécessairement empreintes d'incertitudes puisque les émetteurs ne sont pas directement accessibles. Et puisque la longueur d'onde quantique associée à un corpuscule varie en raison inverse de la racine carrée de son énergie, on s'éloigne d'autant plus des conditions classiques que l'on veut analyser les détails structurels fins du micromonde car il faut alors utiliser des particules sondes plus fortement accélérées. Avec pour conséquence que les perturbations induites au sein du milieu étudié génèrent des effets secondaires qui peuvent fausser les interprétations. Toutes ces données ne font, une fois encore, que confirmer l'impossibilité de représentations de type mésocosmique dans l'exploration du microcosme.

Celle-ci soulève d'importants problèmes techniques, les conditions expérimentales devenant d'autant plus difficiles – et plus coûteuses – à réaliser que l'on cherche à obtenir des énergies

1. Le pouvoir séparateur est la distance minimale à laquelle deux points peuvent être distingués ; il dépend de la longueur d'onde de la radiation utilisée. Pour les meilleurs microscopes optiques, il est de l'ordre du dix-millième de millimètre, soit mille fois la dimension atomique moyenne, et cent millions de fois celle du noyau.

élevées. La complexité des machines, et la sophistication des détecteurs nécessaires pour les exploiter croissent quasi exponentiellement avec les performances exigées. Ces ensembles s'accompagnent de gros moyens électroniques et informatiques qui utilisent de puissants algorithmes nécessaires pour sélectionner et mettre en forme les événements microscopiques pertinents, et pour traiter les données théoriques permettant de les interpréter. Et l'on observe que la taille de ces ensembles techniques, qui ne fait qu'augmenter, varie grosso modo en raison inverse des dimensions des domaines microscopiques à explorer. Par exemple, les grands accélérateurs de particules deviennent des monstres atteignant des dimensions de plusieurs dizaines de kilomètres, parcours nécessaires pour atteindre les énergies considérables [1] indispensables pour pénétrer au sein du monde corpusculaire lui-même. Ces remarquables machines, les plus grandes et parmi les plus complexes construites par l'homme, sont parfois assimilées à des sortes de super-microscopes, ce qui procède d'un caractère réducteur faussant les interprétations. Car l'énorme effet d'échelle qui sépare ces deux classes d'instruments fait que la nature des informations recueillies, et leur signification, ne sont en rien comparables : un accélérateur ne peut pas fournir d'image au sens du mésocosme. Il ne permet donc pas d'atteindre quelque visualisation que ce soit d'un plau-

1. Dans le microcosme l'unité d'énergie est l'électron-volt (eV) qui a pour valeur $1{,}6.10^{-19}$ joule. Ses multiples usuels sont le kiloélectron-volt (keV, soit 10^3 eV), le mégaélectron-volt (MeV, soit 10^6 eV), le gigaélectron-volt (GeV, soit 10^9 eV), le téraélectron-volt (TeV, soit 10^{12} eV). En 1998, les plus grands accélérateurs peuvent communiquer aux particules des énergies de l'ordre du TeV. Le Large Hadron Collider (LHC) du CERN devrait être, vers 2005, le plus puissant au monde, les énergies corpusculaires avoisinant la dizaine de TeV. Les machines actuelles permettent d'étudier les quarks et les bosons intermédiaires, mais elles semblent encore insuffisantes pour atteindre le seuil de création de l'hypothétique boson de Higgs, bien qu'on en ignore la masse-énergie. Les détails seront précisés dans la suite.

sible réel microcosmique, quelle que puisse être, par ailleurs, l'interprétation de la théorie quantique.

L'expérimentation et le problème de la modélisation dans le microcosme

Le paradigme fondamental de la physique *classique* est le suivant : *partant d'un minimum de concepts définis constructivement, et supposés correspondre à des* ***éléments de réalité****, elle a pour objectif de tenter d'établir une représentation cohérente et compréhensible des phénomènes physiques* ***observables*** *à l'échelle humaine*[1]. Pour y parvenir, elle dispose de trois « outils » essentiels qui sont l'observation, l'expérimentation et la mesure, enfin la modélisation nécessaire pour exprimer les lois sous forme mathématique. En dépit de certaines difficultés de mise en œuvre, qui sont des cas d'espèce, aucun d'eux ne soulève de problème de principe dans l'étude du réel au quotidien. S'il y a toujours eu, en physique, des processus itératifs s'intégrant entre l'expérimentation et la construction d'une théorie, dans le mésocosme ils relèvent de protocoles bien établis, notamment ceux qui permettent de définir ce que sont les grandeurs représentatives, ou les méthodes de mesure et leur interprétation, ainsi que les modalités de prévision et de vérification des résultats. Cette codification est largement facilitée par la nature des interactions qui, en tant que chevilles ouvrières, s'expriment

1. Rappelons que, pour la physique classique, les *éléments de réalité* et les phénomènes physiques *observables* qui leur correspondent sont des données primitives intuitives, naturelles et universelles, comme le sont les concepts de base fondant la géométrie d'Euclide. Bien qu'étant implicite, ce postulat semblait tellement aller de soi qu'il n'a pas été discuté jusqu'à la découverte des géométries non euclidiennes. Mais ses limites sont rapidement apparues dans le microcosme et c'est la physique quantique qui, en posant le problème, a conduit à sa profonde remise en question ; raison pour laquelle ces deux termes sont soulignés.

généralement par des relations simples. Même en thermodynamique, qui est un cas limite, les lois de la mécanique et de la statistique classiques ont suffi, notamment à Joule et à Boltzmann, pour parvenir à extraire les deux grands principes qui la fondent et établir la théorie cinétique des gaz. Parmi d'autres exemples, c'est également vrai pour l'optique vibratoire de Fresnel, ou l'électromagnétisme de Maxwell dont les équations résultent des lois d'Ampère et de Faraday – au courant de déplacement près. D'ailleurs la première de toutes les théories physiques, la mécanique de Newton, fut elle aussi largement redevable des expérimentations antérieures, dont celles de Galilée. C'est pourquoi la physique classique est fondamentalement une science expérimentale en ce sens que ce sont généralement les observations et les mesures qui ont précédé la théorie.

C'est précisément ce qui change dès que l'on sort du mésocosme puisque, dans le mégacosme, c'est l'expérimentation directe qui n'est pas possible alors que, dans le microcosme, c'est l'observation visuelle. C'est pourquoi la première question qui se pose est la suivante : *que peut-on expérimenter et mesurer dans le micromonde ?* Ou, plus exactement, qu'est-ce que mesurer et comment interpréter, c'est-à-dire modéliser ? Difficile question puisque, pour être perceptible, toute information doit nous être fournie par un système de mesure du mésocosme. Il y a donc une différence essentielle suivant qu'un tel appareillage travaille, ou non, dans son milieu car, si ce n'est pas le cas, un important effet d'échelle va exister et, dans le microcosme, il se traduira par des problèmes non encore véritablement résolus.

L'un d'eux, parmi les plus importants, concerne les modélisations qui peuvent être faites dans l'infiniment petit. Les méthodes d'investigations classiques ne s'y appliquant pas, cette question est directement liée à la nature et à la qualité des informations susceptibles d'être recueillies. C'est précisément à ce niveau que se manifestent les limites techniques. Car dès que l'on explore le domaine infra-atomique, si l'on excepte les phénomènes liés aux instabilités nucléaires, ou certaines manifestations corpusculaires et électromagnétiques, généralement d'origine cosmique, ainsi que quelques effets indirects, les sources sont rares. C'est pourquoi les expérimentateurs doivent créer des événements, un moyen particulièrement efficace étant l'utilisation de faisceaux de particules (souvent des électrons, des protons et leurs antiparticules, ou certains hadrons) destinés à créer des interactions dans le milieu étudié. C'est l'identification des séquences ainsi produites, la mesure de leurs masses-énergies et l'analyse des spectres de diffusion des constituants qui sont les sources principales d'informations. Pour cela, il existe toute une panoplie de complexes systèmes de détection qui, à partir d'interactions secondaires dans des milieux appropriés et de configurations électromagnétiques spécifiques, permettent d'analyser les processus ainsi activés à différents niveaux dans le microcosme et de déterminer leurs caractéristiques dynamiques. Parmi ces analyseurs mésoscopiques, les chambres à traces photographiques, à bulles, à étincelles... fournissent certaines informations visualisables dont l'exploitation peut être numérisée. Il se trouve cependant que, du moins pour ce que l'on en sait actuellement, quelques types de particules y échappent dont les neutrinos, les quarks et les gluons. De plus, les événements significatifs étant rares, parfois rarissimes, leur repérage est d'autant plus délicat qu'il repose sur des méthodes statistiques.

Il faut alors interpréter les résultats ainsi obtenus qui, pour prendre sens, exigent au minimum une ébauche de modélisation, donc le recours à des hypothèses théoriques nécessairement posées a priori, c'est-à-dire conjecturales. Comme il y a des interférences permanentes entre ces contraintes expérimentales et théoriques, seul un processus itératif peut (mais non doit) permettre une certaine convergence si, et seulement si un faisceau de résultats le permet. Sinon il y a risque d'impasse comme le montre l'exemple de l'ancienne mécanique atomique de Bohr (1913) qui se proposait d'étudier les spectres d'émissions lumineuses de l'atome d'hydrogène. À partir d'un modèle de type planétaire issu d'expériences de diffusion, et de règles ad hoc introduites tout à fait arbitrairement – et qui étaient en parfaite contradiction avec les lois de l'électromagnétisme classique –, Bohr était parvenu à imaginer un mécanisme qui fournissait les séries lumineuses observées dans les états de base, et à calculer la constante de Rydberg qui leur est associée. Pourtant malgré ce succès, le fait que cet étrange modèle contrevenait à certains principes fondant la physique classique le rendait logiquement inacceptable, tant pour des questions de cohérence que d'interprétation. Pendant la décennie qui suivit, les théoriciens restèrent confrontés à l'incompréhensibilité de ces règles, et à leurs applications limitées, allant ainsi jusqu'à soupçonner, entre autres failles, l'électromagnétisme d'être entaché de quelque vice caché. Et la situation aurait pu durer si une hypothèse purement théorique (voir p. 20, n. 1), due au seul génie de L. de Broglie et non à quelque expérience que ce soit, n'avait finalement tout remis en ordre.

Dans les expérimentations à hautes énergies, les difficultés sont d'un autre ordre. Par exemple, outre leur grande diversité, la quasi-totalité des particules lourdes créées ont des durées de vie extrêmement brèves [1], ce qui exclut leur détection directe puisque leur distance de parcours est trop faible. Et il existe des séquences vides d'information dans les schémas interactifs qu'il faut combler. On ne peut le faire que par diverses considérations théoriques et par l'étude des fragments de désintégration qui permettent de déduire la probable nature, et différentes propriétés, de la séquence manquante assimilée à une particule à vie très brève. Un rôle essentiel est dévolu aux bilans énergétiques, dont ceux de certains produits de désintégration convenablement regroupés, qui sont comparés à des prévisions de modélisations théoriques. C'est ce qui constitue une détermination de signature caractéristique de la particule supposée intervenir. Bien que généralement très faible, la probabilité

1. Entre quelque 10^{-6} et 6.10^{-24} seconde, par exemple pour les hadrons ρ et Δ.

d'erreur n'est cependant pas nulle. C'est, parmi d'autres, une raison pour laquelle la validation ne peut valoir que par rapport au modèle considéré, d'autant que l'unicité n'est jamais prouvable alors que les calculs exigent des simplifications et des approximations. C'est pourquoi, dans le microcosme, l'homologation des résultats ne correspond pas aux mêmes critères que dans le mésocosme, une raison supplémentaire pour justifier notre division.

Comme le soulignent ces exemples, dans le monde corpusculaire c'est presque toujours la théorie qui précède l'expérience, la découverte des antiparticules en étant une brillante illustration. On a dit qu'elles ont été prédites par la théorie de Dirac, dès 1928, avant d'être mises en évidence quatre ans plus tard. Et ce ne sont que quelques cas parmi nombre d'autres qui montrent qu'il s'est produit une inversion de procédure par rapport à la physique classique du mésocosme. La théorie standard, sur laquelle nous allons revenir, en fournit la meilleure démonstration.

Ces données confirment une fois encore que les informations extraites du microcosme ne peuvent pas conduire aux mêmes représentations que celles du réel au quotidien. Justifions notre propos par l'analyse spéculative qui suit. Si, par exemple, on imaginait qu'il soit possible d'isoler, puis de puissamment grossir optiquement un microvolume donné – ce que les lois de la physique ne permettent pas –, la réplique visuelle ainsi obtenue ne serait pas interprétable car, selon les principes connus du microcosme, elle serait complètement floue. Il ne saurait donc être question de quelque image que ce soit, au sens du mésocosme. C'est pourquoi, en nous plaçant sur le seul plan des principes, on est tout au plus en droit d'en espérer une sorte d'inventaire d'entités identifiables, qualifiées de constituants dont la liste dépend des moyens et des énergies utilisés. Si leur représentation géométrique n'a pas de sens opératoire, en revanche certaines de leurs propriétés peuvent être déterminées – on n'est jamais sûr de les atteindre toutes. De plus, la connaissance des champs de forces est liée à la nature des interactions et aux capacités transformationnelles de ces éléments. Ce qui n'est déjà pas si mal puisqu'il n'est aucunement nécessaire de se représenter un corpuscule pour être capable de le « connaître », au sens du mésocosme, ses propriétés spécifiques étant suffisantes pour l'identifier et décrire son comportement. L'étude des processus auxquels il participe, compte tenu des paramètres qui les déterminent, permet de le relier aux microstructures moyennant l'identification de certains principes et règles de sélection. L'image n'apporterait rien de plus, sinon la satisfaction purement artificielle de se retrouver en situation habituelle, celle du mésocosme. Ajoutons que, pour ce que l'on en sait, le milieu lui-même ne devrait être en rien comparable à celui qui nous est familier, étant potentiellement le théâtre de complexes interactions et transformations virtuelles et réciproques entre champs et énergie-matière. C'est du moins l'idée que l'on s'en fait actuellement, interprétation dans laquelle la part spéculative est pourtant lourde.

Cette discussion montre que la validation des théories et des modélisations microcosmiques n'obéit pas aux mêmes normes que dans le mésocosme. On le constate d'abord par l'inversion du facteur théorique qui devient prépondérant, le test expérimental ne se suffisant plus à lui-même. Ensuite, les méthodes de vérification nécessitent ici le recours intensif à des suites de corrélations itératives entre des données fragmentaires, tantôt expérimentales mais indirectes, tantôt théoriques mais conjecturales, avec les risques de dérives que cela comporte. La part de l'induction y est déterminante. Enfin, par leur nature, les données extractibles portent une charge informationnelle tout à fait distincte de celle du mésocosme. En fait, *ce qui différencie fondamentalement ces deux milieux, c'est la nature même des expérimentations qui peuvent y être faites*, avec pour conséquence inéluctable qu'elles ne peuvent que conduire à des formes de connaissances nécessairement différentes. La logique et la cohérence exigent donc que ce soit également le cas pour le concept de réel caractérisant chacun d'eux. C'est pourquoi l'extension de la vision que le physicien a du mésocosme n'est certainement ni possible ni justifiable dans le microcosme.

Le caractère insolite de la théorie quantique[1]

C'est la découverte des étranges propriétés du microcosme qui a abouti à la création de la théorie quantique, qui n'est réductible à aucune autre puisqu'elle possède sa propre constante fondamentale, celle de Planck. Malgré de profondes difficultés épistémologiques, l'adéquation numérique entre les résultats expérimentaux de l'un et les prévisions théoriques de l'autre, a conduit la quasi-totalité des physiciens à ne plus les distinguer. Même leurs créateurs, à l'exception notable d'Einstein, de Broglie et Schrödinger, ont fait l'assimilation. Il faut cependant observer que cette position a été confortée par l'absence d'autres perspectives. Pourtant la singularité de cette théorie tient au fait que, en dépit de sa remarquable efficacité calculatoire, elle n'explique physiquement rien. Et elle ne le peut pas car la nature même de son axiomatique implique qu'*elle n'est pas adaptée à une description physiquement objectivable du microcosme*. Cela pour différentes questions de principe que nous allons résumer (nous y reviendrons).

La plus importante est la suivante : *c'est fondamentalement une théorie mathématique* car, bien qu'existant sous plusieurs formulations – dont on a démontré l'équivalence –, elle repose sur un groupe de postulats formels posés a priori, c'est-à-dire supposés préexister à toute expérimentation. Un seul la relie directement à l'expérience[2], celui concernant la mesure qui est

1. Les détails techniques étant exposés dans mon ouvrage : *Le Modèle géométrique de la physique* (réf. p. 46), je n'y reviens pas ici, à l'exception de quelques données devant être précisées.

2. Le postulat associant le résultat d'une mesure physique à la valeur propre de l'opérateur associé n'appartient à rien d'autre qu'à la catégorie des pétitions de principe.

encore appelée « réduction du paquet d'ondes ». Or c'est précisément lui qui pose des problèmes jusqu'ici insolubles, quel que soit le formalisme, car nous verrons qu'il a un caractère ad hoc certain. Un autre postulat, l'expression du calcul des probabilités concernant l'obtention de tout résultat physique, lui confère un caractère statistique intrinsèque. En conséquence le modèle quantique est, et ne peut être qu'une simulation floue d'un microcosme dépouillé à un point tel qu'il n'est même plus archimédien puisque son contenu n'est pas schématisable, le dualisme en étant une preuve parmi d'autres. Finalement, c'est l'axiomatique qui est responsable de la modélisation fortement appauvrie, d'une part avec la symbolisation du fait physique, quel qu'il soit, au moyen de la fonction d'onde – ou vecteur d'état – qui n'est pas issue de l'expérience et n'a pas de réalité, d'autre part en raison des limitations imposées par les relations d'indétermination. Celles-ci, inhérentes au formalisme qui interdit la précision illimitée des couples de paramètres conjugués étant à la base de toutes les figurations classiques, rendent illusoire toute possibilité de représentation tout en excluant l'unicité de description. Dans les meilleures conditions, cette axiomatique ne peut donc avoir qu'un rapport tout à fait indirect avec quelque donnée factuelle objective que ce soit. Par exemple, si l'expérimentation montre que le microcosme doit contenir des éléments spécifiques, qui sont dénommés particules, le formalisme est incapable de les représenter car *il n'est pas fait pour cela.* Rien que pour ces raisons, le concept de réel microcosmique, quel qu'il puisse être, ne pourrait pas être déduit de la description quantique de ce milieu. Et ce que l'on en sait montre *qu'il ne saurait être le prolongement extensif de celui du mésocosme.* C'est pourquoi, quels que soient les argumentaires confrontés dans la querelle de Copenhague, une telle analyse montre que les rapports entre le formalisme quantique et quelque hypothétique réalité qui lui correspondrait ne peuvent, tout au plus, qu'être métaphoriques... Et encore !

En fait, le raccordement entre la mécanique newtonienne –

qui représente de façon satisfaisante le réel au quotidien – et la théorie quantique implique l'existence d'une condition de compatibilité sans laquelle le succès de celle-ci serait totalement incompréhensible. Il existe plusieurs formalismes exprimant la mécanique classique, l'un des plus abstraits étant celui de Hamilton-Jacobi[1]. C'est lui qui va permettre les extensions ondulatoires car ses solutions correspondent à des familles de surfaces qui peuvent être assimilées à des surfaces d'ondes, ce qui constitue la condition de compatibilité. Schrödinger en a tiré la mécanique ondulatoire qui a servi de base aux extensions quantiques ultérieures. La formidable puissance générative théorique (mais non expérimentale) de cette nouvelle mécanique est due au fait que la description la plus générale de tout système physique, quel qu'il soit, repose finalement sur les propriétés d'une fonction mathématique, appelée hamiltonien, permettant de le caractériser. Elle représente une énergie généralisée, des règles de correspondance fournissant son expression quantique. Dans le microcosme, la difficulté est d'en trouver une expression analytique convenable, ou celle de quelque fonction dérivée (densité lagrangienne qui est à la base des théories les plus modernes et que, souvent, les théoriciens n'hésitent pas à poser a priori, sans véritablement en justifier l'expression). Son intérêt majeur est que cette fonction est une grandeur scalaire, c'est-à-dire un nombre ne dépendant que des unités qui, sous certaines conditions, est une constante du système. C'est une propriété déterminante puisqu'elle permet aussi bien son utilisation

1. C'est une équation différentielle de mécanique classique, fondée sur l'hamiltonien (énergie généralisée) du système physique étudié, dont les solutions correspondent à une famille de surfaces (action) telles que leurs trajectoires orthogonales représentent les trajectoires effectives du système considéré, selon les conditions physiques choisies. Le point essentiel est que, ces surfaces étant libres d'interprétation physique, la mécanique ondulatoire va leur en donner une à partir des relations fondamentales d'Einstein et de Broglie (voir p. 20, n. 1). Elle sera généralisée, en théorie quantique, avec les opérateurs et les vecteurs d'état.

dans l'espace des vecteurs d'état représentant symboliquement l'évolution du système, appelé espace de Hilbert, que dans l'espace physique géométrisé le contenant. Pourtant ces deux espaces n'ont pas grand-chose de commun, en particulier le temps physique qui, comme on l'a dit, est introduit sans aucune discussion dans l'espace de représentation, et qui obéit à une relation d'indétermination alors qu'il ne lui correspond pas d'opérateur associé, ce qui est une incohérence pourtant peu discutée.

Et l'on trouve l'un des problèmes majeurs de la physique contemporaine : l'impossibilité, jusqu'ici constatée, de parvenir à une théorie synthétique réunissant la théorie quantique et la relativité. C'est un fait d'autant plus étrange que, malgré de nombreuses tentatives faites par les meilleurs théoriciens, on ne connaît pas de base axiomatique solide pouvant servir à une telle entreprise. Cela malgré des astuces qui permettent les calculs mais dont les justifications ne résistent pas à l'analyse. C'est un problème crucial car, en dépit de certaines insuffisances, chacune de ces théories paraît adaptée, sinon indispensable, à son champ d'application. Pourtant non seulement elles sont incommensurables[1] mais, dans certains de leurs aspects (problèmes de la localité et de la mesure quantique), elles paraissent incompatibles. Et l'on discerne mal ce que peuvent avoir en commun l'espace de représentation des états de la physique quantique et l'espace-temps de la relativité ! Ils ne sont ni réductibles selon quelque mécanisme fusionnel, ni prolongeables, ni associables, ne serait-ce que par leurs dimensions respectives et leur nature géométrique, l'un étant caractérisé par son produit scalaire alors que l'autre l'est par sa métrique et sa topologie. Il en va de même pour ce qui concerne la représentativité des phénomènes, la continuité et le passage à la limite (problème

1. Deux théories sont déclarées incommensurables si le formalisme de l'une ne peut pas être exprimé dans le langage de l'autre. Cela signifie qu'elles n'appartiennent pas à la même classe de représentation.

d'Ehrenfest en dérivation quantique), ou les différences de nature entre les équations quantiques, par exemple celles de Dirac, et celles du champ d'Einstein.

Il existe pourtant un point commun qui est très général en physique et qui, à mon avis, n'a pas suffisamment retenu l'attention : il s'agit du rôle singulier joué dans ces théories (et dans toute la physique) par les formes quadratiques. Ici, dans l'espace de Hilbert, c'est le cas du produit scalaire qui en définit certaines propriétés essentielles, dont celles des vecteurs d'état qui doivent être de carré sommable, tout en correspondant à l'interprétation physique d'une densité de probabilité. En relativité générale, c'est une forme quadratique, la métrique, qui fixe les caractéristiques de l'espace-temps dont dérive la partie géométrique des équations du champ. Il apparaît donc très vraisemblable qu'une théorie synthétique devrait, elle aussi, se fonder sur quelque forme quadratique généralisée. D'une part, on sait que leur groupe d'invariance par transformations linéaires présente la particularité d'être non fini, contrairement aux autres formes n-linéaires (n>2 ; n=1 étant exclu) ce qui accroît considérablement les degrés de liberté et les choix, donc les possibilités d'utilisation et d'extension. D'autre part, c'est sur des formes quadratiques que sont définies certaines algèbres généralisées telles que celles de Cayley, de Clifford, de Grassmann, de Lie, et quelques autres sur lesquelles sont fondées différentes théories modernes, dont la supersymétrie et la supergravité. On y trouve aussi bien les quaternions[1], que les spineurs et d'autres entités mathématiques plus générales que celles ayant été utilisées jusqu'ici. La plupart de leurs propriétés géométriques ont été

1. Les quaternions représentent une généralisation maximale des nombres complexes munis de toutes leurs propriétés. Il se trouve qu'ils sont à quatre composantes, comme les dimensions de l'espace-temps. Mais l'exploitation de cette analogie n'est pas évidente, bien que différents travaux en aient fait l'objet. Sur ces sujets, on peut consulter D. Hestenes, *Space-Time Algebra*, Gordon and Breach Publishers (3e éd. 1992), et G. Casanova, *L'Algèbre vectorielle*, P.U.F. (n° 1657), Paris (1976).

peu explorées par la physique et il paraît vraisemblable que quelque issue au problème posé pourrait se situer dans de telles directions. Mais, en l'état actuel, les difficultés paraissent considérables.

La hiérarchisation quantique

La théorie quantique ayant été, à l'origine, créée pour rendre compte des propriétés de l'atome, c'est à son niveau qu'elle pose le moins de problèmes. En première approximation, il suffit de considérer deux éléments ponctuels dont l'un, défini par une poignée de nombres (*masse, charge, moment magnétique*, trois entiers qualifiés de nombres quantiques *principal, orbital,* et *magnétique*, enfin un demi-entier appelé *spin*), va être dénommé « électron », alors que l'autre, dont seules la *masse* et la *charge* (et éventuellement le *moment magnétique*) interviennent, sera appelé « noyau ». En les reliant par la force d'interaction électromagnétique classique, celle de Coulomb, et avec quelques règles simples (mais non conformes à la physique du mésocosme), on obtient déjà un modèle atomique aux propriétés intéressantes. Toutefois, il serait surprenant que cette schématisation lapidaire ait grand rapport avec quelque plausible réalité le concernant. Pourtant de modestes perfectionnements, et différentes approximations, suffisent pour rendre compte aussi bien de la classification de Mendeleïev que de la presque totalité des propriétés atomiques observées. À l'exception de la formulation opératoire des potentiels qui exige quelques hypothèses de calcul dans le cas multiélectronique, les extensions aux molécules ne posent guère plus de problèmes de principe. Depuis l'apparition des puissants calculateurs modernes, différentes méthodes numériques permettent de résoudre la plupart des difficultés techniques rencontrées. C'est pourquoi on peut maintenant considérer que l'étude des propriétés chimiques de la matière est quasiment réductible à celle de leurs caractéristiques quantiques, bien que certaines propriétés de structurations spatiales demeurent spécifiques.

C'est, par exemple, l'une des raisons des énormes progrès de la biologie moléculaire, laquelle exige cependant des modélisations géométriques pour les applications, notamment en médecine. La théorie quantique n'y suffisant pas, le recours à d'autres moyens physiques, dont la diffraction de rayonnements X, est nécessaire. S'ils permettent certaines investigations conformationnelles et des déterminations de structures, celles-ci doivent être extraites de distributions de points qu'il faut interpréter géométriquement, souvent en recourant à des méthodes mathématiques compliquées. Mais si ces données suffisent pour les applications, elles ne fournissent pourtant aucune information relativement à la constitution interne des éléments de base de ces structures, ce qui n'est heureusement pas utile pour ces applications.

Quant au modèle planétaire atomique, ce n'est qu'une fiction quantique exigée par la seule mise en équation du problème. Toute interprétation étant axiomatiquement statistique, les fonctions d'onde issues du formalisme ne permettent pas d'obtenir autre chose que des probabilités, c'est-à-dire des nappes géométriques de densité variable qui excluent toute interprétation figurative au sens du mésocosme. *Cela étant, il n'existe aucune contrainte opératoire nécessitant l'****identification*** *de la théorie quantique à la physique du microcosme.* Pourtant c'est ce qu'ont fait les pères fondateurs, notamment Bohr puisque, pour lui, « il est erroné de penser que l'objet de la physique soit de découvrir comment est faite la nature. La physique concerne ce que nous pouvons dire sur la nature » (*Conférence de Côme*, 1927). Dans cette déclaration, et dans nombre d'autres qui concernaient l'interprétation de la mécanique ondulatoire, Bohr, en subtil physicien-philosophe qu'il était, n'aurait certainement pas employé le mot « physique » mais l'expression « théorie quantique » s'il n'avait pas fait une complète assimilation entre les deux. D'ailleurs, bien des commentaires, de Bohr comme d'autres fondateurs de cette théorie, montrent sans ambiguïté qu'il s'agissait effectivement de la position de l'École de Copenhague. C'est la preuve que, pour eux, l'universalité postulée du langage quantique permettait de le confondre avec la physique elle-même ; opinion étayée par le principe de correspondance. Pourtant, à l'exception de quelques rares cas très spéciaux tels que la supraconductivité et la superfluidité, ou le laser et le transistor, qui sont des résonances macroscopiques d'effets quantiques microscopiques particuliers, non seulement la description quantique n'apporte rien dans le mésocosme mais elle y est réductrice quant aux possibilités de représentation. Et les difficultés quanto-relativistes vues ci-dessus auraient dû laisser au moins planer quelque doute sur l'unicité du modèle quantique, ou sur l'existence d'une théorie plus riche et plus générale dont il ne serait qu'une forme limite. Car si rien, jusqu'ici, ne laisse supposer qu'il pourrait être faux, l'inverse reste tout aussi hypothétique. De plus, *il n'est épistémologiquement pas logique, ni cohérent, de confondre une théorie avec ce qu'elle est supposée représenter*, toute l'histoire de la physique démontrant depuis Newton et sa mécanique qu'une telle situation est généralement éphémère.

Si l'on descend dans la hiérarchie dimensionnelle, la constitution du noyau ne pose pas non plus de problème critique, la découverte des nucléons (protons et neutrons) et des pions (mésons) ayant permis de résoudre la plupart des questions localement rencontrées, dont leurs transformations réciproques. Le problème est celui de sa (de « ses » devrait-on dire [1]....) modélisation qui reste insatisfaisante. Elle est pourtant nécessaire pour les calculs, ainsi que pour rendre compte de différentes proprié-

1. Historiquement, il en a été proposé plus d'une trentaine. Et si la plupart ont été abandonnées, aucune des survivantes n'est tout à fait satisfaisante. Certaines conviennent cependant pour des applications restreintes comme, par exemple, le modèle de la goutte liquide appliqué à l'étude de la fission pour laquelle il permet des calculs et des simulations.

tés qui en dépendent telles que, par exemple, le magnétisme nucléaire. Même en recherchant les schématisations les plus simples, toutes les tentatives envisagées, qu'il s'agisse aussi bien du modèle de la goutte liquide que de celui des couches, ne valent que pour des utilisations très limitées, d'où la nécessité d'en utiliser plusieurs. Leur représentativité microcosmique est évidemment nulle, ce qui ne perturbe en rien les applications. La raison essentielle de ces difficultés tient à la nature des forces nucléaires qui, étant des forces d'échange, ne sont pas vectorielles donc difficiles à formaliser. La cohésion nucléaire fait l'objet de la théorie de l'interaction forte, les transformations nucléoniques – dont l'instabilité bêta – étant gouvernées par l'interaction faible. Toutes deux sont à très courte portée, donc tout à fait caractéristiques du microcosme, contrairement aux deux autres, l'électromagnétique et la gravité qui sont à longue portée.

Dans la formulation quantique usuelle, c'est au niveau des particules que les véritables difficultés apparaissent car, d'une part, il existe un certain arbitraire relativement à la nature de leur paramétrage quantique alors que, d'autre part, cette théorie exige que celles-ci soient ponctuelles. Tant que l'on en reste à ce point de vue, car il en existe un autre, cette absence de dimensions spatiales paraît logiquement inconciliable avec quelques indispensables propriétés physiques telles que, par exemple, la masse ou la charge. Question qui fait partie de celles que l'École de Copenhague récuse tandis que les réalistes, avec Einstein, en déduisent l'incomplétude de la théorie quantique. L'ignorer évite le dilemme de la nature physique de ce qui devrait être associé à quelque étendue spatiale, ne faisant ainsi que déplacer le problème de la constitution corpusculaire qui, vue sous cet angle, paraît insoluble. En revanche, selon les conceptions actuellement les plus en vogue, ce sont les champs quantiques qui, comme nous allons le voir, ont renouvelé la question. Pourtant les difficultés n'en disparaissent pas pour autant. Pas plus qu'avec des hypothèses telles que celles des cordes et des supercordes dont l'intérêt principal tient à leurs capacités vibratoires qui fournissent quelques degrés de liberté de plus. Si certaines interprétations en tirent bénéfice, en revanche elles n'apportent pas véritablement d'élément nouveau concernant la description ultime de l'énergie-matière. Une fois encore, n'étant absolument légitimées par aucune donnée expérimentale, des propositions spéculatives de cette nature consistent en une utilisation injustifiée, c'est-à-dire abusive, de l'axiomatique quantique. D'ailleurs, il paraît aussi incohérent qu'illogique, et pour le moins curieux, que la complexité des théories se proposant de rendre compte des propriétés attribuées au vide quantique, et à son contenu, ne fasse que croître quasi exponentiellement en raison inverse de l'échelle spatio-temporelle considérée : serait-ce le fait de la nature...ou celui de l'ordinateur ?

Quoi qu'il en soit, et en dépit de ces restrictions, dans certaines circonstances quelques succès étonnants ont été obtenus. C'est, par exemple, le cas en électrodynamique quantique qui est une description minkowskienne de l'interaction entre les électrons et les photons. Malgré le caractère abscons d'un formalisme exigeant des approximations calculatoires pour le moins surprenantes, en vue d'éliminer des termes divergents, il se trouve cependant qu'il parvient à un résultat tout à fait remarquable. Il s'agit du calcul d'un terme caractéristique de l'électron, son facteur gyromagnétique qui est obtenu avec une précision exceptionnelle ($\sim 10^{-10}$). Ce succès ne masque pourtant pas l'incohérence de la procédure peu orthodoxe qui doit être utilisée pour en arriver là, et qui est appelée méthode de renormalisation. Elle présente la particularité d'intervenir sur un développement en série alternée de termes de plus en plus petits, dont la convergence assure précisément le succès. Richard Feynman lui-même, qui en fut l'inventeur, n'était pas convaincu de son bien-fondé puisqu'il a déclaré que « l'obligation de recourir à ce genre de supercherie a empêché de démontrer la cohérence mathématique de la théorie de l'électrodynamique quantique ».

Bien sûr, un tel calcul aurait très bien pu être impossible mais les circonstances sont particulièrement favorables à la méthode d'approximation utilisée. En recourant aux étranges propriétés du vide quantique, et à la suite de quelques savants ajustements postérieurs tentant de justifier cette mathématique peu orthodoxe, la renormalisabilité d'une théorie est devenue un critère de recevabilité. Comme la gravitation einsteinienne n'y satisfait pas, les différentes tentatives d'unification de l'ensemble des interactions ont, jusqu'ici, échoué.

Le modèle standard : leptons et quarks

Proposant une interprétation théorique des sondages expérimentaux les plus profonds du microcosme, qui vont actuellement jusqu'à 10^{-18} mètre (soit le millième des dimensions nucléaires), le modèle standard est une sorte de jeu de construction universelle de la matière postulant que celle-ci n'est constituée que de deux sortes d'éléments de base, les leptons et les quarks, lesquels existent cependant sous différentes formes quantiques. Il traite également des mécanismes associés aux forces de liaison. Le qualificatif de « standard » correspond au fait que, indépendamment de toute hypothétique représentativité, ce modèle est le moins mauvais pour interpréter les nombreuses données acquises en physique des hautes énergies. De plus, il présente l'avantage d'être perfectible, donc adaptable aux résultats nouveaux fournis par les progrès technologiques des grands collisionneurs et des détecteurs. Enfin, il permet les calculs et les confrontations aux simulations numériques, celles-ci constituant la troisième voie d'étude de ces milieux nouveaux. Pour en comprendre les caractéristiques essentielles, sans entrer dans des détails techniques hors de notre propos, nous allons jeter un bref regard dans ce micromonde.

L'histoire a débuté, peu après la fin des années soixante, avec la mise au point des premiers grands accélérateurs. Ils permirent la découverte de nouvelles particules, appelées hadrons, dont la variété ne manqua pas de surprendre les chercheurs qui en identifièrent plus de deux cents. En effet, outre le fait que leur classification posait de difficiles problèmes, cette prolifération allait à l'encontre de l'évolution des idées sur la matière dont l'état ultime était postulé unitaire. De plus, à deux exceptions près, leur durée de vie extrêmement brève (inférieure à 10^{-6} seconde) posait la question de leur raison d'être, laquelle reste d'ailleurs mal résolue. Il se trouve cependant que ces deux exceptions sont d'une importance capitale puisqu'il s'agit des protons et des neutrons, c'est-à-dire des deux constituants universels du noyau, quel qu'il soit. Si le neutron est tout de même instable, sa durée de vie est énormément plus grande (~25 secondes) et son mode de désintégration, l'émission bêta, est indispensable pour interpréter les processus de nucléosynthèse consécutifs au big bang. Jusqu'à une époque très récente, le proton semblait stable, pourtant une théorie originale, la supersymétrie, lui attribuerait une durée de vie extrêmement longue (supérieure à 10^{38} secondes) ce qui n'a pas encore été observé. S'il en allait ainsi, ce serait inéluctablement la fin programmée, certes à très longue échéance, de l'univers (son âge est de l'ordre de 10^{16} secondes).

Venons-en aux leptons et aux quarks. Leur existence a été déduite de l'interaction entre des électrons très fortement accélérés et des protons, ou des neutrons. C'est l'interprétation des faisceaux émergents qui conduisit à l'hypothèse de centres internes de diffusion, donc à celle d'une structure nucléonique propre. Celle-ci fut attribuée à des constituants élémentaires qui furent appelés quarks. L'extension aux autres hadrons s'imposa rapidement et c'est le recours à quelques considérations spéculatives, tant sur la théorie des groupes et les symétries associées, que sur le concept de quark et de forces, qui permit aux physiciens Murray Gell-Mann et, indépendamment, George Zweig de comprendre comment il serait possible de mettre de l'ordre au sein de cette population par trop diversifiée. C'est Gell-Mann qui proposa une première version du modèle standard. Se référant à des arrangements structurels simples[1] issus des symétries d'un groupe particulier (appelé techniquement SU(3), ou mode octupolaire), et à des lois de conservation associées impliquant des règles de sélection, il parvint à expliquer les résultats des observations hadroniques. Il fit même quelques prévisions qui furent ensuite vérifiées dès que les moyens techniques le permirent, ce qui, peu après les années soixante-dix, valida les hypothèses faites. Actuellement, les données théoriques et expérimentales du modèle standard semblent confirmer l'existence d'un ordre profond dans le microcosme, et d'un enchaînement logique autorisant une origine commune qui serait en accord avec l'hypothèse du big bang.

Curieusement, les leptons et les quarks existent chacun sous six formes quantiques différentes[2], formant ainsi deux familles

---

1. Tous les hadrons sont constitués de quarks liés entre eux par des gluons (bosons vecteurs de l'interaction forte propageant la charge de couleur qui caractérise chaque quark). On leur connaît trois structures différentes : trois quarks constituent un *baryon* (qui est un hadron fermionique tel que le proton formé de deux quarks up et d'un quark down, ou le neutron rassemblant deux quarks down et un quark up) ; un quark et un antiquark représentent un *méson* (un π^+ est une association d'un quark up et d'un antiquark down) ; enfin les gluons peuvent s'assembler en « boule de glu ».

2. La première famille, celle des leptons, est constituée de l'électron et des mésons mu et tau, ces deux derniers n'étant d'ailleurs que deux états énergétiques excités de l'électron, à durée de vie très courte. À chacun d'eux est associé un neutrino spécifique, l'interaction faible déterminant leurs transformations. La famille leptonique comporte donc six éléments (et six antiparticules) individualisés par un nombre quantique dit de « saveur ». Elle est insensible à l'interaction forte spécifique des quarks.

La seconde famille comprend six quarks (et six antiquarks qui leur sont associés), se distinguant également les uns des autres par un paramètre quantique de « saveur ». Pour expliquer leurs interactions, un autre attribut quantique, la « charge de couleur », est nécessaire. Elle ne peut que prendre trois valeurs distinctes pour chaque quark, et les trois valeurs complémentaires pour les antiquarks. Ces données sont à la base de la chromodynamique quantique qui est la théorie de l'interaction forte responsable des structures hadroniques (c'est techniquement une théorie de jauge non abélienne). Les présentant certaines analogies. Là encore, parmi les douze éléments recensés seuls trois d'entre eux constituent la matière *stable*, le neutrino électronique n'y participant pas directement. Il s'agit, pour la première, de l'électron et, pour la seconde, de deux quarks (dénommés quantiquement up et down). À partir de labels quantiques, qui sont des nombres entiers ou demi-entiers déterminés par le formalisme, et de règles de composition qui s'en déduisent également, ils permettent à eux seuls de construire tous les atomes connus, c'est-à-dire ceux de la classification de Mendeleïev. En effet, d'une part des assemblages de trois quarks permettent de construire les nucléons, donc les noyaux, d'autre part les électrons périphériques, qui sont des leptons, complètent les atomes. Tout paraîtrait donc très simple s'il ne se posait pas quelques questions, dont la suivante : pourquoi existe-t-il deux familles de six éléments chacune, regroupables chacune en trois sous-familles, alors que seulement trois de ces corpuscules sembleraient suffire ? D'autres questions concernent aussi bien le recensement et le classement de ces constituants que leurs règles de composition, ou la nature propre des leptons et des quarks considérés jusqu'ici comme ponctuels. Pour autant qu'on le sache aujourd'hui, compte tenu des données expérimentales, ceux-ci ne semblent pas posséder de sous-structure [1], ce qui reste conjectural.

Précisons que les quarks et les leptons constituent le groupe des *fermions*, ou *particules de matière*, ayant en commun une

---

règles de composition de ces charges de couleur conduisent à admettre que les quarks et les antiquarks ne peuvent pas fournir autre chose que des hadrons, qui sont sensibles aux quatre types d'interactions différentes de l'univers.

1. Les possibilités actuelles de sondage indiquent que, s'ils ne sont pas ponctuels (ce qui serait difficilement compréhensible au regard de leurs propriétés physiques), leurs dimensions seraient inférieures à 10^{-18} mètre. Il existe une ébauche d'hypothèse selon laquelle existerait une sous-structure, celle des *rishons* et des *préons* mais qui, n'ayant jusqu'ici aucune justification, n'est pas prise en considération dans les théories actuelles.

propriété quantique essentielle : leur nombre de spin est demi-entier (en unité quantique). Car, selon le modèle standard, il existe un autre groupe de corpuscules, celui des *bosons* qui sont caractérisés par un nombre de spin entier et ne sont pas des éléments matériels, au sens habituel, mais des vecteurs responsables des interactions entre les fermions. Au niveau nucléaire, les forces sont à très courte portée (de l'ordre des dimensions du noyau pour l'interaction forte ; nettement inférieure pour l'interaction faible) car ces bosons sont massiques, ce qui ne les empêche pas d'être responsables de toutes les structures correspondantes. En revanche, dans l'interaction électromagnétique, dont le boson spécifique est le photon, la portée est infinie car celui-ci possède une masse nulle. Et c'est lui, ou plus exactement ses échanges qui déterminent la structure électronique des atomes et des molécules. Bien qu'il n'ait pas encore été identifié, il devrait en aller de même pour le graviton, boson associé à la gravité dont la portée est également infinie. L'interaction forte fait intervenir huit gluons, porteurs de charge de couleur, qui rendent compte de tous les hadrons alors que trois bosons intermédiaires (W^+, Z^0, W^-) véhiculent la force faible. Celle-ci est responsable de l'instabilité des leptons chargés et des quarks, à l'exception des deux plus légers, l'électron et le quark up. On a ainsi recensé douze bosons différents, c'est-à-dire un nombre égal à celui des lepto-quarks. Les résultats actuels conduisent à supposer qu'il n'existe pas d'autre famille que celles qui sont identifiées, qu'il s'agisse des constituants élémentaires de la matière, ou des interactions. Ces données représentent l'essentiel de la structure de base du modèle standard qui doit être complété par la théorie quantique des champs.

Avant, observons que si cette modélisation paraît représenter une solution satisfaisante, à l'exception notable de la gravité, elle correspond pourtant à une situation curieuse. Car, d'une part, il se trouve que certaines contraintes théoriques liées à la nature des forces nucléaires (confinement des quarks qui résulterait de leur potentiel d'interaction croissant en fonction de leur éloignement) interdiraient au quark d'exister à l'état libre, du moins dans les conditions qui sont les nôtres. En conséquence, il ne devrait jamais pouvoir être isolé et individualisé, ce qui est contraire à tout ce qu'est censée représenter la physique. Sa mise en évidence resterait donc hypothétique, ce qui n'est pas le cas de l'électron. D'autre part, le cas du gluon est encore plus critique, et risque de le rester puisque, en l'état actuel, aucune expérience ne permet d'en obtenir quelque trace physique que ce soit. Ce ne sont que des considérations théoriques, portant essentiellement sur des bilans énergétiques, qui permettent de déduire *par défaut* qu'il existe quelque intermédiaire dénommé gluon. Il n'en reste pas moins que les résultats sont cohérents. De toute façon, si tout le formalisme que représente le modèle standard est en accord *itératif* avec les expérimentations, qui en dépendent, il est clair que sa signification en termes de « réalisme physique » est quasiment nulle. C'est-à-dire que son pouvoir représentatif d'un hypothétique réel microcosmique est inexistant.

La théorie standard : les champs quantiques

Tel qu'il vient d'être décrit, et en dépit des critiques qui peuvent lui être faites, le modèle standard fournit tout de même une explication de la hiérarchie organisationnelle du microcosme jusqu'au niveau lepto-quarkonique. C'est à ce stade qu'il y a décrochage, à partir du concept extrêmement vague de particule ultime dont on ignore jusqu'au nombre de paramètres nécessaires pour sa caractérisation. Ce n'est qu'un mot creux contenant quelques nombres, déclarés quantiques, aux justifications incertaines. C'est pourquoi différentes voies nouvelles ont été explorées, dont l'une reprend, sous une forme remise au goût du jour, l'ancien mais riche concept de champ, introduit par Kelvin et Faraday au XIXe siècle.

C'est l'apparition des nouvelles théories physiques de ce siècle qui a fourni l'idée de départ. En effet, il était logique que les physiciens s'interrogent sur les raisons pour lesquelles une seule formulation ne semblait pas suffire pour décrire la nature, et sur la représentativité des modèles correspondants, ou plus exactement des descriptions qui peuvent en être extraites. Bien que ces questions ne soient pas résolues, un certain nombre d'éléments de réponses ont cependant été apportés, particulièrement avec la théorie quantique des champs qui, selon ses concepteurs, devrait servir de base à toute la physique fondamentale... ce qui reste à montrer car elle contient un vice rédhibitoire, comme le montrera la discussion. Il s'agit d'un développement théorique ayant pour but d'intégrer les micro-objets détectés dans le microcosme – ceux qui sont communément appelés « particules » –, dans un formalisme cohérent, mais celui-ci est absolument incapable de les décrire en raison de sa nature purement abstraite. Car, selon ce point de vue, tout corpuscule ne serait que la manifestation localisée, c'est-à-dire une excitation, d'un tel champ quantique caractéristique, considéré comme une entité universelle fondamentale, et probablement primordiale. Par exemple, un électron en mouvement ne serait que la représentation in situ d'un certain état d'excitation spécifique d'un champ quantique électronique omniprésent.

Sans entrer dans les détails techniques précisons que, à la différence des champs classiques, les champs quantiques ne sont pas des êtres physiques au sens habituel. Ils sont supposés être des sortes d'états latents associés à des distributions quantiques d'énergies caractéristiques d'un milieu appelé « vide quantique » qui est encore plus étrange que l'éther. En effet, le principe d'indétermination confère à celui-ci des degrés de liberté insoupçonnés, dont celui de violer le principe de conservation de l'énergie, certes dans des intervalles de temps extrêmement brefs, mais suffisants pour en faire une sorte de milieu magique car supposé être rempli de nombreuses « choses virtuelles », dont des particules insaisissables aux propriétés les plus insolites. Son principal intérêt est d'abord de permettre d'énormes et complexes calculs (graphes et intégrales de Feynman) dont la signification physique n'est assurément pas le premier critère de choix.

En fait, une expression mathématique, le plus souvent obtenue par voie inductive et/ou analogique, est posée a priori en tant que représentation du champ. Cherchant à exploiter au mieux la théorie des groupes, c'est-à-dire les symétries d'un espace de représentation associées à des lois de conservation, cette fonction mathématique est construite pour utiliser le puissant formalisme lagrangien[1]. Il permet, à la fois, d'en obtenir une expression relativiste classique puis de la quantifier en remplaçant formellement certaines variables par des opérateurs associés, sans aucunement justifier une telle procédure. Et puisque, selon l'axiomatique, seuls les résultats d'actions de ces opérateurs quantiques possèdent le statut d'observables, on peut en déduire un certain nombre de données physiques supposées caractériser un constituant tel qu'une particule. Celle-ci voit ainsi son statut réduit au seul résultat d'opérations théoriques effectuées sur une fonction mathématique posée a priori, l'ajustage paramétrique étant fait pour que soient intégrées des données expérimentales, car toutes n'en sont pas dérivables, par exemple la masse, la charge ou les constantes de couplage. En effet, une restriction importante de la théorie standard est qu'elle ne vaut que pour des particules sans masse, sous peine de perdre sa renormalisabilité. Pour pallier cette sévère difficulté, Higgs a imaginé un nouveau type d'interaction dû au boson d'un hypothétique champ particulier, qui serait l'expression d'une énergie minimale du vide quantique (constante mais non nulle). C'est le couplage entre ce boson, dit de Higgs, et les particules qui leur donnerait

1. Il s'agit de la densité de Lagrange qui est une fonction mathématique formulée à partir de l'expression des champs et de leurs dérivées spatio-temporelles. Elle représente une énergie généralisée, identifiée à celle du champ, dont la connaissance permet de déduire les équations caractéristiques et certaines propriétés du système considéré.

leur masse, à l'exemple des bosons W et Z de l'interaction faible. L'intérêt est que ce mécanisme conserverait la renormalisation et la cohérence de la théorie standard qui, sans lui, serait probablement vouée à l'échec. D'où l'importance des recherches concernant sa découverte bien que les conditions expérimentales actuelles restent limites, ce qui ne sera plus le cas dans les années 2005 avec le LHC du CERN (voir p. 124, n. 1).

Quoi qu'il en soit, cette procédure évite de poser certaines questions embarrassantes quant à la représentativité physique de la forme mathématique de départ. Si elle en fait la richesse, elle est cependant payée par l'absence quasi totale de signification physique et c'est pourquoi le modèle des champs quantiques ne peut correspondre à aucune réalité. D'autant qu'il se coule mal dans le cadre local d'espace-temps de la relativité, lequel ne possède pas suffisamment de degrés de liberté pour intégrer la diversité des particules recensées. Ce sont des raisons supplémentaires pour ne pas identifier la théorie quantique avec le microcosme, malgré d'indiscutables résultats inespérés comme, par exemple, la prévision qui fut faite à propos des trois bosons intermédiaires de l'interaction électrofaible.

C'est ainsi que, après avoir été descriptif au niveau des particules élémentaires, le modèle standard intégrant les champs quantiques s'est ensuite déplacé vers la formalisation pour finalement devenir, avec la supersymétrie, l'une des théories de physique mathématique les plus complexes qui aient été élaborées. Et si la théorie quantique y occupe une place importante, notamment dans la description des interactions, la relativité doit également y être introduite de sorte que – la synthèse des deux n'étant pas réalisée – l'édifice mathématique ainsi construit n'est pas satisfaisant, des problèmes de fond étant posés par cette façon d'opérer. Pourtant, curieusement, on en obtient un certain nombre de résultats physiques originaux, ce qui pourrait être la conséquence de certaines propriétés géométriques des structures mathématiques utilisées.

Aperçu sur la supersymétrie et la supergravité

Si elle peut être créditée de succès non négligeables, notamment dans la classification des éléments infranucléaires du microcosme, la théorie standard se heurte cependant à quelques problèmes critiques dont, parmi d'autres, ceux des masses et des constantes de couplage, ou de la gravité qui reste rebelle à la superunification. Ces données, et différentes considérations théoriques, conduisent à supposer qu'il doit certainement exister des possibilités de généralisation. L'une d'entre elles consiste à chercher quelque moyen mathématique qui permettrait de rassembler les fermions et les bosons dans une seule famille. Bien que séduisante, cette perspective est particulièrement audacieuse puisque, selon le modèle standard, ces deux représentations seraient irréductibles. C'est pourquoi sa mise en œuvre ne peut pas être simple car il existe un ensemble de contraintes sévères à respecter, tant pour conserver la cohérence que pour préserver les acquis du modèle standard et pour obtenir des résultats nouveaux.

On a dit que les fermions sont caractérisés par la valeur demi-entière de leur spin alors que, pour les bosons, ce paramètre est entier. Mais il existe d'autres impératifs ; par exemple, alors que les bosons peuvent être en nombre quelconque dans un état quantique donné, il n'en va pas de même pour les fermions (principe d'exclusion de Pauli). Le problème consiste donc à trouver une structure de groupe de transformation qui, appliquée aux champs quantiques respectifs de représentation des fermions et des bosons, laisserait invariantes les lois fondamentales du microcosme tout en permettant leur expression locale. La réponse n'est pas unique, différents groupes étant envisageables, et bien que diverses voies aient été explorées avec plus ou moins de succès, la question reste ouverte. Elle le reste d'autant que, d'une part, jusqu'ici les solutions proposées sont sans relation avec l'expérience alors que, d'autre part, elles procèdent de calculs d'une complexité telle que l'on ne discerne plus leur rapport à la physique. Elles appartiennent, en effet, à la classe des problèmes mathématiques intrinsèquement difficiles, ce qui ne peut que laisser perplexe le physicien. De plus, elles mettent en œuvre un nombre inexplicablement grand de particules annexes prédites par le formalisme (163 dans la supersymétrie dite N=8 ; voir p. 183, n. 1) alors que l'on n'en a observé aucune.

Sans entrer dans les détails[1], indiquons simplement que l'idée centrale consiste à postuler que chaque type de particule d'une famille serait associée à une particule partenaire, non encore découverte, de l'autre famille. Leurs propriétés seraient liées par la supersymétrie de sorte que, en schématisant à l'extrême, dans un super-espace de représentation il existerait une sorte de super-particule correspondant à un superchamp. Le mot « super » signifiant ici que le nombre de dimensions est supérieur à celui de l'espace-temps, et fonction des solutions retenues, impliquant une difficile extension des techniques de calcul. C'est par des opérations abstraites dans ce super-espace que des groupements fondamentaux appelés supermultiplets – potentialités représentant des « états particules » dépendant d'un paramètrage quantique – engendreraient toutes les particules par des transformations internes. Il s'agit d'une tentative d'unification ultime du concept de particule, mais qui est totalement étrangère à toute possibilité de représentation physique. Avec l'hypothèse des supercordes, qui sont des êtres abstraits issus d'un lagrangien relativiste supersymétrique, on gagne des degrés de liberté liés à leurs possibilités d'oscillations, mais au prix d'une extrême complication. Si elles sont fermées (ce sont alors des micro-boucles de 10^{-35} mètre), il est possible de les substituer aux points d'espace-temps correspondant à des sites corpusculaires. Outre les difficultés de calcul, ce modèle s'ac-

1. Pour plus de précisions, on peut consulter la référence de la page 46 (p. 134-137).

compagne de contraintes énergétiques lourdes qui laissent perplexe[1].

On sait que notre monde n'est pas supersymétrique. Selon l'hypothèse du big bang, il aurait dû l'être lors des premiers instants, ce qui aurait eu pour conséquence l'unification des quatre types de forces recensées dans l'univers. C'est précisément une opération que les physiciens cherchent à formaliser, dans le même esprit que pour les particules. Le regroupement des leptons et des quarks dans une représentation commune requiert d'ailleurs une telle opération, pour au moins trois d'entre elles : les interactions électromagnétique, faible et forte, opération qualifiée de « grande unification ». C'est la nature de la symétrie de jauge[2] (abélienne, ou non) qui détermine la dépendance spatiale des termes de couplage (facteurs dont

1. Les dimensions cachées des super-espaces ne se manifesteraient qu'au-delà des énergies d'unification, c'est-à-dire à l'échelle de Planck (voir p. 172, n. 1). Pour les sonder il faudrait donc un accélérateur de la taille de la Voie lactée (~10^{21} mètres) ! Notons que les relations d'indétermination relient l'énergie-masse à la distance, associant ainsi les échelles correspondantes.

2. Dans une théorie de jauge le lagrangien est localement, ou globalement, invariant par une opération mathématique dite transformation de jauge, ou groupe de jauge, exprimant une propriété de symétrie. Elle est effectuée sur l'expression mathématique des champs physiques déterminant la dynamique des interactions de sorte que, par changement de jauge (ou échelle), cette symétrie abstraite n'affecte pas les grandeurs observables. Une théorie satisfaisant un principe d'invariance locale de jauge est renormalisable. L'unification des interactions se fonde sur l'idée de théorie de jauge avec brisure de symétrie. Dans le cas de l'interaction électrofaible, l'invariance est relative aux groupes $SU(2)\otimes U(1)$, si l'on y ajoute SU(3) on aboutit à la grande unification. En électromagnétisme le quadripotentiel vecteur d'univers est défini à un quadrigradient près, dont le choix fixe la jauge sans changer les champs électrique et magnétique qui, pour cette raison, sont dits « invariants de jauge » car ils correspondent à une symétrie de jauge. Cette condition suffit, avec la constante de structure fine, pour déterminer entièrement l'interaction électromagnétique, c'est-à-dire le couplage des charges au champ de photons (boson de jauge) qui est un champ de jauge. La symétrie associée U(1) implique la conservation de la charge et rend la masse propre du photon nulle.

dépend l'intensité de ces forces) de sorte que, après renormalisation, celui qui caractérise l'interaction électromagnétique la fait décroître en fonction de la distance alors que c'est l'inverse pour les deux autres. En conséquence, une convergence devrait avoir lieu vers 10^{-32} mètre, c'est-à-dire que les trois forces deviendraient alors indiscernables, ce qui traduirait une propriété curieuse du microcosme : plus on pénétrerait en profondeur, c'est-à-dire plus les dimensions s'amenuiseraient, et plus ses lois physiques tendraient à s'unifier. Ce n'est donc qu'à des niveaux énergétiques élevés que se révéleraient la simplicité et la symétrie de la nature... mais apparemment pas celle du vide quantique ! Si l'on fait fi de cette objection, un tel état de fait devrait impliquer de sévères contraintes physiques, notamment pour ce qui concerne la linéarité d'échelle entre la profondeur actuelle de sondage (10^{-18} mètre) et la distance d'unification indiquée ci-dessus. De telles conditions correspondraient à des énergies colossales, de l'ordre de 10^{15} GeV, valeurs qui semblent totalement hors d'atteinte, du moins en l'état actuel. Il est également étrange que, entre l'énergie d'unification électrofaible, soit 100 GeV, et celle de grande unification, soit les 10^{15} GeV ci-dessus, il ne semble rien se passer alors que l'écart énergétique est exceptionnellement élevé.

Pour ce qui concerne la superunification, c'est-à-dire l'intégration de la gravité, les conditions physiques sont encore plus draconiennes (chapitre 5). Mais comme on ne parvient pas à la renormaliser en ne recourant qu'à la théorie standard, c'est-à-dire à quelque théorie de jauge relativement élémentaire, la question reste ouverte. La supergravité offrirait une issue recourant à la supersymétrie à laquelle elle est liée. Mais elle l'est d'une façon si complexe que cette procédure laisse perplexe, d'autant qu'elle reste problématique, notamment le choix non imposé des dimensions du super-espace devant permettre de retrouver les fermions recensés, tout en limitant la multiplication des partenaires associés. Parmi d'autres possibilités, l'exemple traité avec onze dimensions fournit le graviton – non encore identifié – qui serait associé au gravitino, son partenaire supersymétrique de spin 3/2. Il y aurait donc unification totale, mais plusieurs difficultés demeurent préoccupantes puisque, d'une part, certains résultats diffèrent de ceux du modèle standard alors que, d'autre part, le nombre surprenant de particules associées serait certainement difficile à interpréter, donc à justifier. L'intérêt est cependant de comprendre comment, à partir de l'hypothèse d'une seule superforce quantique présente à l'origine du big bang, le refroidissement se serait accompagné de brisures de symétrie successives ayant finalement abouti aux quatre forces caractéristiques des conditions physiques qui sont les nôtres. Il n'en demeure pas moins que de telles théories, dans lesquelles la physique est quasiment perdue de vue, ont à l'évidence pour fonction essentielle d'assurer la cohérence du modèle étudié, aussi ne voit-on plus quels peuvent être leurs rapports avec un quelconque réel.

Commentaire sur les modèles

En dépit de leur intérêt formel, et d'une certaine capacité prédictive dans l'organisation hiérarchique et structurelle du microcosme, il n'en reste pas moins que tous ces modèles, supersymétrie comprise, n'expliquent pas un certain nombre de données de base de la physique du microcosme. Pour nous limiter à quelques exemples parmi les plus importants, citons leur incapacité à expliquer l'existence des trois sous-familles lepto-quarkoniques, ou la seule pseudo-stabilité des trois premiers éléments et le rôle des autres, ainsi que l'origine des champs quantiques qui, comme les constantes de couplage et différents paramètres tels que les masses et les charges, doivent être introduits ex abrupto. Il en va de même pour l'origine des brisures de symétries auxquelles sont pourtant attribuées des conséquences physiques déterminantes. Parmi ses prévisions, la grande unification remet en cause la stabilité du proton qui se désintégrerait en un méson π^0 et un positron (électron positif), laquelle reste non observée bien qu'elle soit à la limite des possibilités actuelles. Et l'on n'a toujours pas d'information, aussi bien sur les monopôles magnétiques prévus par Dirac que sur l'éventuelle existence d'une matière non quarkonique, peut-être associable à la matière sombre cosmique.

Il est certain que, dans l'idéal, c'est la recherche d'une théorie cohérente plus générale, mais pas nécessairement aussi abstraite et énigmatique, qui devrait pouvoir répondre à ces différentes questions, et à quelques autres. Il faut cependant se souvenir qu'un modèle physique ne peut pas être autre chose qu'une construction intellectuelle destinée à fournir un cadre de travail permettant d'intégrer un ensemble de connaissances qu'il s'agit de coordonner. Bien sûr, il en existe à plusieurs niveaux, les plus élémentaires se bornant à être descriptifs alors que les plus évolués sont fondés sur un groupe d'axiomes, de principes, de lois et de règles autorisant aussi bien le calcul que l'interprétation des phénomènes physiques étudiés. Ce qui n'est pas le cas ici. C'est pourquoi, dans de telles conditions, il est clair que toute représentativité physique, au sens du réel mésoscopique, relèverait du plus pur utopisme, d'autant que le principe d'indétermination limite sévèrement les possibilités de description. D'ailleurs, elle n'apporterait probablement rien de plus car ce qui est demandé à une telle procédure est d'abord d'être structurante, interprétative et prédictive, les capacités figuratives d'un modèle n'étant pas nécessaires pour qu'il soit opératoire. La complexité du microcosme exclut de prétendre tout expliquer, opération très probablement impossible, du moins avec les outils théoriques dont on dispose aujourd'hui. Une modélisation assurant seulement une certaine intégration des données physiques de base constituerait déjà un remarquable progrès.

Pourtant on peut légitimement se demander si les voies actuellement explorées sont les bonnes, le test essentiel étant leur cohérence plutôt que les vérifications expérimentales *au sens mésocosmique de la théorie physique*. Car, d'une part, il peut parfois sembler que le choix de certains théoriciens tient plus aux capacités calculatoires de leurs modèles, compte tenu des développements récents de l'informatique, qu'à leur représentativité. D'autre part, il n'est pas déraisonnable de s'interroger sur le modèle hamiltonien lui-même puisque les densités lagrangiennes quanto-relativistes supersymétriques, ou supergravitationnelles, sont non seulement d'une surprenante complexité, mais également empreintes d'un lourd arbitraire. Car si elles impliquent certaines hypothèses non triviales, notamment sur les potentiels, elles exigent également le recours à des processus mathématiques particulièrement abstraits dont on comprend mal les justifications : ne se heurterait-on pas, ici, à quelque limite de ce type de modèle ?

Discussion et commentaire

Actuellement, dans l'exploration du microcosme c'est la théorie qui tend à primer l'expérience, d'une part à cause du développement des supercalculateurs aux performances étonnantes, d'autre part en raison des coûts de plus en plus élevés des grands collisionneurs. Cependant, on ne peut pas espérer progresser dans sa connaissance par les seules simulations numériques qui sont incapables de sortir autre chose que ce qui a été introduit dans les modélisations de base. Pas plus que par le recours à la théorie dont on a vu les limites, qui deviennent celles du formalisme de la complexité et de la spéculation pure, et qui ne peuvent se suffire à elles-mêmes, la physique étant d'abord une science expérimentale. Et l'on sait que s'il existe bien des moyens pour montrer qu'une théorie est fausse, en revanche il n'en existe aucun pour démontrer qu'elle est juste. Et encore faut-il qu'elle soit falsifiable au sens de K. Popper, point qui reste contesté aussi bien pour l'axiomatique de la théorie quantique que pour celle de la relativité.

Sans entrer dans ce débat, notre discussion va se diviser en trois parties, l'objectif étant de faire apparaître que la théorie quantique ne peut pas être identifiée au microcosme, d'une part parce que son formalisme ne le permet pas alors que, d'autre part, il semble que la grande richesse de ce nouveau milieu nous incite à découvrir d'autres formes de connaissance que celles qui caractérisent le mésocosme.

1. Les succès de la physique quantique

Ils sont si considérables qu'il serait difficile, et vain pour notre propos, d'en faire l'inventaire, la fécondité de cette discipline en faisant l'une des plus riches de l'histoire des sciences. À un point tel que c'est pour cette raison que la physique quantique a été identifiée au microcosme. Au plan général, le seul qui puisse être envisagé ici, cette nouvelle théorie est d'abord caractérisée par ses exceptionnelles facultés d'intégration ayant conduit à une perception globale du microcosme et à celle de la hiérarchie de ses différents niveaux structurels qu'elle a permis d'analyser. En effet, c'est sa capacité d'interprétation d'un nombre croissant de faits expérimentaux *anormaux* (au sens de la physique classique) qui a donné corps aux concepts de structures moléculaires et atomiques, puis à ceux de noyaux et de particules, tout en parvenant à édicter les règles auxquelles ils obéissent, nombre d'entre elles n'étant pas celles du mésocosme. En conduisant à déterminer certaines de leurs propriétés physiques, elle a eu l'immense mérite d'induire un nombre considérable d'applications qui ont changé aussi bien les conditions de vie que le devenir de l'humanité.

Mais elle a fait plus encore en découvrant les liens profonds unissant ce micromonde au mégacosme. D'abord c'est cette physique qui a montré que l'univers n'est finalement constitué que de quarks, d'électrons, de gluons, de photons et de neutrinos, ce qui est un résultat remarquable par sa simplicité, même s'il subsiste des questions relativement à des possibilités de descriptions encore plus condensées. Ensuite, l'interprétation des processus interactionnels intervenant dans la dynamique de ces éléments a mis en évidence le principe de fonctionnement des étoiles et leurs capacités transformationnelles primordiales au sein de la machine cosmique. Par la même occasion a été démontré le caractère unitaire de l'univers, ce qui, comme on l'a déjà dit, montre l'anthropocentrisme du concept de mésocosme... mais en l'occurrence, et comme on l'a dit, *c'est l'homme qui est l'acteur*. Enfin, aidée du cadre géométrique relativiste, cette physique a permis l'élaboration du modèle du big bang qui est une version purement *scientifique* de l'histoire de l'univers [1]. Que celle-ci soit approximativement juste, ou qu'elle soit totalement fausse, est finalement de peu d'importance au regard du résultat acquis car une telle opération aurait été jugée totalement impossible, sinon impensable car iconoclaste, quelques décennies plus tôt ! C'est pourquoi, la démonstration étant faite, une solution appropriée finira certainement par être trouvée. C'est indiscutablement l'un des acquis ontologiques et philosophiques majeurs de l'humanité, d'importance au moins égale à la théorie de l'évolution de Darwin qui lui est d'ailleurs complémentaire.

Finalement, et en dépit de ses lacunes, la physique quantique constitue maintenant un ensemble opératoire efficace, mais dont on a oublié de déterminer les limites. Car inévitablement, comme toute construction humaine, elle doit en posséder ne serait-ce que par rapport à la relativité et au concept de temps. Or, bien que primordiale, cette question n'a pourtant guère suscité de débat depuis la querelle de Copenhague, laquelle n'était pourtant que la manifestation d'une sorte de péché de jeunesse. C'est pourquoi, malgré la longueur du chemin parcouru depuis cette époque déjà lointaine, peu de progrès ont été réalisés car, à quelques rares exceptions près, les physiciens préfèrent travailler *avec*, que *sur* la physique quantique, c'est-à-

1. Sur ce sujet, et pour en connaître les détails, on peut consulter la référence de la page 97.

dire sur sa signification. Si les raisons en sont multiples, l'une des principales est que, par ses mutations de formalisme ayant entraîné l'accès à toute une panoplie de moyens mathématiques aussi puissants que variés, cette théorie est parvenue à surmonter les nombreuses difficultés techniques rencontrées dans l'étude de la quasi-totalité des phénomènes découverts dans le microcosme. Mais elle a dû souvent recourir à des artifices extraits des mystérieuses propriétés attribuées à cet étrange et indéfinissable vide quantique, ce qui n'est absolument pas satisfaisant. Pourtant, fait essentiel, cela ne l'a pas empêché de faire un certain nombre de prédictions qui ont pu être vérifiées. Enfin, et c'est peut-être le plus important, jusqu'ici elle n'a pas pu être mise en échec, en dépit de quelques tentatives célèbres. C'est indiscutablement une réussite impressionnante. Toutefois, s'il est normal que, compte tenu de l'ampleur de son champ, la théorie quantique soit confrontée à des difficultés, en revanche il n'est pas acceptable qu'elle se voie *imposer* des extensions non effectivement justifiées, sinon par l'attribution arbitraire de vertus qu'elle peut ne pas posséder. Il apparaît tout de même paradoxal d'admettre l'existence d'un grand désordre, certes virtuel, au sein d'un vide quantique dont seraient cependant extraites des lois d'ordre, celles du microcosme comme celles de symétrie ou d'unification. Car si la mathématique le permet, la physique ne peut que mal s'en accommoder.

2. Les problèmes, les ambiguïtés et les lacunes de la théorie quantique

Si l'on exclut les difficultés proprement techniques, qui sont des affaires de spécialistes, les problèmes essentiels que pose la théorie quantique relèvent principalement du formalisme, des processus de mises en équation des problèmes, de l'interprétation des solutions et des possibilités de validation, c'est-à-dire de vérifications expérimentales, non pas des résultats mais des modèles *physiques* impliqués. Bien qu'il existe plusieurs axiomatiques, on a dit qu'elles sont équivalentes dans leur principe, sinon dans leurs applications qui dépendent des domaines étudiés. Aussi la première question qui se pose est-elle celle de la signification de la fonction quantique caractéristique, encore appelée fonction d'onde, ou vecteur d'état, selon le cadre choisi. Il est postulé qu'elle contient toute l'information caractérisant un état physique donné (plausiblement réel ou virtuel) du système considéré. Pour cela, elle fait intervenir un groupe de paramètres physiques, dénommé « observable maximale », lesquels sont censés le représenter au mieux. Mais le principe d'indétermination, qui appauvrit la description en restreignant le nombre de composantes aux seules coordonnées compatibles, a pour conséquence qu'il existe plusieurs observables maximales impliquant que la description ne peut pas être *unique*. D'ailleurs, pour Copenhague, cette fonction ne possède aucun caractère objectif.

Est-elle *complète* ? C'est précisément la question posée par Einstein et qui a été au centre du débat de Copenhague. L'axiomatique ne permet pas de répondre. Quant à l'expérience, en dépit de différentes tentatives, dont le célèbre paradoxe E.P.R., elle s'est, jusqu'ici, avérée incapable de trancher. En fait, c'est une question mal posée comme nous en discuterons dans le paragraphe suivant. De toute façon, la non-unicité de paramétrage de la fonction quantique et le principe d'indétermination jettent quelques doutes sur la représentativité *physique,* au sens du mésocosme, des modélisations qui pourraient en être déduites. Par exemple, la nature physique de l'atome d'hydrogène, dont l'existence n'est pas contestable, n'a certainement rien à voir avec sa schématisation quantique qui ne sert qu'à la mise en équation, mais convient mal pour les représentations dont, parmi d'autres, les orbitales électroniques asphériques.

Cela étant, le problème critique de la théorie quantique est celui de la mesure. Elle fait l'objet d'un axiome qui se traduit formellement par une opération étrange, dite « réduction du paquet d'ondes ». Cela signifie que, pour un système donné dans un état initial non précisé (il ne peut pas l'être avant une mesure ; sa fonction quantique présente donc un spectre de possibilités schématisées par le concept de paquet d'ondes[1]), l'opération « mesure » détermine – par une sorte de saut au mécanisme mystérieux qui semble violer l'axiomatique – le choix d'un élément, et d'un seul, au sein de ce paquet impliquant le caractère nécessairement probabiliste des résultats. D'où l'expression « réduction » qui correspond au seul axiome reliant concrètement cette théorie à la physique (voir p. 131, n. 1). Or on perçoit tout de suite la faille : d'une part, le formalisme ne donne pas de signification physique à la fonction quantique elle-même tandis que, d'autre part, une mesure est, et n'est strictement qu'une opération physique. Beaucoup a été dit et écrit sur ce sujet, en vain car les difficultés perdurent depuis les origines de la mécanique ondulatoire et aucun formalisme n'est parvenu à les réduire. Il ne le peut d'ailleurs pas sans changer le sens de la fonction quantique et, jusqu'à présent, toutes les tentatives ont été vouées à l'échec. En effet, c'est la relation entre l'axiomatique et la physique qui est en cause : la réduction correspond-elle, ou non, à quelque effet physique ? Si la réponse était positive, cela remettrait en question la nature de cette fonction. Et si elle ne l'était pas, c'est celle de la mesure qui serait impliquée. Or toute la physique est fondée sur ce concept alors que les deux processus ne convergent pas[2]. Ce qui montre bien que ce problème est intrinsèquement critique au regard de la signification de la théorie quantique.

Mais ce ne sont pas les seules objections. En effet, d'abord la réduction du paquet d'ondes est irréversible, propriété qui est pourtant étrangère au formalisme. Ensuite, c'est au caractère statistique de cette opération qu'est dû l'abandon du déterminisme, et non aux équations qui le vérifient. À ce sujet, on note

1. Leur linéarité a pour conséquence qu'une somme de vecteurs d'état est encore un vecteur d'état : c'est le principe de superposition.

2. La réduction du paquet d'ondes a lieu dans un espace de Hilbert alors que la mesure physique est faite dans un espace géométrique de représentation. L'analyse montre que la description d'une expérience quantique et celle de l'expérience physique correspondante sont opératoirement différentes (réf. p. 46).

le caractère paradoxal de la situation qui en résulte puisque, si l'évolution du système est causalement continue tant qu'il n'y a pas de mesure, elle cesse brusquement de l'être dès qu'il en subit une. Deux types de comportements qui sont totalement antinomiques. Pourquoi, et comment devrait-il en être ainsi ? Personne ne le sait, ce qui est fâcheux pour la logique propre de l'axiomatique. Enfin, cette opération n'est pas non plus covariante (relativiste). Trois incohérences majeures qui auraient, à coup sûr, impliqué le rejet de toute autre théorie. En fait, il semble qu'il faudrait déplacer ce problème à un niveau supérieur, celui d'une théorie généralisée de l'information de sorte que toute mesure puisse lui être rapportée.

Bien que ceux qui précèdent soient déjà suffisamment convaincants, d'autres arguments peuvent être développés. Considérons le problème de la non-localité, ou non-séparabilité quantique, qui ne résulte pas de l'axiomatique mais qui pourrait remettre en cause toute la description physique. En 1964, J.S. Bell a établi une relation indiquant comment sont reliées entre elles des moyennes de corrélations de mesures qui peuvent s'appliquer au microcosme. Ainsi, après avoir été soumis à des interactions internes, un système quantique est supposé se diviser en deux parties qui s'éloignent suffisamment l'une de l'autre pour devenir indépendantes, si l'on admet que la vitesse de la lumière limite leurs possibilités de communications. Dans chacune d'elles, un appareillage permet deux types de mesures locales mutuellement incompatibles sur lesquelles vont être faites des statistiques. Les valeurs moyennes de ces couples locaux de mesures permettent d'établir une inégalité indiquant comment sont reliées entre elles les moyennes de corrélations [1]. Or

1. Si P et Q, de valeurs respectives p et q, sont les paramètres mutuellement incompatibles en A, et si R et S, de valeurs respectives r et s, sont ceux de B, on montre que des séries de mesures doivent être telles que $|<pr>+<ps>+<qr>-<qs>| \leq 2$ (p, q, r, s, prenant les valeurs + ou -1). C'est l'inégalité de Bell (réf. p. 46, p. 152 *sqq.*).

il se trouve que, dans des circonstances quantiques bien particulières, cette inégalité (qui est généralement vérifiée) peut être violée. La question est alors de faire les mesures correspondantes, ce qui n'est pas facile.

Quelques expériences, réalisées dans les années quatre-vingt, ont semblé aller dans ce sens, impliquant qu'il existerait une incompatibilité entre la théorie quantique, la relativité et la localité, mais sans que rien impose de choix. Après bien des discussions, la tendance dominante a été de rejeter la localité, ce qui était la solution la moins pénalisante pour la physique. Et pourtant, toutes les observations et expériences sont locales et c'est l'équation différentielle qui fonde la plupart des théories de base de la physique, qu'il s'agisse des équations relativistes d'Einstein, ou de celles de Maxwell, comme d'ailleurs de celles de Dirac ou de Schrödinger. Ainsi notre description du monde ne serait-elle plus justifiée, ce qui semble tout de même prohibitif, d'autant que la causalité exige elle aussi la localité. Les physiciens n'ont évidemment pas manqué d'en débattre et de contester un certain nombre de données mais, selon moi, ces expériences ne prouvent rien. En effet, aucune autre expérimentation n'a encore confirmé ce résultat pourtant très discutable car il ne concerne que des mesures de taux d'erreurs de *corrélations*. Or celles-ci ne sont pas, en tant que telles, des faits *physiques* mais des suites de nombres mises en correspondance ; elles ne sont donc pas stricto sensu des « observables » au sens de l'axiomatique. De plus, ce sont elles qui ne sont pas locales. En dépit du fait qu'il y ait une anomalie dans la valeur moyenne par rapport aux prévisions, il n'en demeure pas moins que la seule information rationnelle que l'on puisse en tirer est qu'*il est instantanément possible de modifier des séquences distinctes de nombres aléatoires séparés par un vecteur relativiste du genre temps*, donc les corrélations les reliant. Et rien de plus, la seule invariance de l'aléatoire étant... l'aléatoire. On peut donc conclure que, à ce jour, il n'existe aucune *preuve expérimentale directe* impliquant l'abandon de l'un des trois termes du dilemme ci-dessus. D'ailleurs, si cela était, on devrait en percevoir quelques effets dans d'autres domaines des sciences, ce qui ne semble pas être le cas. Et quelles en seraient les conséquences pour l'unité de la connaissance ?

On pourrait citer d'autres éléments paradoxaux provenant, par exemple, du fait tout à fait curieux que la théorie quantique peut faire appel à des objets qu'elle ne définit pas. C'est, parmi d'autres, le cas de la fonction d'onde du « chat de Schrödinger », ou des « univers multiples » d'Everett et de l'équation primordiale de Wheeler-De Witt. Sans entrer dans les détails, indiquons brièvement que c'est la considération de leur fonction quantique d'univers qui est contestable, d'ailleurs ils se gardent bien de la définir car elle ne l'est pas [1]. Or toute description doit être constructiviste, ce qui semble impossible dans ces cas, sauf à être ultra-réductionniste, et encore ! Par exemple, que peut bien signifier une fonction d'onde « chat vivant » ou « chat mort » ? Et comment la représenter sinon par un *symbolisme totalement vide de sens physique* ? C'est, ici encore, une question d'information qui pourrait, elle aussi, connaître des discontinuités comme le suggérerait le problème de Bell. L'intérêt de ces exemples est de montrer qu'il s'agit manifestement d'un *abus* du formalisme quantique puisque le raisonnement fait intervenir un être mathématique, la fonction quantique, qui, outre le fait qu'il n'a pas de signification physique, n'est même pas mathématiquement opératoire. C'est l'une des raisons pour les-

1. Faire intervenir la décohérence, expression à la mode, ne change rien à l'affaire. Il s'agit d'une tentative d'explication de la discontinuité quantique, lors du passage du *microcosme* au *mésocosme*. Des propriétés spécifiques de la fonction d'onde (les interférences résultant de la superposition des différents états quantiques) seraient altérées, et même détruites, par suite des interactions avec l'environnement. L'information serait en quelque sorte lissée par le mésocosme en raison du grand nombre de particules qu'il contient. Ce qu'expliquerait d'ailleurs la loi des grands nombres. Cela confirmerait notre assertion concernant l'impossibilité de définir une fonction quantique mésoscopique possédant des capacités informationnelles suffisantes pour caractériser un système physique macroscopique.

quelles le problème de la signification de la théorie quantique est si embrouillé.

3. La théorie quantique ne peut pas être le microcosme

La mécanique de Newton est une théorie physique car son axiomatique parle de mouvement, de force, de masse, d'accélération... Même dans ses versions les plus élaborées, telles que celle de Hamilton-Jacobi, la physique reste présente. C'est une caractéristique du mésocosme. À l'origine, malgré un formalisme déjà abstrait car inhérent à la fonction d'onde, la mécanique ondulatoire conservait quelque rapport à la physique par l'intermédiaire des relations d'Einstein-de Broglie. Ce n'est plus le cas de la théorie quantique dont les axiomes ne parlent que de vecteur d'état, d'opérateur et d'observables, de valeurs propres... dans un espace de Hilbert, lequel n'a *rien de physique*. Ainsi qu'on l'a dit, c'est indiscutablement une *théorie mathématique*. Or un problème de sémantique perdure depuis les origines. En effet, les pères fondateurs ont parlé de « mécanique » ondulatoire, puis de « mécanique » quantique, ce qui a engendré une confusion entre celle-ci et la physique qui peut lui être associée, par analogie avec la mécanique de Newton qui fut à l'origine d'une grande partie de la physique classique. C'est pourquoi j'ai évité d'utiliser ces termes, sauf cas spécifique. Il convient donc de distinguer la *théorie* quantique de la *physique du microcosme*, l'une étant purement formelle alors que l'autre est une modélisation qui repose à la fois *sur* des données extraites de la première et *sur* des résultats expérimentaux. Par exemple, la mise en évidence de l'électron, de l'atome ou du noyau n'est en rien redevable à la théorie quantique puisqu'elle leur est antérieure. En revanche, c'est l'interprétation d'observations les concernant qui en dépend. C'est précisément une caractéristique du microcosme. Les sondages de plus en plus profonds dont il est l'objet exigent des constructions d'autant plus complexes que la théorie prend le pas sur l'expérience ; elle finit même par l'éliminer, par exemple avec la supersymétrie. Il s'agit d'une inversion opératoire dans la physique dont les conséquences n'ont pas été suffisamment analysées. Et l'on observe que si la théorie quantique est la plus efficace pour justifier les résultats, rien ne permet cependant d'en conclure qu'elle l'est également pour les représentations qui peuvent en être extraites. En fait, tout indique que c'est le contraire. Car on ne peut pas espérer décrire le contenu physique du microcosme en termes mésoscopiques, ne serait-ce que par suite de l'existence de la discontinuité sémantique dont nous avons parlé.

La question posée lors de la querelle de Copenhague concernait la complétude de la « mécanique ondulatoire », d'ailleurs confondue avec son expression « quantique », l'équivalence ayant été démontrée. Or, selon la distinction qui vient d'être faite, elle aurait dû se décomposer en deux sous-questions : « La théorie quantique est-elle complète ? » et « La description physique du microcosme peut-elle être complète ? ». La réponse à la première question est probablement indécidable en raison du caractère autoréférentiel du formalisme, comme nous allons le voir. On peut observer que, bien que sans conséquence pratique, c'est cependant elle qui exclut la description physique. Quant à la seconde, compte tenu des connaissances actuelles la réponse est très vraisemblablement négative à cause des difficultés signalées ci-dessus, notamment celles qui relèvent de l'opération « mesure » et de l'inconciliabilité quanto-relativiste, ce qui conduit à conjecturer qu'une théorie plus générale est indispensable. Je veux dire une théorie authentiquement nouvelle, reposant sur une axiomatique bien construite, et non les quelques bricolages actuels. La difficulté est que l'on ne dispose probablement pas encore des outils théoriques pour y parvenir. Il me semble que c'est une théorie généralisée de l'information (plus vaste que celles qui sont dérivées de Shannon, Weaver, Brillouin) qui devrait fournir une voie nouvelle de recherche.

Venons-en à l'autoréférence du formalisme. La fonction quantique n'est pas une donnée primitive, elle doit être construite, et l'être *effectivement* pour être utilisable. Comme elle appartient à un espace de Hilbert, qui n'est pas un espace physique, elle ne peut avoir aucune « réalité », c'est-à-dire être une grandeur physique (seul le carré de son module représentant une densité de probabilité). Elle est cependant censée contenir toute l'information caractéristique du système physique qu'elle est supposée représenter. Mais comment peut-elle mettre en œuvre une observable maximale d'un espace qui n'est pas le sien alors que c'est sur elle que vont avoir lieu toutes les opérations mathématiques conduisant aux possibles interprétations physiques ? Le problème est précisément de déterminer le poids des hypothèses nécessaires pour la construire. En fait, *le paradoxe quantique est que toute la signification physique de l'axiomatique ne relève que d'une fonction maîtresse n'ayant de sens qu'à travers les mathématiques.*

Pour établir cette fonction, le physicien doit se fixer des données de départ qui sont les constituants, les interactions et quelques éléments structurels du système à étudier. Il ne peut que les inférer de l'expérience alors que celle-ci implique nécessairement l'intervention de la théorie pour être interprétée. Il y a donc inévitablement circularité et, si le processus itératif converge rapidement dans les cas simples, rien n'indique qu'il doit en aller de même dans les situations plus complexes. De plus, l'existence de plusieurs solutions n'étant pas à exclure, la « valeur physique » de la limite de convergence reste hypothétique et le plus souvent fondée sur le critère de vraisemblance. Mais que signifie-t-il exactement dans le microcosme où rien n'est visible ? En fait, il y a nécessairement des hypothèses de raccordement qui, n'étant pas des données immédiates, ne peuvent physiquement pas être neutres, la renormalisation en étant un bel exemple. Enfin, même si tous ces obstacles étaient levés, il resterait encore une difficulté : on ne peut pas écrire la fonction quantique sans inévitablement recourir à des données primitives (des prémisses fondatrices [1]) qui, par essence, ne peuvent

1. Pour des détails sur cette question, on peut consulter la référence de la p. 46, dont les discussions qu'elle contient sur la méthode scientifique.

que rester hypothétiques. Et elles sont nombreuses puisque cela peut aller de tous les facteurs de phase (non physiques par nature, donc arbitraires) aux expressions analytiques des densités lagrangiennes des superthéories, en passant par les choix des jauges et des groupes de symétrie, sans omettre les étranges et multiples propriétés, mécanismes et schémas de l'inépuisable et miraculeux vide quantique. Là encore, de telles situations seraient totalement inadmissibles s'il ne s'agissait pas de la théorie quantique.

Remarquons encore que l'axiomatique quantique est construite sur le concept d'énergie, ici l'hamiltonien, qui est un invariant propre du système physique considéré (bien que son expression relève du choix d'un référentiel). On a dit que ce formalisme doit sa remarquable efficacité au fait que, s'agissant d'un scalaire, celui-ci ne dépend pas de l'espace dans lequel il est utilisé. Comme nous l'avons vu, les équations de Hamilton et la nature de l'équation de Jacobi permettent d'écrire l'énergie totale en termes de couples de coordonnées généralisées, lesquelles peuvent être interprétées en tant qu'opérateurs. Le « diabolisme » de la méthode quantique est d'avoir utilisé ceux-ci pour transformer l'hamiltonien lui-même en un opérateur, son caractère scalaire permettant son emploi dans d'autres espaces que celui du système physique. C'est précisément ce qui est fait avec l'espace de Hilbert, la question étant de savoir à quoi correspond cette application aux vecteurs qui le composent. Et l'on retrouve la question ci-dessus, celle de la signification de la fonction quantique, exprimée ici sous forme de vecteur d'état. La correspondance géométrique entre l'espace de Hilbert et celui de la physique est donc libre, ce qui est précisément à l'origine de l'efficacité de ce formalisme. Mais elle a un prix : la capacité de *description géométrique* de l'axiomatique quantique, qui appartient à l'espace de Hilbert, est *nulle* dans l'espace qui est le nôtre.

La physique du microcosme et le réel : une question ouverte

En dépit de ses considérables succès, et bien que la théorie quantique semble permettre de « numériser algorithmiquement » les phénomènes du microcosme – après en avoir anticipé quelques-uns –, elle n'est cependant pas capable de les analyser en tant que tels, ni d'en donner une description équivalente à celle de la physique du mésoscome (« équivalente » ne signifiant pas nécessairement « en termes de »). Tout ce qui précède tend d'ailleurs à montrer que cette incapacité, dont l'indéterminisme probabiliste, est inhérente à son axiomatique donc inéluctable en son état présent. Selon la perception standard de la *physique* quantique actuelle, le microcosme se réduirait à un ensemble de champs quantiques relativistes dont la dynamique des interactions déterminerait les effets physiques, aidée en cela par les étranges propriétés du vide quantique. Ainsi ces champs, pourtant êtres mathématiques par essence, seraient en quelque sorte, et de façon quelque peu paradoxale, « la réalité » en ce sens que leurs irrégularités correspondraient aux particules car, transportant de l'énergie et de la quantité de mouvement, champs et particules ne seraient finalement que les manifestations complémentaires d'une seule et même entité. Bien que suffisamment vague pour se prêter aux adaptations selon les besoins, cette représentation amalgame pourtant de manière opportuniste mathématique et physique en fonction des nécessités (dont les étranges brisures de symétrie emboîtées), parvenant ainsi à quelques succès, notamment pour ce qui concerne les forces d'échange – consécutives à l'identité rigoureuse des particules du microcosme dont résulte, par exemple, la diversité chimique du mésocosme. Mais n'étant pas fondée sur des données physiques objectivables puisque les champs ne sont pas observables, elle ne peut être qu'une vision théorique qui, à ce titre, présente un vice rédhibitoire : la mathématique sur laquelle elle repose n'est pas « convenable » au regard de la rigueur propre à cette discipline, la pseudo-compatibilité quanto-relativiste étant indiscutablement aussi ad hoc que partielle, car ne se rapportant qu'aux équations et non aux principes de base. De plus, la croissance exponentielle de la complexité des calculs devient inquiétante tant pour la compréhension de l'univers que pour sa « beauté », critère certes non rationnel mais cependant essentiel pour le grand physicien que fut Dirac, et pour quelques autres.

Cela étant, le fait que la théorie quantique ignore le réalisme physique n'implique pas leur mutuelle incompatibilité, et c'est précisément ce qui rend l'évaluation de sa pertinence si difficile. Pourtant, la discussion qui précède montre que, dans les conditions les plus favorables, la physique quantique ne peut tout au plus que correspondre à une expression asymptotique de la physique du microcosme. Pour illustrer notre propos, c'est-à-dire la faiblesse de la représentation quantique, considérons le cas du modèle standard. Bien que descriptif et prédictif, celui-ci n'est pas interprétatif au sens du mésocosme car, pour être opératoire, il exige l'introduction de tout un groupe d'hypothèses de base, qu'il s'agisse aussi bien, par exemple, des règles qui régissent des champs quantiques que des constantes fondamentales, ou de l'échelle des masses, et d'autres facteurs non dépourvus d'arbitraire. Ce modèle n'explique donc pas l'origine et la nature des paramètres des constituants de base, ni pourquoi il en est ainsi. Et encore, sa description est-elle sujette à discussion comme le montre, parmi d'autres, la question suivante : le quark existe-t-il ? Deux réponses sont possibles car il existe deux logiques relatives à deux points de vue qui sont plausibles, bien qu'étant opposés. L'une, qui postule sa réalité au sens du mésocosme, doit cependant admettre que la nature des interactions auxquelles participe le quark empêchera toujours de l'isoler, donc d'espérer quelque objectivation, par exemple de type électronique. L'autre ignore cette possibilité car, pour elle, ce n'est qu'un objet mathématique dont la seule raison d'être est de justifier un principe d'explication (« tout se passe comme si... »).

Et il est impossible de réfuter logiquement l'une ou l'autre de ces deux positions. Car la théorie de Gell-Mann explique les hadrons à partir de l'hypothèse du quark, mais en aucun cas elle ne démontre son existence en tant qu'objet réel, détectable et physiquement caractérisable. D'ailleurs la contingence de certains de ses paramètres ne le permettrait pas. Elle classifie, et c'est tout. Cela ne l'a cependant pas empêché de prédire des faits qui ont été vérifiés, ce qui n'apporte pourtant rien à la question posée, l'aspect théorique étant prédominant dans le modèle standard.

Dans ces conditions, que devient ici le concept de « réel » ? Puisque les éléments qui le constituent ne sont pas « visibles », mais seulement « perceptibles » à travers tout un ensemble de techniques complexes mêlant itérativement l'expérience et la théorie, la *connaissance* de ce réel ne peut être que d'une nature tout à fait différente de celle du mésocosme. Et même quand il y a convergence, celle-ci n'est pas exonérable d'une marge d'incertitude d'autant que l'unicité du résultat ne peut pas être démontrée. C'est ainsi que toutes nos informations concernant les particules élémentaires reposent finalement sur des modèles théoriques compliqués et l'on ne perçoit pas, ou mal, quels rapports pourraient exister entre ces objets mathématiques créés par l'homme et quelque réalité que ce soit. Pourtant, en dépit de ces restrictions, celle-ci n'est pas contestable car la mise en évidence d'éléments peuplant le microcosme est avérée, au moins jusqu'au niveau nucléonique, en tant qu'elle repose effectivement sur des concepts physiques et des données objectives, même si leur représentation reste inaccessible. C'est ce que démontre, par exemple, toute la physique nucléaire : un réacteur ou un accélérateur de particules en sont des preuves concrètes. Au-delà, le poids de la spéculation croît en fonction inverse de la dimension de sorte que la convergence itérative peut prêter à discussion, et même à controverse comme c'est, par exemple, le cas pour l'élémentarité (qu'est-ce qu'une particule élémentaire ?) ou la gravité quantique. On peut d'ailleurs s'interroger sur l'éventualité de limites d'application des lois physiques que nous connaissons. En effet, les possibilités de sondage actuelles du microcosme font que, pour des distances inférieures à 10^{-18} mètre et des intervalles de temps n'excédant pas 10^{-14} seconde (précision limite des étalons), rien n'est certain puisque rien n'est concrètement expérimentable. Dans ces conditions, toute assertion est conjecturale, particulièrement lorsque l'on s'approche des conditions de Planck[1] jouant un rôle charnière dans l'hypothèse du big bang. D'autant que certains physiciens, dont Max Born, n'hésitent pas à contester l'existence d'une physique en deçà de ces valeurs.

L'analyse qui précède montre donc les difficultés d'interprétation physique de données n'appartenant pas au mésocosme. C'est pourquoi nous avons dit qu'il doit exister plusieurs formes de connaissance, celle du réel microcosmique étant de nature différente de celle du mésocosme car il n'y a probablement pas de rapport d'homothétie entre les deux, l'une ne semblant pas se déduire de l'autre. Et cela, en dépit de la cohérence hiérarchique de constitution des composants de l'univers : si celle-ci est un fait, la connaissance que l'on peut en avoir en est un autre, les rapports entre les deux dépendant aussi bien de l'échelle que des moyens d'investigations car il s'agit d'abord d'une question anthropocentrique. Or en l'état présent, ce réel microcosmique ne peut être qu'une émanation de la théorie physique donc, lui étant associé, il est relatif, c'est-à-dire dépendant du progrès de la connaissance, et l'on peut espérer qu'une

1. C'est une échelle d'étalons naturels extraite des constantes universelles de la gravitation **G**, de Planck **h**, et de la vitesse de la lumière **c**, supposées unitaires. Elle permet de définir des unités fondamentales qui sont : la longueur de Planck l_p=1,62 10^{-35} mètre ; le temps de Planck t_p= 5,39 10^{-44} seconde ; la masse de Planck m_p=2,18 10^{-8} kilogramme-masse, soit l'énergie équivalente E_p =10^9 joules (1,22 10^{28} électronvolts, ce qui est considérable). Avec la constante de Boltzmann, on peut y ajouter la température de Planck soit T_p=1,42 10^{32} degrés Kelvin. Ce sont elles qui sont les références dans le modèle du big bang.

synthèse quanto-relativiste devrait aussi bien en renouveler les termes que les données de base le concernant. À ce propos, certains se posent des questions sur la « redoutable efficacité des mathématiques », assertion sur laquelle nous reviendrons au chapitre 6.

Pour conclure remarquons que si, après tant d'années, la nature et la justification des hypothèses de base de la théorie quantique restent des thèmes de discussion, ainsi que la question de son interprétation, c'est probablement parce qu'elle doit contenir quelque source interne d'indécidabilité. Et si le réalisme physique est hors de sa portée, répétons une fois encore que rien ne permet d'en déduire que la théorie quantique, et la physique qui lui est associée sont les formes ultimes d'expression du microcosme au regard de la connaissance humaine. Nombre de données sembleraient plutôt indiquer l'inverse, notamment l'incompatibilité quanto-relativiste et quelques-unes de ses caractéristiques qui ne manquent pas de relever du paradoxe, dont ses rapports à la réalité à travers l'opération de mesure et de réduction du paquet d'ondes. Il est tout de même curieux, et troublant, de constater l'échec de tous les travaux ayant tenté de résoudre cette énigme.

Cela n'a certes pas empêché les utilisations de cette théorie, mais quelques conséquences non nécessairement justifiées en ont été déduites. C'est ainsi que, si elle n'a pas rendu obsolètes nos conceptions de l'espace et du temps, elle les a tout de même brouillées : par exemple, comment concilier le principe d'indétermination et la continuité de l'espace-temps relativiste ? Et, fait beaucoup plus inquiétant, elle confère de plus en plus une importance devenue démesurée aux structures et représentations mathématiques qui finissent par se substituer à celles de la physique. Car la redoutable efficacité de la théorie quantique tient d'abord au fait qu'elle est réductible à un algorithme généralisé permettant des calculs formels sur des éléments formellement définis. Mais le microcosme peut-il ressembler à ce que prétend décrire ce formalisme qui ne peut se départir d'approximations physiques parfois conséquentes ? Cette puissance trompeuse présente le risque de favoriser l'utilisation des méthodes calculatoires les plus complexes pour finir par étudier des problèmes qui ne s'y prêtent pas, ou pis, ceux qui sont ne le nécessitent pas ! C'est l'un des dangers du développement des supercalculateurs qui font perdre de vue que la physique doit rester une science de la nature et non devenir une construction ésotérique dans quelque espace abstrait, aussi subtil soit-il. C'est pourquoi une réflexion sur ces sujets est devenue nécessaire.

Chapitre 5

Le mégacosme et la relativité générale

Bien que nos ancêtres aient scruté le ciel depuis les temps les plus reculés, le concept d'univers n'est pourtant pas une donnée intuitive, comme le montre la diversité des courants de pensée qu'a connue l'histoire. C'est pourquoi il doit être construit à partir de nos possibilités d'observation et d'analyse des phénomènes naturels, lesquelles dépendent de la technologie dont l'une des fonctions principales devrait être de les faire progresser, tout en les diversifiant. Il faut cependant tenir compte de trois contraintes primitives qui limitent de manière drastique le champ des possibles. D'abord, le monde étant unique, la généralité de toute vision globale le concernant est nécessairement restreinte par l'absence de tout autre référentiel de comparaison. Par exemple on ne peut répondre à des questions telles que : aurait-il pu être autrement ? et si oui, comment et pourquoi ? Ensuite, l'observateur en faisant partie, certains problèmes d'autoréférence ne peuvent être évités, par exemple celui de Protagoras d'Abdère[1] pour qui « de toutes choses, l'homme est la mesure », « mesure » risquant singulièrement de fausser certaines interprétations. Enfin, l'expérimentation directe, qui constitue l'un des fondements de la physique, n'y est pas possible en dehors de l'environnement circumterrestre proche. Et

1. Cité par Socrate dans le *Théétète*.

encore ! Car il n'est accessible que depuis très peu de temps et les moyens d'action restent sommaires. Aussi, la connaissance rationnelle risque-t-elle de ne pas toujours y trouver son compte face aux ancrages historiques et sociologiques des spéculations de tous ordres.

La cosmologie, discipline d'origine récente, s'est fixé pour objet l'étude générale de l'univers. Mais le sujet est trop vaste et polymorphe, surtout avec les technologies actuelles, pour en faire une science monolithique parfaitement structurée. C'est pourquoi elle se divise en plusieurs domaines dont, jusque vers le milieu du siècle, l'astronomie et l'astrophysique furent les principaux représentants. Si elles fournirent la plupart des matériaux de base des premières modélisations, qui se fondent sur la relativité générale, celles-ci demeurèrent sommaires car la part de la théorie y a toujours été importante alors que les moyens de calcul restaient tout à fait limités. Aujourd'hui, la situation est totalement différente puisque, outre les incessants progrès des supercalculateurs et des théories qu'ils permettent d'exploiter, on maîtrise toute une vaste gamme de nouveaux systèmes d'observation et de détection multispectraux, ainsi que de puissants vecteurs spatiaux capables d'aller explorer les confins du système solaire. Et même d'en sortir comme ce fut le cas, en 1983, de la sonde Pioneer 10 lancée le 3 mars 1972, et qui se dirige vers la constellation du Taureau. Trois autres engins la suivent dont les célèbres Voyager 1 et 2 qui ont donné à la Terre de si belles images de nos planètes lointaines. Si ces résultats sont certainement infinitésimaux au regard des dimensions cosmiques, ils représentent pourtant pour l'humanité une avancée considérable : elle en a énormément plus appris sur l'univers en quelques décennies que durant les quelques millénaires qui nous séparent des premiers scrutateurs célestes que furent les Chaldéens et les Égyptiens. La moisson est telle qu'elle a conduit à l'apparition de disciplines nouvelles comme, par exemple, l'étude de la matière sombre et celle des milieux interstellaires, ou les astronomies X et gamma. C'est ainsi qu'est née la cosmophysique, ou physique de l'univers.

Si l'on postule que celui-ci obéit à des lois de type mathématique, condition indispensable pour faire une synthèse de tous ces résultats et pour les interpréter, la première question qui se pose à cette discipline nouvelle est celle de leur recherche et de leur recensement. Nous y reviendrons. Mais observons déjà que si ce n'était pas le cas, il n'y aurait pas de cosmophysique. Remarquons également que les propriétés du cadre, celles de la structure « univers », doivent être bien particulières pour permettre sa dynamique et son évolution, ainsi que l'unité de sa constitution dans la diversité de ses hiérarchies telles qu'elles nous apparaissent. L'isotropie et l'homogénéité (principe cosmologique), qui semblent bien vérifiées au plan global, impliquent des symétries et des invariances devant jouer un rôle fondamental car elles font fonction de sévères règles de sélection. De façon analogue, pour que toute modélisation de l'univers permette la « mesurabilité » de son contenu, certes au sens anthropocentrique du terme, il faut que celui-ci implique certaines propriétés restrictives de compacité de nature algébrique.

Faute d'expérimentations et d'éléments de comparaison, ce sont les capacités explicatives et prévisionnelles qui, avec la cohérence et la plausibilité, constituent les critères rationnels de validation. Et si la relativité générale a fait de l'univers un sujet scientifique à part entière, donnée tout à fait nouvelle, l'objectif ne peut être que l'élaboration d'un modèle standard qui, comme dans le microcosme, est celui rendant le mieux compte d'un maximum de données mais qui, étant partiel et perfectible ou modifiable, reste provisoire. Il ne représente donc probablement pas quelque réel que ce soit, au sens du mésocosme, mais tout au plus une projection floue et déformée d'une plausible réalité. Il devrait également vérifier le critère de falsifiabilité, au sens de Popper, ce qui n'est que partiellement vrai aussi bien dans le cas du big bang que pour les modèles cosmologiques relativistes, car l'absence d'expérimentation directe est un sévère handicap. Pourtant, compte tenu des résultats acquis, des progrès à prévoir et des enjeux pour l'humanité, on peut être assuré de la part croissante que prendront les sciences de l'univers dans les temps à venir.

La relativité générale et la modélisation cosmologique

La relativité générale est à l'origine des premières modélisations rationnelles du mégacosme. Elle ne doit cependant pas plus être confondue avec lui que la théorie quantique avec le microcosme, bien que ce soit pour des raisons différentes. Parmi d'autres, l'une des plus importantes est que si elle semble adaptée à la description du cadre, encore que bien des incertitudes persistent, en revanche c'est la représentation du contenu qui, jusqu'ici et en dépit de nombreux efforts, lui a échappé. Comme on l'a dit, la recherche de la covariance généralisée, c'est-à-dire celle de l'indépendance de la formulation des lois physiques par rapport au mouvement du référentiel, a conduit Einstein au principe d'équivalence. C'est pourquoi la relativité générale est d'abord une théorie de la gravitation, force qui détermine le comportement et la structuration des constituants cosmiques à grande échelle. De ce fait, elle est nécessairement associée à toute modélisation, ce que permettent les équations du champ d'Einstein si, d'une part, une représentation acceptable du contenu physique peut être formalisée et si, d'autre part, elles peuvent être résolues moyennant des approximations recevables. Ce sont de telles solutions qui fournissent un cadre théorique dont on recherche la meilleure adaptation aux données physiques et aux nécessaires possibilités de calcul qu'elles impliquent. Pourtant, depuis les origines la plupart des solutions susceptibles de représenter les particules ont été testées, jusqu'ici en vain car avec des descriptions de type champs gravitationnels et électromagnétiques c'est le passage au discontinu, c'est-à-dire au corpuscule, qui pose des problèmes que l'on ne parvient pas à résoudre. En revanche, l'introduction ex abrupto de champs quantiques offre une perspective, bien que la justification demeure une énigme et qu'elle n'aille pas non plus sans soulever quelques questions de principe et d'applications ; c'est une possibilité dont le caractère ad hoc heurte la cohérence, ce qui n'est pas en faveur de sa vraisemblance en dépit de certains succès. Finalement, pour l'interprétation, de tels artifices ne font que déplacer les difficultés sans les résoudre de sorte que les relations entre ces modèles et une plausible réalité restent pour le moins problématiques.

Pour revenir au cadre, les premières études d'Einstein ne visaient qu'à intégrer la gravitation et l'électromagnétisme – les forces nucléaires n'étant pas encore suffisamment connues pour être prises en considération –, aussi apparut-il qu'un espace-temps courbe de type riemannien à quatre dimensions devait pouvoir suffire. On a dit que ses propriétés dépendaient de son contenu matériel, donc qu'un tel espace ne pouvait avoir aucun caractère absolu. De fait, c'est la solution extraite des équations du champ qui en précise les caractéristiques, en fonction des hypothèses faites. Mais comme les possibilités sont nombreuses, aucune solution générale physiquement satisfaisante n'étant connue, la question du choix se pose car on ne dispose pas de méthode exhaustive pour en décider. Il existe cependant deux classes de solutions, selon qu'elles dépendent, ou non, du temps. Ce fut précisément la grande erreur d'Einstein qui, dans les années vingt, ne s'intéressa qu'aux modèles stationnaires, passant ainsi à côté de la découverte de l'expansion près d'une décennie avant sa mise en évidence par Hubble. C'est un cas exemplaire du poids des a priori sur l'interprétation rationnelle.

Depuis que la dynamique de l'univers est avérée, ce sont les modèles intégrant le temps qui retiennent l'attention, la difficulté étant que le nombre de variantes topologiques possibles est indéterminé. Ce sont donc des critères de nature physique qui doivent assurer la sélection. Différentes solutions sont possibles, mais peu sont plausibles. Pourtant les cas exotiques peuvent permettre de préciser certaines données, par exemple les modèles statiques d'Einstein et de De Sitter montrant la possibilité d'espaces fermés de type courbe présentent quelques propriétés qui sont à prendre en considération, notamment celles qui concernent l'absence de bord car les conditions limites sont le plus souvent des sources de problèmes. Il existe également des structures originales telles que celle de Sokolov et Schvartsman qui ont étudié un miniunivers hypertorique (une géométrie toroïdale tridimensionnelle) de dimensions inférieures à celle de l'horizon. Si les rayons lumineux émis par une seule galaxie subissaient des réflexions multiples en voyageant dans l'hypertore, celle-ci serait observée plusieurs fois, créant ainsi l'illusion d'amas, de superamas... Ce serait une explication plausible de la structure de l'univers observée à grande échelle car elle serait compatible avec différents autres phénomènes, dont le principe de Mach. Et comme la métrique, ou plus précisément la topologie, ne paraît pas observable, la réfutation d'un tel modèle n'est pas évidente, d'autant que la précision des arpentages cosmiques décroît notablement avec l'éloignement.

On a dit que la gravité ralentit les horloges, c'est-à-dire que leur indication dépend de leur état dynamique relativement aux différents témoins. Or pour traiter des propriétés caractéristiques de l'univers telles que la constante de Hubble, ou la densité moyenne du fluide cosmique et la température du rayonnement résiduel, encore faut-il que leurs valeurs mesurées ne dépendent pas de l'observateur. Ce que permet une propriété remarquable découverte par Robertson et Walker qui, par des considérations théoriques fondées sur l'étude des symétries spatio-temporelles inhérentes au principe cosmologique, ont montré qu'il est possible de synchroniser des horloges le long de lignes d'univers caractéristiques (orthogonales aux sections spatiales homogènes). On peut ainsi définir un temps universel commun à tous les observateurs, qui n'est d'ailleurs autre que le paramètre de l'expansion[1]. Celle-ci se traduit, en effet, par un facteur universel d'échelle dépendant du temps, appelé improprement rayon d'univers car la géométrie n'est pas nécessairement sphérique. En fait, il représente la distance moyenne entre les galaxies. Il n'est naturellement pas en contradiction avec les temps propres des différents référentiels[2]. C'est l'existence de ce paramètre qui donne tout leur intérêt aux solutions relativistes dites de Friedmann-Lemaître qui représentent trois structures d'univers : ouverte (spatialement non limitée à courbure négative et à durée de vie infinie), fermée (à courbure positive et à durée de vie finie), plate (c'est-à-dire à courbure nulle, donc de type euclidien, qui est le cas limite entre les deux précédents, sa durée de vie étant infinie). Ce sont les modèles de base car ils expliquent assez bien de nombreux phénomènes et, sous certaines conditions, ils prévoient une singularité temporelle initiale (temps nul pour un rayon d'univers nul) ayant conduit à l'idée du big bang.

Les deux aspects les plus remarquables de la modélisation relativiste du cadre de l'univers sont, d'une part, sa simplicité et, d'autre part, sa cohérence. En effet, moyennant un nombre très restreint d'hypothèses élémentaires, on peut rendre compte de quantité de données traduisant la complexité structurelle et le fonctionnement de la machine cosmique. C'est, par exemple, le cas pour son histoire, avec le big bang pour

1. La décroissance du fond thermique cosmique doit, selon le principe cosmologique, être commune à tous les observateurs. En théorie, mais en théorie seulement, elle est donc équivalente à une horloge universelle, comme d'ailleurs la décroissance de la densité du fluide cosmique consécutive à l'expansion.

2. Les champs gravitationnels locaux modifient le temps propre d'un observateur local mais celui-ci lui reste spécifique. La définition du temps cosmique est statistique et globale ce qui est compatible avec les mouvements locaux autonomes. Ainsi, pour l'*ensemble* de l'univers, les observateurs sont statistiquement *spatialement* équivalents, mais ne le sont pas *spatio-temporellement*.

origine, en dépit de difficultés qui subsistent mais qui ne paraissent pas rédhibitoires. C'est également vrai pour l'unicité de formalisation de la gravité, pour la définition d'un temps universel sans lequel se seraient posés d'insolubles problèmes de cohérence des observations, pour le principe de relativité généralisé et le principe cosmologique qui assurent l'universalité de la science... Et il en va de même pour les sources d'énergie et leurs processus de transformation sans lesquels rien n'aurait été possible car l'univers est d'abord un fantastique convertisseur d'énergie-matière qui, d'une façon particulièrement efficace et harmonieuse, unit le mégacosme au microcosme, comme nous en avons discuté. Pourtant, ces remarquables succès ne doivent pas masquer l'existence de plusieurs questions critiques dont celle de la formalisation du contenu et du devenir du système dans son ensemble. De plus, il se pose également celle des rapports de la cosmologie relativiste avec la réalité. Nous y reviendrons.

La gravité

Puisque seule une infime partie de l'univers nous est accessible, on ne peut pas espérer l'étudier et le comprendre si l'on n'admet pas l'universalité des lois découvertes localement et la répétitivité de ses structures et de leurs constituants tels qu'ils nous apparaissent. Dans les conditions d'observation dont nous disposons, on a dit que quatre types distincts d'interactions, c'est-à-dire de forces, suffisent pour rendre compte de l'ensemble des phénomènes connus. Et si, sur le plan théorique, la grande unification est parvenue à en réunir trois d'entre elles (l'électromagnétisme et les forces nucléaires forte et faible) dans un même cadre, ce qui est un résultat remarquable, la gravité reste rebelle à la superunification, c'est-à-dire à une unification totale. Cela, en dépit de tentatives telles que la supergravité[1] qui n'ont, jusqu'ici, absolument aucune justification expérimentale, alors que leur inexplicable complexité ne peut que les rendre suspectes. Il s'agit d'un problème difficile qui est lié à la non-renormalisabilité de cette interaction. Ce sont des questions techniques provenant du terme de couplage[2] qui font que le développement analytique impliqué par cette opération ne converge pas, montrant ainsi la singularité de la gravité, du moins dans la vision totalement géométrisée qu'en propose le modèle einsteinien.

Contrairement aux autres interactions, cette force s'applique à tous les éléments physiques connus – énergie massique comprise, impliquant que, par exemple, elle agit sur la lumière. De plus, et à l'inverse de l'interaction électromagnétique, la gravité est toujours attractive[3] alors que ce sont les deux seules forces à longue portée, obéissant d'ailleurs à la même loi spatiale de variation en fonction de l'inverse du carré de la distance d'action. C'est une propriété analytique remarquable, bien qu'il

1. On a dit que la supersymétrie associe les fermions et les bosons en supermultiplets. Il existe plusieurs possibilités caractérisées par un nombre N représentant le nombre de termes de champs des matrices colonnes introduites dans l'expression de la densité lagrangienne. Il est, en fait, associé au nombre de particules de spin 3/2. Pour des questions techniques, il ne peut que varier de 1 à 8. Dans le cas N=1, la supergravité est liée à la supersymétrie par le graviton, de spin égal à 2, et le gravitino de spin 3/2. C'est pour N=8, avec un espace à onze dimensions – dont quatre d'espace-temps, les autres étant compactées ($R \sim 10^{-35}$ mètre) –, que l'unification est la plus simple, mais non satisfaisante par suite d'importants problèmes irrésolus. Les cas les plus favorables semblent être N=1, à dix dimensions, ou N=2, à six ou dix dimensions, bien qu'ils conduisent, eux aussi, à des difficultés techniques. On ne connaît donc pas encore de solution satisfaisante, en dépit des progrès apportés par les théories des cordes et, plus encore, des supercordes.

2. J'ai discuté cette question dans la référence citée p. 46 (p. 51-52).

3. Certaines théories supposent que, dans des circonstances extrêmes ou limites, c'est-à-dire tout à fait particulières, une forme d'antigravité pourrait se manifester, ce que rien jusqu'ici ne justifie expérimentalement.

soit clair que, si ce n'était pas le cas, leur rapport dépendrait de la distance. Un autre de ses attributs spécifiques est sa très faible [1] intensité, déterminée par sa constante de couplage, qui a pour conséquence que, compte tenu de son caractère additif, son action ne se fait véritablement sentir que sur des ensembles de dimensions suffisantes, ce qui est naturellement le cas cosmique, ou dans des situations limites extrêmes dont le big bang. Il s'agit d'une condition indispensable pour que cette interaction puisse effectivement devenir dominante à grande distance. Ainsi existe-t-il une sorte de seuil critique d'accumulation massique de dimensions cosmiques qui, en fonction de certaines caractéristiques encore mal connues, va évoluer gravitationnellement vers la formation d'étoiles et de groupements tels que les galaxies, les amas ou les superamas. Mais si toutes ces phases ne sont pas encore comprises, en revanche leur origine gravitationnelle ne semble pas faire de doute. Les propriétés caractéristiques de la gravité lui permettent donc d'ordonnancer le mégacosme dans son ensemble, et de rendre compte de toutes ses structures, déterminant de façon dominante son évolution comme celle des étoiles. En effet, c'est le confinement gravitationnel qui amorce les processus de fusion thermonucléaire transmutant la matière protonique primitive en noyaux plus lourds, donc qui gouverne les différentes phases de la vie d'une étoile. De même

1. La constante gravitationnelle a pour valeur $G=6{,}67\ 10^{-11}\ m^3.kgm^{-1}.s^{-2}$, laquelle rend cette interaction suffisamment faible pour que, aux énergies usuelles, elle ne joue pratiquement aucun rôle aux niveaux corpusculaire ou atomique et moléculaire. Par exemple, si l'électron de l'atome d'hydrogène n'était lié que gravitationnellement au proton, le rayon moyen de la première orbitale de Bohr serait équivalent à celui de l'univers connu ! Ce n'est plus le cas à partir des conditions de Planck (voir p. 172, n. 1) car la relation distance-énergie massique fait que la gravité quantique devient dominante. À l'autre extrémité du spectre dimensionnel, elle régit les structures de l'univers dont la masse de matière lumineuse totale est de l'ordre de 10^{53} kgm (soit $\sim 10^{80}$ particules pour une énergie équivalente voisine de 10^{70} joules), son étendue étant estimée à une quinzaine de milliards d'années-lumière (1 année-lumière, ou Al, a pour valeur $9{,}461\ 10^{15}$ mètres).

pour ce qui concerne l'origine des inflexions transformationnelles plus ou moins brutales que celle-ci peut connaître, telles que les explosions de supernovae ou les effondrements gravitationnels.

Cela étant dit, la constante gravitationnelle soulève quelques questions de fond. On ignore ce qui, physiquement, pourrait déterminer sa valeur, comme d'ailleurs celle des autres constantes fondamentales. On ne sait pas non plus si celle-ci dépendrait de l'âge de l'univers, c'est-à-dire du temps. Comme toute vérification est exclue à l'échelle humaine, seules des spéculations sont envisageables. Il serait également instructif de savoir si les différentes constantes fondamentales[1], sur lesquelles reposent les théories physiques actuelles, sont réellement sans liens réciproques, la question de leur indépendance ayant intrigué aussi bien Dirac que Feynman, ainsi que quelques autres physiciens théoriciens. Elle est d'autant plus essentielle que l'on ignore encore aujourd'hui combien il faudrait de telles grandeurs indépendantes pour décrire l'univers. Et l'on ne sait pas non plus si leurs valeurs numériques pourraient, ou plus exactement devraient être fournies par la théorie, ou si elles relèvent d'un certain arbitraire, par exemple pour des questions d'homothétie. Sur le plan de la connaissance, la question posée est de toute première importance puisque ce qui est en cause est la perception du concept de « fondamentalité » : *dans une théorie physique, qu'est-ce qui est « fondamental » ?*

D'autres remarques laissent également perplexe. Outre les effets cumulatifs gravitationnels sur des distances cosmiques, cette interaction dépend également de la courbure de l'espace-temps de sorte que celle-ci peut la rendre prépondérante sur de très faibles distances. On a dit que c'est précisément le cas des conditions de Planck dont l'énergie caractéristique, qui paraît

1. Outre la constante gravitationnelle **G**, il s'agit de la constante de Planck **h**, de la vitesse de la lumière **c** et, si l'on doit tenir compte d'effets de densité et de température finis, de la constante de Boltzmann **k**.

physiquement démesurée (soit 10^{19} GeV, valeur équivalente à l'énergie cinétique d'un Airbus), est une limite due à la gravité. Dans le modèle du big bang, elle jouerait un rôle essentiel relativement aux propriétés et à la dynamique de l'univers primordial – et peut-être interviendrait-elle dans les processus qui en sont à l'origine –, la théorie prévoyant que, dans de telles conditions, il y aurait unification complète des quatre interactions. Cela étant, il devrait ainsi exister un rapport de l'ordre de 10^{17} entre les énergies de fusion électrofaible (100 GeV ; chap. 4) et de superunification. Comme, mise à part la grande unification (10^{15} GeV), il ne semble rien se passer dans un tel intervalle d'énergie-masse, cet écart paraît tellement énorme[1] qu'il semble *physiquement* difficile à justifier. C'est pourtant ce que tente de proposer la supersymétrie, mais jusqu'ici par voie purement *spéculative* et dans des conditions non dénuées d'arbitraire.

Notons également que, pour autant que la preuve de leur existence soit effectivement acquise, les trous noirs stellaires résulteraient d'un effondrement gravitationnel d'étoiles de masse suffisante (la théorie prévoit un seuil d'environ cinq à dix masses solaires, bien que des valeurs inférieures puissent être plausibles). Mais ce n'est pas la seule possibilité puisque, aux énergies de Planck, la courbure gravitationnelle deviendrait telle que le concept de particule cesserait au profit de celui de trou noir élémentaire. S'ils existaient, ces éléments auraient pu jouer un rôle important dans les processus de cosmogenèse mais on ignore si leurs dimensions pourraient être inférieures à celle de

1. Curieusement, il existe d'autres nombres démesurément grands (ou extraordinairement petits). On peut, par exemple, illustrer cette remarque en observant que le rapport entre la répulsion coulombienne de deux électrons atomiques et leur attraction gravitationnelle est de l'ordre de 10^{36}. Il est assez difficile d'imaginer qu'une *théorie physique* à vocation universelle puisse produire quelque équation possédant de telles valeurs pour racines, à moins de recourir à des descriptions inhabituelles telles que le recours à l'analyse non standard dont on ignore les rapports à la physique.

Planck. Plus généralement, bien que l'éventuelle stabilité d'hypothétiques mini-trous noirs soit une énigme, un mécanisme de désintégration en micro-trous noirs libérerait une énergie radiative de l'ordre de celle de Planck, laquelle correspondrait à une température de 10^{32} K, valeur qui est précisément celle que le modèle standard attribue au big bang. Pourtant on n'a pas observé de traces fossiles radiatives dans le rayonnement cosmique, ses plus intenses composantes – rarissimes – étant de l'ordre de 10^{12} GeV. Ce qui ne prouve cependant rien. Le vrai problème est que l'on ne possède aucune véritable preuve attestant l'existence des trous noirs, qu'ils soient micro- ou macroscopiques car, outre leur formation, il y a également la question de leur stabilité qui reste inconnue. Pour résoudre ces questions, il faudrait disposer d'une théorie quanto-relativiste cohérente et bien fondée assurant une formalisation fiable de la gravité quantique. L'intérêt serait qu'un spectre diversifié de telles structures permettrait de résoudre un certain nombre de difficultés, en particulier relatives à des questions énergétiques qui se posent dans notre compréhension de la machine cosmique.

Les tests de la relativité générale

Dans le champ expérimental qui nous est accessible les effets prévus par la relativité générale sont très faibles, donc difficiles à mettre en évidence. C'est pourquoi, jusque dans les années soixante, les possibilités techniques n'autorisaient que deux tests qui ont été passés avec succès peu de temps après la publication de cette théorie. Il s'agissait, pour le premier, du calcul de la dérive du périhélie de la planète Mercure (43 secondes d'arc par siècle), point majeur d'achoppement de la gravitation newtonienne. Cependant, compte tenu de la découverte récente d'un aplatissement de la sphère solaire au niveau des pôles, cette démonstration n'est plus tout à fait aussi convaincante car elle exigerait des corrections qui restent incertaines. Le second, qui avait pour objet la courbure gravitationnelle de propagation de la lumière, fut réalisé par Eddington et Crommelin lors d'une éclipse solaire ayant eu lieu en 1919 (1,75 seconde d'arc de déviation pour les rayons tangentiels au Soleil). Cette expérience eut un retentissement qui contribua largement à la renommée mondiale de la relativité et de son auteur.

Une troisième prévision, également faite par Einstein, concernait l'existence d'un décalage spectral gravitationnel [1] (effet Einstein) que les contraintes expérimentales ne permettaient pas d'étudier à cette époque. Or on sait aujourd'hui qu'il ne s'agit pas à proprement parler d'un test de la relativité einsteinienne mais d'une vérification du principe d'équivalence. En effet, le fait que ce principe se traduise effectivement par une relation liant la gravité à la courbure de l'espace-temps implique que cette dépendance doit exister dans toute théorie métrique, donc qu'elle ne caractérise pas que la relativité générale. Les travaux de Pound et de ses collaborateurs ont, entre 1960 et 1965, montré l'existence de cet effet qui a ensuite été observé plus finement, en particulier avec des horloges atomiques ultra-précises. Leur fonctionnement a été analysé dans différentes expériences effectuées dans des conditions dynamiques variées, dont des avions et des fusées, de sorte que le principe d'équivalence est vérifié à mieux que 10^{-12} près, précision qui est d'ailleurs limitée par celle des étalons de fréquence. C'est un résultat déjà suffisant pour accorder à ce principe un degré élevé de confiance.

Ce furent, d'une part, les énormes développements techniques que connut la seconde moitié du siècle qui donnèrent une

1. Une onde se propageant dans un champ gravitationnel subit une variation, ou décalage de fréquence. Il y a ralentissement dans le sens du champ, c'est-à-dire décalage vers le rouge, et accélération dans le cas contraire. Une horloge atomique y étant soumise, son déplacement dans un tel champ vérifie la validité du principe d'équivalence, donc la courbure gravitationnelle de l'espace-temps. Cet effet n'est pas explicable par la relativité restreinte.

impulsion nouvelle aux recherches relativistes alors que, d'autre part, d'importants progrès théoriques étaient réalisés. Pour la technologie, il s'agit principalement de la construction des grands télescopes optiques[1], ou radio, et de la maîtrise des satellites circumterrestres, des sondes spatiales et de la robotique associée. Les possibilités d'investigations expérimentales ont complètement changé de dimensions avec la mise au point de toute une panoplie de techniques de sondages, d'analyses et de détecteurs multispectraux dont la transmission, le traitement et l'exploitation des données sont entièrement automatisés. Parmi d'autres questions, c'est en termes totalement nouveaux que celle des tests relativistes a pu être reconsidérée, qu'il s'agisse

1. Une vingtaine de grands télescopes ont été construits, l'un des derniers et des plus puissants étant le VLT (Very Large Telescope ; 1994-1998) de l'ESO (European Southern Observatory) qui comporte quatre miroirs de 8,2 mètres de diamètre dont la forme peut être modifiée, autorisant ainsi des conditions variables de fonctionnement, dont l'interférométrie. Il est doté des moyens techniques les plus performants, notamment dans le traitement numérique des informations recueillies. Des systèmes complémentaires doivent lui être associés de sorte qu'il devienne polyfonctionnel. Cette impressionnante machine devrait être une source efficace d'informations nouvelles, particulièrement pour l'observation des confins de l'univers. Car rappelons que, recevant de la lumière émise dans le passé par suite de sa vitesse de propagation finie, un télescope est aussi une machine à remonter le temps. Le télescope spatial HST (Hubble Space Telescope) est en orbite depuis 1990 (610 km d'altitude ce qui élimine les perturbations atmosphériques). C'est un outil irremplaçable depuis qu'il a subi des corrections optiques, en 1993, dont la moisson est si riche qu'elle reste en partie à exploiter. Plusieurs découvertes importantes lui sont déjà dues telles que, par exemple, celles de galaxies ou d'étoiles particulières ainsi que d'immenses nuages de poussière intergalactique qui remettent en cause certaines hypothèses relatives à la formation des grandes structures de l'univers. Il permet également d'observer des effets suffisamment précis de lentille gravitationnelle pour corriger la répartition de matière d'un amas, et réviser certaines échelles de distance. Il n'a cependant pas véritablement amélioré substantiellement la précision avec laquelle est connue la valeur numérique de la constante de Hubble qui caractérise l'expansion, c'est-à-dire l'âge de l'univers (l'incertitude reste de l'ordre de 50 % ; voir p. 209, n. 1).

aussi bien de leur rénovation, de leur extension et de leur diversification que de l'amélioration de leur précision. Ce vaste champ technologique, qui est lié à tout un ensemble de méthodes aux applications industrielles multiples, est en plein développement.

Quant au second point, plusieurs théories concurrentes furent élaborées qui, bien que s'inspirant du même esprit (le principe d'équivalence), produisirent d'autres équations de champ. Il fallait donc trouver des moyens d'évaluation, aussi bien de la méthode métrique elle-même que de ses différentes versions. Une voie originale fut ouverte par les énormes et incessants progrès des ordinateurs dont la puissance de calcul conduisit au développement de nouvelles techniques numériques et d'algorithmes analytiques, offrant ainsi des perspectives de modélisations tout à fait inédites. Par exemple, des calculs relativistes qui exigeaient de longs mois de travail sont maintenant effectués par les machines en quelques secondes, et l'on peut mener de complexes simulations et des études comparatives approfondies de modèles extraits de ces différentes théories. Parmi d'autres, une méthode d'approximation, dite « limite post-newtonienne » [1] – car elle ne traite que des termes du premier ordre pour le potentiel gravitationnel et de vitesses faibles par rapport à celle de la lumière –, définit un groupe restreint de paramètres caractéristiques sans dimension, et physiquement interprétables, qui sont bien adaptés pour comparer ces différentes théories à partir de tests effectués dans le système solaire. Des développements au second ordre ont également été envisagés.

---

1. Une étude mathématique détaillée des quatre principaux tests relativistes ainsi que de la méthode PPN (Parametrized Post-Newtonian Formalism) permettant la comparaison des différentes théories métriques, qui sont discutées, est faite dans l'excellent ouvrage *Gravitation* de C.W. Misner, K.S. Thorne et J.A. Wheeler (Freeman and C° ; 1973), en particulier dans la partie IX (p. 1045-1131). Mais si le formalisme demeure, différents résultats nouveaux ont été obtenus depuis sa parution qui est déjà quelque peu ancienne.

L'une des premières applications nouvelles a été la vérification des effets gravitationnels relativistes associés à l'étude des échos radar qui, dans certaines circonstances, sont réfléchis par les planètes solaires et différents engins spatiaux, par exemple satellisés autour de certaines d'entre elles. Dans la panoplie des techniques spatiales, si l'utilisation de sources électromagnétiques de puissance est aujourd'hui banalisée, c'est à celle-ci que l'on doit la vérification de l'effet Shapiro, c'est-à-dire le fait que l'existence d'une courbure gravitationnelle induit un retard dans la propagation de ces ondes. Dans les années soixante-dix, le déplacement de la planète Mars fut suivi par un écho radar dont la mesure du temps aller-retour a mis en évidence un décalage de 0,20 ms, par rapport à la transmission normale, peu avant que cette planète soit occultée par le Soleil. Ce résultat est en excellent accord avec la prévision relativiste. Il a été parfaitement confirmé par différentes expérimentations utilisant également Vénus, ou des sondes interplanétaires actives (Mariner 6 et 7 qui retraitaient le signal) et surtout des satellites en orbite autour de Mars (Mariner 9 et Viking) qui ont réduit substantiellement les causes d'erreurs expérimentales.

Des expériences précises utilisant des échos laser réfléchis sur des miroirs déposés sur la Lune ont également montré que le principe d'équivalence est vérifié au niveau planétaire. Il s'agit d'un résultat allant au-delà de l'hypothèse d'Einstein qui, pour cette raison, est dit « principe d'équivalence fort ». Ces mesures montrent que la Terre et la Lune se déplacent (« tombent ») avec la même accélération dans le champ gravitationnel solaire, la précision étant de l'ordre de 10^{-12}, ce qui est remarquable. Et l'on vérifie également l'universalité des lois physiques relativement aux référentiels planétaires et galactiques définis par rapport à la moyenne de peuplement matériel des sites correspondants, ce qui justifie physiquement le concept de relativité au sens général du terme, c'est-à-dire sans préjuger de la théorie devant en rendre compte. Dans le système solaire, la constante de Newton ne semble pas non plus dépendre de son environnement à mieux que 10^{-11} près, ce qui n'implique évidemment pas qu'elle ne varie pas en fonction du temps.

L'analyse interférométrique de faisceaux électromagnétiques provenant de radiosources lointaines, et qui passent au voisinage du Soleil, corrobore également avec précision l'existence de la courbure gravitationnelle. Aussi, et bien que l'étude expérimentale de la gravitation n'en soit encore qu'à ses débuts, l'accord entre tous ces résultats expérimentaux, et leur justification par les calculs relativistes, tend déjà à confirmer d'une façon suffisamment précise que c'est la théorie d'Einstein qui paraît la mieux adaptée par rapport à ses principales concurrentes (p. 190, n. 1). Elle est, en effet, la seule à avoir subi tous les tests avec succès de sorte qu'elle devient un outil de base de la cosmophysique. C'est, par exemple, le cas pour l'interprétation du quasar « double » Q 0957+561, découvert en 1979, dont le dédoublement serait attribué à un effet optique de lentille gravitationnelle créé par une masse galactique (ou un amas) sur le trajet de la lumière nous parvenant.

En quelques décennies, avec l'exploration spatiale et les techniques associées, le système solaire s'est transformé en un large champ d'observations et de recherches qui ne fait que se développer, contribuant ainsi de manière active aux exceptionnels progrès de toutes les sciences de l'univers. Pourtant rien n'est définitif, il s'en faut car, d'une part, bien des voies théoriques n'ont pas encore été explorées alors que, d'autre part, certains problèmes de fond restent posés. Parmi ces derniers, ceux qui concernent la représentation du tenseur énergie-impulsion caractérisant le contenu de l'univers, ou la quantification de la gravité sont de première importance. En effet, si la métrique détermine les équations du champ (le premier membre de ces équations), c'est l'énergie-matière (le second membre) qui en fixe les coefficients, donc qui détermine les effets observables. Or la préservation de la causalité implique le choix d'une métrique sans courbure fermée du genre temps qui la rendrait causalement instable. Toutes ces remarques font que l'on peut légitimement se demander si les outils théoriques dont on dispose actuellement permettent de poser ce problème en termes suffisamment généraux pour être représentatifs.

Les ondes gravitationnelles

Une solution des équations d'Einstein est de nature ondulatoire. Elle correspond à la propagation d'ondes de champ gravitationnel émises, sous certaines conditions, par des systèmes massiques dynamiques. Elles transportent de l'énergie et du moment angulaire empruntés à la source émettrice. Cette propagation devrait se traduire par des sortes de « rides » de l'espace-temps dont on suppose que la vitesse de déplacement devrait être celle de la lumière. Dans des circonstances normales, la puissance transportée serait très faible (celle que véhiculeraient les ondes gravitationnelles solaires reçues par la Terre ne devrait pas excéder quelques kilowatts). Mais il n'en irait pas de même dans des situations particulières telles que des effondrements gravitationnels ou des effets liés, par exemple, aux pulsars doubles ou à la dynamique des trous noirs. Cependant, les moyens actuels de détection n'ont pas encore une sensibilité suffisante pour être opératoires. En effet les détecteurs classiques, dérivés du modèle de Weber (1960) qui fut un précurseur, sont de longs cylindres métalliques (plusieurs mètres, pesant quelques tonnes) librement suspendus, dont on cherche à mesurer les oscillations massiques par la mise en évidence des variations relatives de longueur induites par résonance lors d'éventuels passages d'ondes gravitationnelles. Or les estimations relativistes prévoient que les effets correspondants ne devraient pas excéder 10^{-21} dans les cas les plus favorables, ce qui nécessite un gain technique d'au moins un à deux ordres de grandeur pour les détecter. Le renouvellement de ces recherches devrait provenir de l'interférométrie qui permettrait d'accroître la précision des mesures[1] et d'atteindre les seuils de mise en évidence.

On a cependant pu obtenir des informations indirectes en étudiant certains pulsars doubles, dont celui qui est répertorié sous le sigle PSR 1913+16. C'est un système binaire en rotation exceptionnellement stable (sa précision est de 0,4 10^{-10}), ce qui permet une analyse fine de sa dynamique et de certaines de ses propriétés observables avec les moyens actuels. Ainsi, l'examen de ses modes d'émissions radio et des conditions de transmission et de réception permet d'obtenir des données relativistes dont, parmi d'autres et moyennant certaines hypothèses (approximation quadrupolaire massique du potentiel qui détermine le taux d'énergie gravitationnelle rayonnée), le calcul des pertes d'énergie attribuables au rayonnement gravitationnel. Celui-ci est en accord avec les prévisions relativistes, ce qui est aussi un test en faveur de cette théorie.

On peut donc supposer que l'univers est le siège d'un réseau complexe d'ondes gravitationnelles qui sont caractéristiques des structures massiques qu'il contient, de leurs transformations, de leurs interactions et de leurs déplacements. Leur détection offrirait de nouvelles possibilités d'étude de ces différentes composantes, dont la dynamique et l'évolution de l'ensemble massique qui constitueraient la cosmogravimétrie, nouvelle branche de la cosmophysique. Elle serait en quelque sorte complémentaire de l'électromagnétisme, ce qui donnerait une cohérence supplémentaire aux propriétés des deux interactions à longue portée. Et puisque la vitesse de propagation de ces ondes doit être limitée par celle de la lumière, il faudrait un certain temps pour

1. C'est l'objectif d'une internationalisation du projet LIGO (Laser Interferometer Gravitational Wave Observatory) qui, dès les débuts du prochain siècle (2007), devrait réunir huit interféromètres fonctionnant en permanence dans différents pays de façon à éliminer les effets parasites locaux des observations. La longueur des bras de chaque interféromètre serait de plusieurs kilomètres de sorte que la précision requise soit atteinte (meilleure que 10^{-21}).

transporter les informations qu'elles véhiculent de sorte que l'on disposerait d'une source nouvelle, et originale, de données sur l'histoire massique de l'univers et sur celle de certains de ses constituants les plus fondamentaux. Peut-être obtiendrait-on ainsi des éléments permettant de confirmer l'existence des trous noirs qui, rappelons-le, reste jusqu'ici conjecturale, et pour leur étude dont la détermination de leur masse et de leur dynamique. Dans tous les cas, la perception de l'univers fournie par les ondes gravitationnelles serait tout à fait différente de sa vision électromagnétique puisqu'elle concernerait la dynamique évolutive des sources elles-mêmes et non celle de leurs composants.

L'évolution stellaire relativiste : les supernovae, les naines blanches et les étoiles à neutrons

La relativité générale occupe une place déterminante dans l'étude théorique d'une étoile car sa formation, son évolution et son extinction sont essentiellement gouvernées par des processus gravitationnels. Bien que tous les mécanismes de ces différentes phases ne soient pas entièrement élucidés, il ne fait cependant aucun doute qu'ils dépendent de la gravitation. On a dit que c'est elle qui crée les puissantes forces de confinement permettant l'amorçage et la poursuite des réactions thermonucléaires transformant la matière première stellaire. Le cycle[1]

1. Le cycle de vie d'une étoile peut être schématisé dans un diagramme évolutif de Hertzsprung-Russell qui représente les variations de sa luminosité, ou magnitude (mesure de son éclat sur une échelle logarithmique), en fonction de sa température. Car l'émission lumineuse, la température et la couleur, la composition chimique et l'âge, ainsi que la masse sont des paramètres liés de sorte que, lors de son évolution, l'étoile décrit une certaine courbe caractéristique de ce diagramme, ce qui permet des prévisions. On y trouve une séquence principale classant les étoiles en fonction de leur masse (les plus lumineuses, donc celles qui ont les températures les plus élevées, sont aussi les plus massiques). Il existe des embranchements, dont celui des géantes

d'une étoile résulte donc d'un subtil compromis entre d'énormes forces gravitationnelles compressives induites par sa distribution massique, et de prodigieuses densités énergétiques dispersives que fournissent les réactions de fusion. Tant qu'un point d'équilibre est possible entre ces deux titanesques processus antagonistes, le système perdure tout en subissant des métamorphoses internes. Car, mesuré dans l'échelle des temps cosmiques, il est métastable puisque le combustible nucléaire s'épuise en subissant des transformations qui connaissent obligatoirement des limites. Quand celles-ci sont atteintes, notamment certaines valeurs critiques de composition du milieu réactionnel, l'ensemble devient instable, l'évolution étant d'autant plus rapide que la masse est élevée. En phase terminale, l'énergie de fusion est insuffisante pour s'opposer aux effets gravitationnels qui, devenant dominants, induisent un effondrement de l'étoile, entraînant une mutation structurelle profonde.

Quel peut alors en être le résultat ? Comme il dépend essentiellement de la masse effondrée et des conditions dans lesquelles l'implosion a lieu, c'est la relativité qui, là encore, permet de prévoir différents modes d'extinction. L'un des plus importants pour les transformations de la matière cosmique, c'est-à-dire pour la création de noyaux lourds, est l'explosion de type supernova. Lorsqu'une étoile peut parvenir au stade de géante rouge (p. 195, n. 1), lequel traduit précisément un appauvrissement limite du combustible thermonucléaire – donc un enrichissement du cœur en éléments plus lourds –, elle peut exploser si sa masse est supérieure à un seuil critique que certaines estimations fixent à environ quatre à six masses solaires. Bien que différents aspects restent mal compris, on sait cependant que l'effondrement du cœur libère une énergie colossale qui crée des réactions nouvelles et, par des phénomènes d'ondes de choc,

rouges qui sont de grosses étoiles relativement froides. Le Soleil en est proche, ainsi que du centre de la série principale, aussi devrait-il terminer sa vie active dans quelque cinq milliards d'années.

expulse et disperse de la matière résiduelle dans l'espace en produisant un immense nuage (nébuleuse planétaire) ultra-chaud qui sera potentiellement générateur de nouveaux cycles stellaires. C'est ainsi qu'a été créée la matière planétaire du système solaire. L'explosion, qui s'accompagne de l'émission de toute une gamme de particules et de rayonnements très énergétiques, est extraordinairement lumineuse (au moins 10^8 fois l'éclat du Soleil) aussi peut-elle être facilement observée. Elle est capable de chauffer d'énormes quantités de matière interstellaire à des températures extrêmement élevées. Il s'agit pourtant d'événements relativement rares, environ un à deux par siècle et par galaxie, celle du Grand Nuage de Magellan ayant été, en 1987, la dernière à être observée.

Quant à la nature du noyau résiduel après extinction, la relativité prévoit plusieurs possibilités qui sont déterminées par le champ gravitationnel subsistant, c'est-à-dire par la masse. Si l'étoile considérée n'excède pas environ 1,2 à 1,4 masse solaire (limite de Chandrasekhar), le résultat relativiste correspond à une naine blanche, étoile très compacte, donc très dense (10^9 kgm.m^{-3}), mais fort peu lumineuse. L'effondrement gravitationnel n'est pas complet car empêché par la pression du gaz dégénéré d'électrons que prévoit la physique quantique (principe de Pauli qui ne s'applique qu'aux fermions). C'est l'échauffement produit par l'intense mouvement des électrons qui produit une lumière blanche dont l'intensité décroît en fonction du temps de refroidissement ; elle finit donc par devenir invisible. Il y en a environ dix pour cent dans notre galaxie, dont la mieux connue est le compagnon de Sirius, et elles accompagnent les géantes rouges. Notons qu'il existerait des naines brunes (masse inférieure au dixième de la masse solaire), ou étoiles avortées par défaut de masse critique nécessaire pour l'amorçage des réactions de fusion thermonucléaires, qui rayonneraient leur énergie de condensation dans l'infrarouge. Leur détection serait intéressante pour déterminer leur éventuelle contribution au problème de la masse sombre.

Une autre forme d'aboutissement relativiste d'une étoile de masse comprise entre 1,3 et 4 à 5 masses solaires (valeurs approximatives) est l'étoile à neutrons. Par suite de l'existence d'une limite de stabilité (Landau *et al.*) sa masse ne peut excéder l'ordre de grandeur de celle du Soleil. Les étoiles de ce type sont beaucoup plus compactes (densité de l'ordre de 10^{17} kgm.m^{-3} qui est celle d'un noyau atomique) que les naines blanches puisque leur rayon devrait être de l'ordre de la dizaine de kilomètres. L'intensité du champ gravitationnel est telle que les protons et les électrons ne peuvent être que condensés en équivalents neutrons qui sont dans un état quantique dégénéré, le seul à être capable de fournir une pression suffisante pour équilibrer les énormes forces de gravité. En fait, c'est une sorte de gigantesque noyau atomique. Ces étoiles étant invisibles, elles ont été identifiées par la détection d'émissions de rayonnements X provenant de systèmes binaires dans lesquels une seule composante est visible alors que la dynamique indique la présence d'un compagnon. Les émissions X sont attribuées à un transfert de matière gazeuse à très haute température entre l'étoile visible et celle qui ne l'est pas, c'est-à-dire vers l'étoile à neutrons. Celles-ci se manifestent également par l'émission de puissantes impulsions radioélectriques cohérentes attribuées à leur rotation dans un champ magnétique propre très intense (10^7 à 10^9 T). Ce sont les pulsars (découverts en 1967) dont la fréquence impulsionnelle des ondes radio émises, qui est celle de leur rotation, ressemble au balayage d'un radiophare stellaire. Bien que localement stables, la mesure de leur ralentissement fournit d'importants renseignements sur leurs propriétés.

L'évolution relativiste ultime : les trous noirs

Il existe une troisième possibilité d'effondrement relativiste, la plus surprenante puisqu'elle concerne le trou noir qui, comme son nom l'indique, ne rayonne rien, du moins si l'on ignore les éventuels effets quantiques. Ce sont, d'une part, les travaux théoriques de K. Schwarzschild sur la relativité et, d'autre part, ceux de J.R. Oppenheimer et H. Snyder sur l'évolution ultime des étoiles, qui ont conduit à cette hypothèse. En étudiant une solution des équations d'Einstein correspondant à une métrique d'espace-temps dans lequel il n'y a qu'une seule masse stellaire sphérique – modèle d'une étoile isolée –, Schwarzschild a montré que son expression en coordonnées sphériques présente une singularité mathématique pour une valeur particulière du couple masse-rayon de cet objet. C'est, par définition, le rayon de Schwarzschild [1], ou rayon gravitationnel, de la masse considérée. Pour leur part, Oppenheimer et Snyder ont montré que l'effondrement gravitationnel d'une étoile de masse suffisante peut entraîner une réduction dimensionnelle capable d'atteindre le rayon gravitationnel. Le résultat est un trou noir qui est l'aboutissement ultime de l'effondrement stellaire. Comme le volume de Schwarzschild est extraordinairement faible (~3 cm^3 pour la Terre), on ignore quel pourrait y être l'état de la matière leptoquarkonique, pour autant que cette expression conserve encore quelque sens physique. En revanche, la cohérence et la conti-

1. En fait, il ne s'agit pas d'une singularité géométrique de l'espace-temps lui-même mais du choix du système de coordonnées, comme le montrent les travaux de Kruskal et Szekeres (réf. p. 190, chap. 31). Le rayon de Schwarzschild d'un corps céleste de masse M a pour expression $R_S = 2GM/c^2$ (G constante gravitationnelle, c vitesse de la lumière). Physiquement, il représente la limite dimensionnelle d'effondrement gravitationnel de cet objet, c'est-à-dire le rayon d'un trou noir sphérique correspondant à la densification gravitationnelle maximale de la masse M. Par exemple, sa valeur serait de l'ordre de 0,9 cm pour la Terre et de 3 km pour le Soleil. Dans le modèle standard (Landau-Oppenheimer-Volkov) la limite théorique massique d'effondrement correspond à 2,5 masses solaires, valeur qui n'est cependant qu'indicative car elle dépend des hypothèses faites et des circonstances physiques. Toute forme d'énergie-matière qui est capturée par un trou noir ne peut plus en sortir, lumière comprise. Il existe pourtant une possibilité d'évasion par le mécanisme d'évaporation quantique de Hawking (note suivante).

nuité font que sa densité énergétique doit être formidablement élevée, d'où l'intérêt d'une telle concentration dans l'analyse et la compréhension des phénomènes cosmiques interactifs.

Au-delà de la limite théorique, et plus vraisemblablement à partir d'une dizaine de masses solaires, le modèle standard prévoit qu'un trou noir peut se former spontanément sous l'action des seuls effets gravitationnels. Mais peut-être en existerait-il de plus petits, jusqu'à de très faibles dimensions, si quelque processus permettait une compression autre que gravitationnelle, celle-ci n'y suffisant plus. Ils pourraient, par exemple, être des résidus du big bang, quoique leur stabilité devrait poser un problème. Mais si leur durée de vie était suffisante, ils auraient certainement quelque rôle à jouer bien que, pour ce que l'on en sait aujourd'hui, leurs effets ne semblent pas être manifestes, à moins qu'ils ne nous échappent ? Notons également que la théorie ne s'oppose pas à l'existence de trous noirs d'antimatière.

Rien ne peut s'échapper d'un trou noir, ni la matière ni la lumière, car c'est une sorte d'univers clos par la courbure des lignes de champ de gravité qui se referment sur elles-mêmes, empêchant ainsi toute possibilité de sortie de quoi que ce soit [1]. Aucune information ne peut donc en être extraite. C'est pourquoi sa surface est appelée horizon événementiel puisqu'elle représente la limite de capture définitive. Le temps propre d'interception d'un élément physique (temps mesuré dans son référentiel) est fini alors que celui qui est observé de l'extérieur ne l'est pas parce que, pour un tel observateur, le décalage

1. Le principe d'indétermination, associé aux fluctuations et à l'étrangeté du vide quantique autorisant l'existence de paires virtuelles de particules au voisinage de l'horizon – pour autant que ces expressions conservent quelque sens dans de telles conditions –, permet d'imaginer un mécanisme de diffusion quantique d'énergie-matière rayonnant vers l'extérieur. Le temps d'évaporation d'un trou noir de masse solaire serait extrêmement élevé (de l'ordre de 10^{71} secondes, soit 10^{54} fois l'âge présumé de l'univers). Mais que peuvent signifier *physiquement* de tels calculs qui ne correspondent à aucune réalité tangible ?

Doppler vers le rouge du rayonnement de surface devient infini. On remarque donc l'irréversibilité intrinsèque des processus inhérents au phénomène « trou noir », lesquels sont cependant en accord avec le deuxième principe de la thermodynamique. Un trou noir sans rotation ne peut être caractérisé que par sa masse et son horizon ; dans le cas contraire on lui adjoint son moment angulaire (trou noir en rotation, dit de Kerr) et éventuellement une charge. En fait, ce sont les conditions de stabilité qui peuvent poser des problèmes, compte tenu du peu d'informations qui sont accessibles. Les lois de la physique y semblent cependant respectées, dont celles qui traitent de l'énergie, et l'on sait, par exemple, qu'il serait possible d'en extraire des trous noirs en rotation, ou par couplage magnétique de sorte qu'ils pourraient constituer des sources très puissantes, capables d'alimenter des processus astrophysiques hautement énergétiques.

Bien que leur définition semble exclure toute possibilité de mise en évidence directe, leur existence peut cependant se manifester par les conséquences de leurs puissants effets gravitationnels. Ainsi, en 1971 le satellite Uhuru – spécialisé dans la détection des émissions X – a découvert une source irrégulière dans la constellation du Cygne. Elle a été baptisée Cygnus X 1 et identifiée à une géante bleue d'environ 25 masses solaires. En fait, il s'agit d'un système d'étoiles doubles en rotation dont une composante est invisible alors que la dynamique permet de lui attribuer une masse équivalente à 6 masses solaires, ce qui est trop élevé pour une étoile à neutrons. De plus, la puissance des émissions X est telle que l'on imagine mal d'autre processus que l'identification du compagnon invisible à un important trou noir qui « avalerait » la matière de l'étoile associée. Cette explication, qui est faite par défaut, suppose pourtant que l'on soit assuré de la très grande distance à laquelle se situe ce système, sinon l'hypothèse du trou noir ne serait pas nécessaire. On connaît d'autres systèmes binaires X équivalents, par exemple LMC X-3 ou A 0620-00, mais qui appellent les mêmes restrictions. Il pourrait en aller de même pour les quasars (quasi-stellar radiosources qui sont des structures extrêmement lumineuses de noyaux galactiques) expulsant d'énormes jets de matière, et pour les noyaux galactiques qui seraient des trous noirs de masses comprises entre 10^2 et 10^8 masses solaires, ce qui pourrait être le cas du nôtre. La théorie de Zel'dovich (réf. p. 190) en prévoit même d'énormément plus massifs. Pourtant, jusqu'ici on ne peut que parler de probabilité d'existence des trous noirs. Celle-ci paraît cependant raisonnablement élevée car, d'une part, ils sont mathématiquement prévus par la relativité générale que rien, jusqu'ici, n'a pu mettre en échec alors que, d'autre part, des questions de continuité et de cohérence dans les modes évolutionnels d'effondrement des étoiles conduisent à admettre qu'il doit exister un état ultime, les étapes intermédiaires étant correctement prévues et observées. Il ne s'agit évidemment pas de démonstration mais de fortes présomptions. C'est vraisemblablement la détection des ondes gravitationnelles, espérées dans un avenir proche, qui devrait être le véritable test de validation.

Remarquons encore qu'il existe des incertitudes dans la prévision de la fin d'une étoile en fonction de possibles variations de masse du noyau résiduel. En effet, certains processus dérivés peuvent intervenir au cours des transformations ultimes comme, par exemple, le taux de perte de masse par éjection, mais également le gain par accrétion qui, s'ils sont suffisants, peuvent permettre le passage d'un état final à un autre. Ce pourrait aussi être le cas lors de la phase d'extinction pouvant mettre en œuvre des phénomènes plus complexes qui restent mal connus. La statistique galactique des différents types d'étoiles reste trop imprécise, notamment pour les étoiles à neutrons, pour tirer des conclusions ayant valeur de preuve.

Les données et les paramètres observationnels

Dans notre division de l'univers, le mégacosme commence au-delà du système solaire mais on ignore où il pourrait finir, pour autant d'ailleurs qu'il en soit ainsi puisque ses limites physiques ne nous sont pas accessibles. Quant à celles que lui attribue la théorie, elles dépendent des modèles utilisés – celui de Friedmann-Lemaître étant le plus couramment utilisé –, c'est-à-dire des hypothèses faites de sorte qu'il peut tout aussi bien être ouvert, ou fermé, comme nous l'avons vu. La question de son éventuelle expansion indéfinie, ou d'une possible recontraction, le big crunch, est également de toute première importance, la réponse dépendant d'abord de la densité moyenne de matière qu'il contient. Toutes ces interrogations, et d'autres telles que, par exemple, celles qui concernent son origine, son histoire et son âge, ou sa constitution et les lois qui le régissent, ont fait l'objet de différentes recherches dont les résultats dépendent de l'état d'avancement des techniques d'observations et des possibilités de vérification des théories.

Rappelons que notre connaissance de l'univers ne repose que sur les messages que l'on est capable de détecter et de déchiffrer. Il s'agit essentiellement des rayonnements de nature électromagnétique et des corpuscules cosmiques, encore que certains, tels les neutrinos, peuvent poser des problèmes, sans parler des éventuels gravitons. On pourrait y ajouter les météorites et autres objets célestes mais ils proviennent probablement du système solaire. Aujourd'hui on dispose de moyens permettant l'analyse presque complète du spectre électromagnétique, des très basses fréquences aux plus élevées, naturellement dans la mesure où la transparence du milieu cosmique est relativement favorable. Quelles informations peut-on en extraire ? Tout dépend de la bande de fréquences considérée puisque, en vertu de la relation d'Einstein (voir p. 20, n. 1), l'énergie correspondante, c'est-à-dire la température équivalente, et les processus interactionnels associés sont directement liés. Autrement dit, une gamme de fréquences caractérise une catégorie spécifique de phénomènes physiques, les moyens actuels permettant de les observer sur un intervalle de température variant entre une fraction de degré Kelvin et plusieurs centaines de milliards de ces mêmes degrés.

Pourtant, bien que la partie du spectre optique ne corresponde qu'à des températures de corps noirs variant de 3 000 à 10 000 °K, c'est encore elle qui sert de référence car elle reste la plus précise, et la mieux perçue puisque la plus ancienne.

Par exemple, la découverte du fond universel de rayonnement micro-onde correspondant au spectre d'un corps noir en équilibre thermique à 2,7 °K (Penzias et Wilson ; 1964) eut des conséquences de toute première importance. D'une part, ce rayonnement peut être interprété en tant que fossile d'une explosion primordiale, donc comme une preuve « lourde » de l'hypothèse du big bang même si elle ne suffit pas à elle seule pour le justifier. On sait qu'il en existe d'autres (teneur en hélium, expansion de Hubble). D'autre part, c'est également une sorte de justification du principe cosmologique à grande échelle car l'intensité de ce rayonnement paraît indépendante de la direction d'analyse à 10^{-4} près [1], comme le montrent les mesures du satellite COBE (1989-1992). À l'autre extrémité du spectre, on a récemment détecté des sursauts gamma qui sont des flashs très brefs, porteurs d'une densité énergétique inouïe (l'énergie massique totale contenue dans le Soleil serait libérée en quelques dizaines de secondes [2]) dans des volumes plasmiques considérables qui sont en expansion à une vitesse proche de celle de la lumière. Ce sont, et de loin, les événements les plus énergétiques jusqu'ici recensés – ils sont bien supérieurs à ceux que libère l'explosion d'une supernova –, qui traduisent l'existence de phénomènes cosmiques titanesques dont on ignore à peu près tout. Ils constituent des états physiques inconnus dans

1. Cette précision, qui dépend de l'échelle angulaire, est limitée par une anisotropie dipolaire globale résultant du mouvement propre de la Terre (350 km.s^{-1}) par rapport au référentiel dans lequel ce rayonnement serait isotrope.

2. Certains ont émis l'hypothèse qu'un trou noir de masse équivalente à 10^{12} kgm pourrait avoir une durée de vie de l'ordre de celle de l'univers, de sorte que son explosion correspondrait peut-être à ce type de phénomène. Cette hypothèse ne repose cependant sur aucune observation physique.

la galaxie, ce qui montre qu'il reste certainement d'importantes découvertes à faire en dépit des progrès réalisés ces derniers temps. Cette remarque est confirmée par la détection de quelques rarissimes photons d'énergie pouvant atteindre jusqu'à 10^{22} eV, valeur colossale qui échappe, et de très loin, à tout processus physique actuellement connu.

Si le reste du spectre est moins spectaculaire, il est cependant indispensable pour la compréhension de l'ensemble de la machine univers. Les rayonnements électromagnétiques aux fréquences radioélectriques et associées fournissent des informations sur les électrons atomiques émetteurs et sur leur environnement, ou sur la dynamique des électrons eux-mêmes, par exemple dans le cas des faisceaux radio émis par les pulsars. C'est également par leur intermédiaire que l'on obtient des données sur les jets magnétisés des noyaux galactiques et sur les gigantesques lobes intergalactiques qui les accompagnent. La radioastronomie a permis la découverte du plasma relativiste, galactique et intergalactique, qui est une composante majeure de la matière cosmique. C'est également elle qui, dans les années soixante, a identifié les quasars en détectant leurs émissions radio extrêmement puissantes, ainsi que les pulsars (1967) dont on a dit que certains, extrêmement stables, permettent des tests très précis de la théorie d'Einstein.

Plus généralement, les émissions infrarouges (IR), lumineuses et ultraviolettes (UV) renseignent sur les paramètres physiques des constituants stellaires et sur ceux des grands nuages cosmiques. On peut ainsi, si les conditions de réception le permettent, déterminer leur nature (avec la spectroscopie), leur température, leur densité et les champs dans lesquels ils baignent. Par exemple, la spectroscopie IR permet l'étude des nuages gazeux froids interstellaires, ceux dans lesquels sont supposées naître les étoiles. C'est aussi par l'absorption UV du deutérium que l'on détermine sa teneur, son rôle étant décisif dans l'hypothèse du big bang. De nombreux atomes sont actifs dans cette bande spectrale. Au-delà, la dynamique des gaz ultra-chauds se traduit par des rayonnements X dont les signatures sont supposées caractériser les étoiles à neutrons, les trous noirs et les disques d'accrétion. Le satellite Einstein (1978) a montré que pratiquement tous les types d'étoiles peuvent émettre des rayonnements X caractéristiques de leur couronne et des vents stellaires chauds (rayonnements de freinage). En bref, ce sont toutes les techniques des sciences de l'énergie-matière qui sont mises à contribution dès lors qu'elles sont adaptables à la détection céleste, sur Terre ou dans l'espace. Car le satellite permet de s'affranchir des contraintes atmosphériques, qui sont lourdes, et gravitationnelles qui peuvent l'être.

On a dit que la détection des ondes gravitationnelles donnerait des informations tout à fait différentes des précédentes, notamment sur l'éventuelle existence de mouvements massiques globaux cohérents à grande échelle, ou sur les grands déplacements de matière stellaire et les événements violents, par exemple lors de phénomènes de type supernovae et d'effondrements, ou à propos d'éventuelles interactions collisionnelles d'objets cosmiques tels que des trous noirs ou des étoiles à neutrons... Elles devraient aussi permettre d'accéder à certaines propriétés de l'espace-temps lui-même, dont sa courbure, l'objectif étant la recherche d'une modélisation des masses de l'univers et de leurs effets géométro-dynamiques. Des projets d'astronomie et de télescopes à ondes gravitationnelles existent déjà, bien que celles-ci ne soient pas encore détectées.

Le problème de la mesure des distances cosmiques

En quelque endroit que se trouve un observateur, il ne « voit le ciel qu'en deux dimensions », aussi doit-il faire des hypothèses pour évaluer la troisième sans laquelle aucune représentation n'est possible. Remarquons d'abord que la définition d'une distance cosmique entre deux étoiles suppose une approximation euclidienne, c'est-à-dire un espace et un temps localement de type newtonien. Donc les paramètres cinématiques habituels de position, de vitesse ou d'accélération n'ont de sens que par rapport à un modèle, et n'ont pas le caractère général que leur attribue le mésocosme. Si cette restriction, le plus souvent oubliée, n'est probablement pas conséquente au sein de notre galaxie, ce pourrait ne pas être le cas ailleurs, notamment dans les galaxies à noyau actif où pourraient exister des trous noirs supermassifs. Et comme des hypothèses de plus en plus lourdes sont nécessaires pour arpenter de plus en plus loin, la précision est inversement proportionnelle à la distance. C'est, par exemple, la raison pour laquelle il existe une incertitude concernant l'éloignement effectif des quasars. Elle n'est pas que de principe puisque, d'une part, c'est la question de leur source d'énergie qui est posée – l'éventualité des trous noirs – alors que, d'autre part, il s'agit de savoir si l'observation que l'on en a aujourd'hui fait effectivement partie des éléments constitutifs de l'univers primitif, compte tenu du temps de parcours de la lumière.

Pour ce qui concerne l'environnement proche, celui des configurations relatives aux constituants du système solaire, la précision des sondages radar et laser est exceptionnelle (supérieure à 10^{-8}). Mais il n'est guère possible d'aller beaucoup plus loin et, pour différentes questions techniques – dont la vitesse limite de la lumière et la puissance des sources –, on ne peut raisonnablement pas espérer une large extension prochaine de ces dispositifs. Un autre type de méthodes, utilisées de longue date mais affinées au cours du temps, est le recours aux mesures géométriques de triangulation dont certaines dérivées sont très sophistiquées. Par exemple, c'est ainsi que le satellite Hipparcos (1989-1993) a pu déterminer la distance d'une centaine de milliers d'étoiles avec une précision de 2 millièmes de seconde d'arc. Cependant leur limite d'application se situe à la cinquantaine de parsecs[1] , ce qui ne représente que le six-centième de

1. Le parsec (parallaxe-seconde) est une unité de distance cosmique telle que 1 parsec = 3,26 années-lumière, soit 3,086 10^{16} mètres. Physiquement,

l'étendue du disque de notre galaxie dans lequel la position de la Terre est largement excentrée.

Au-delà, la mesure géométrique n'est pas possible. Un procédé classique consiste alors à utiliser certaines propriétés physiques des étoiles, dont la luminosité caractérisant des calibrateurs de référence. En effet, dès 1912, H. Leavitt avait remarqué qu'il existe une relation entre la luminosité et la période de certaines étoiles variables. On en connaît de différents types, dont les plus courants sont les céphéides, les étoiles RR Lyrae et les novae. Des travaux ultérieurs ont permis d'étalonner ces variations de luminosité corrélées à des mesures de distance, en particulier sur l'amas des Hyades, les étoiles mères étant trop éloignées pour des déterminations directes. Ainsi, à partir de la mesure de la luminosité apparente d'une étoile variable, celle qui est reçue par le télescope, et de sa détermination absolue par des considérations sur sa physique, on peut estimer sa distance par rapport à la Terre. Pourtant ce ne sont souvent que des estimations car l'imprécision reste grande, les corrections étant souvent difficiles à apprécier. Quelques améliorations ont été obtenues dans la partie IR du spectre. De toute façon, la limite d'utilisation est de l'ordre du million d'années-lumière, c'est-à-dire qu'elle est restreinte aux galaxies très proches.

Pour aller plus loin, on fait appel à des calibrateurs secondaires tels que les étoiles supergéantes, qui sont rares. Mais l'estimation de leur luminosité pose de difficiles problèmes, ainsi que le calcul des pertes subies par le faisceau traversant des milieux interstellaires souvent interactifs. Ce sont des causes d'erreurs importantes et mal appréciées de sorte que c'est le maillon le plus faible pour l'estimation de distances supérieures à quelques centaines de millions d'années-lumière. Les super-

c'est la distance à laquelle le rayon de l'orbite terrestre (1,5 10^8 km) est vu sous un angle d'une seconde d'arc. Rappelons que notre galaxie possède la forme d'un disque à bosse centrale de 100 000 années-lumière de diamètre et de 15 000 années-lumière d'épaisseur au centre.

novae pourraient y contribuer si elles n'étaient pas aussi rares. L'arpentage encore plus lointain, c'est-à-dire aux confins de l'univers, utilise certaines galaxies elles-mêmes qui servent de calibrateurs tertiaires, avec des incertitudes encore plus grandes, les causes d'erreurs étant plus nombreuses.

En fait, on peut résumer la situation en considérant que l'arpentage de notre galaxie est à peu près correctement connu. Au-delà, l'imprécision croît d'autant plus rapidement que la distance est grande, le poids des spéculations devenant largement dominant aux alentours du milliard d'années-lumière. Il existe d'autres possibilités telles que l'utilisation de l'effet Sunyaev-Zel'dovich pour l'étude des grands nuages chauds des amas (diffusion Compton des photons du fond cosmique sur ces gaz chauds), ou l'analyse des effets de lentille gravitationnelle, qui sont rares et qui, comme pour l'utilisation du décalage spectral, font intervenir des paramètres et des termes correctifs empreints d'incertitudes le plus souvent non négligeables [1]. Il y a également d'autres difficultés comme, par exemple, la prise en compte de la rotation des galaxies autour du centre de l'amas auquel elles appartiennent. La troisième loi de Kepler voudrait que cette vitesse décroisse en fonction de l'éloignement de ce centre, ce qui n'est pas le cas. Or ce sont des questions de première importance puisque la connaissance que nous avons de l'univers repose en majeure partie sur celle des distances qui le caractérisent.

---

1. On a dit (p. 189, n. 1) que c'est le cas de la constante de Hubble dont l'estimation reste comprise entre 50 et 100 $km.s^{-1}.Mpc^{-1}$, ce qui donne un âge de l'univers compris entre 20 et 10 milliards d'années. En dépit des moyens actuels, on n'est pas encore parvenu à une détermination plus précise, ce qui en montre la difficulté. Notons également qu'une faible énergie du vide interstellaire (équivalente à un effet massique) pourrait fausser nos mesures de distance, donc remettre en cause notre représentation actuelle de l'univers, dont le modèle standard.

Bref aperçu de la structure de l'univers

Les cosmophysiciens s'accordent généralement pour considérer que, bien qu'il existe différents types de galaxies, en l'état présent des connaissances ce sont elles qui représentent les unités de base de l'univers. En effet, son uniformité de constitution [1] n'apparaît qu'à cette échelle en tant que conséquence d'effets globaux de la relativité générale. Les galaxies se distinguent par leur morphologie (spirales, elliptiques, lenticulaires, irrégulières) et la nature de leurs émissions, le plus souvent à dominante lumineuse. Mais il y a des cas particuliers, les plus intéressants rassemblant les galaxies à noyau actif qui émettent de puissants rayonnements électromagnétiques à spectre plus ou moins large, ou continu. On y trouve aussi bien des quasars tels que 3C 273 (le premier à avoir été découvert en 1962), qui sont les plus puissantes sources électromagnétiques connues (mille fois plus qu'une galaxie ; tous n'étant pas radioémetteurs), que les galaxies de Seyfert, ou les BL Lacertae qui s'en distinguent par la continuité de leur spectre d'émission de lumière polarisée, dont l'intensité varie très rapidement alors que son origine n'est pas thermique (bremsstrahlung, effet Compton inverse). Certaines radiogalaxies sont des foyers très intenses de particules hautement énergétiques et de forts champs magnétiques. La question des possibles sources d'énergie du noyau galactique reste posée bien que l'on sache qu'elles doivent être extrêmement compactes. Ainsi, c'est encore l'hypothèse du trou noir supermassif (de 10^6 à 10^{10} masses solaires) interagissant avec la

1. Uniformité qui n'est pas celle de la distribution spatiale des galaxies, celle-ci n'étant pas régulière bien que les motifs observés se ressemblent assez. Il existe des groupements en amas et superamas bordant de larges secteurs quasiment vides. Mais, compte tenu des incertitudes, notamment pour ce qui concerne la matière sombre, les données restent encore insuffisantes pour en tirer quelque conclusion significative que ce soit.

matière stellaire et cosmique qui est avancée, à défaut d'autres possibilités en l'état présent des données.

Les galaxies soulèvent également des interrogations quant aux processus conduisant à leur formation et aux conditions assurant leur stabilité et leur distribution spatiale. En dépit de certaines hypothèses théoriques, et de différentes modélisations et simulations, aucune réponse satisfaisante n'a encore été apportée. C'est aussi le cas pour les étoiles et les systèmes planétaires dont les facteurs gouvernant la naissance et l'évolution restent incertains, sinon inconnus. Ce sont des problèmes particulièrement complexes puisque, selon leur structure, les galaxies, qui représentent une population estimée à une dizaine de milliards d'unités (deux cent mille répertoriées), peuvent contenir entre quelques dizaines de millions d'étoiles (galaxies naines) et plus de mille milliards (10^7 à 10^{13} masses solaires). Il s'agit donc d'une échelle de variation considérable que l'on ne sait pas interpréter. En revanche, pour des contraintes de stabilité la dispersion massique stellaire est relativement restreinte, comme l'indique leur distribution sur le diagramme représentant leur luminosité en fonction de leur température (diagramme de Hertzsprung-Russell, p. 195, n. 1), lequel schématise leur évolution. Les études IR montrent également des régions interstellaires constituées de poussières très denses dans lesquelles naissent les étoiles de manière quasi permanente, en particulier dans les bras des galaxies spiralées, ce qui est le cas de la Voie lactée. Elles contiennent, ainsi que le milieu intergalactique, de vastes nuages de gaz atomiques, moléculaires ou ionisés et de poussières qui peuvent atteindre, sinon dépasser, des masses de l'ordre du million de masses solaires. Il en existe un gigantesque dans la constellation d'Orion qui recèle une grande quantité de monoxyde de carbone. Les comportements et les mouvements internes de tels ensembles sont évidemment extrêmement complexes puisque si la gravité maintient leur cohésion, elle est cependant fortement perturbée par différents effets tels que ceux dus aux intenses champs magnétiques et aux vents stellaires, ou aux explosions et aux interactions créées par de puissants rayonnements de différentes natures. Certains nuages peuvent atteindre des températures de 10^7 °K à la suite d'une explosion de type supernova.

Leur étude fournit de précieux renseignements sur tous ces constituants cosmiques. Par exemple, l'examen de la raie d'émission de l'hydrogène à λ=21 cm renseigne sur la dynamique galactique, dont la mesure des champs de vitesse, et celle des vastes nappes de poussières qui sont les réservoirs de matière première pour les renouvellements stellaires. Comme on l'a dit, l'analyse hyperfréquence des raies moléculaires permet d'identifier des composants chimiques tels que le radical OH, la vapeur d'eau, l'ammoniac, l'éthanol... et l'on commence à connaître la composition des grands nuages interstellaires. C'est ainsi qu'est née une véritable cosmochimie avec, en particulier, le recensement d'une centaine de composés, la plupart étant carbonés (jusqu'à treize atomes de carbone) dont l'importance devrait être décisive dans l'étude des processus ayant conduit à l'apparition de la vie.

Notons encore que le rayonnement corpusculaire cosmique est omniprésent. Il est composé essentiellement de protons, d'électrons et d'hélions qui doivent jouer un rôle important dans la dynamique interactionnelle en raison de leur énergie élevée. En particulier, les pions neutres résultant d'interactions protoniques sont émetteurs de photons gamma. Leur spectre d'énergie est sensiblement le même que celui des radiosources non thermiques, ce qui montre qu'ils proviennent de plasmas ultra-relativistes, très abondants dans les nuages interstellaires. Les explosions stellaires en produisent également. La détection de ces éléments résiduels dans la haute atmosphère montre que, à l'exception des très hautes énergies, leur composition est semblable à la distribution moyenne d'abondance des éléments solaires, ce qui confirme l'homogénéité de composition de l'univers. De plus, ce sont les seuls corpuscules susceptibles de nous apporter des informations sur l'univers lointain et sur les interactions subies durant leur long parcours, dont dépend aussi leur énergie.

Discussion et commentaire

La relativité générale est une théorie mathématique fondée sur la géométrie, ce qui lui permet de ne pas trop s'éloigner de la physique, même si l'espace impliqué est plus vaste et complexe que celui qui nous est perceptible. Généralement, dans une structure n-dimensionnelle on retrouve les « trois plus une », c'est-à-dire l'espace-temps, qui nous sont habituelles et les paramètres physiques correspondants. Aussi est-il souvent possible de décrire au moins partiellement le *contenu* du mégacosme en termes dérivés du mésocosme, l'axiomatique relativiste impliquant une métrique, donc une distance, ce qui fait toute la différence avec la théorie quantique. Mais ce n'est naturellement pas toujours vrai, certaines adaptations et extensions étant nécessaires, par exemple quand il s'agit des trous noirs ou des naines blanches. Car ce qui change radicalement, ce sont les ordres de grandeur, qu'il s'agisse des énergies, des distances et des volumes ou des densités de matière, leurs valeurs étant tellement gigantesques (ou si faibles) qu'elles ne signifient plus rien à l'échelle du mésocosme.

Si l'univers ne se prête pas à l'expérimentation physique relativiste directe, la somme des observations accumulées fait que notre connaissance objective de son contenu commence à être appréciable, notamment pour ce qui concerne la constitution et les données physiques caractérisant notre galaxie. La distribution hiérarchique des structures et le fonctionnement des sources émettrices, lumineuse ou autre, ainsi que les processus associés ne peuvent plus guère être mis en doute, ni vraisemblablement subir de profonds bouleversements, bien que subsistent des zones d'ombre et des phénomènes inexpliqués, ou mal compris. En fait, ce sont les caractéristiques propres du *contenant*, c'est-à-dire les propriétés géométro-physiques de la structure univers elle-même, qui posent problème malgré les progrès réalisés tant par les techniques nouvelles d'observation que par les simulations numériques et les méthodes modernes de calcul. C'est pourquoi les interactions entre le contenant et son contenu font que des incertitudes relativement au concept de réel mégacosmique sont inévitables. Et si plusieurs questions essentielles restent en suspens, il est néanmoins probable que quelques surprises pourraient provenir d'un inventaire plus approfondi de l'univers, lequel est certainement loin d'être terminé, notamment dans le domaine des sources d'énergie.

1. Les succès de la relativité

Sans être aussi spectaculaires ni abondants que ceux de la théorie quantique, les apports de la relativité générale à la physique sont cependant d'importance primordiale, et d'ailleurs partiellement complémentaires. En effet, la première ne serait pas allée très loin sans la seconde alors que cette dernière n'aurait été capable que de décrire un univers inerte, ou plus exactement mort, sans la physique quantique. De fait, c'est au niveau des concepts que se manifeste fondamentalement la contribution de la relativité avec la généralisation du cadre tout à fait nouveau que constitue l'espace-temps minkowskien : il permet une expression mathématique très générale et très synthétique des lois physiques susceptibles d'être testées expérimentalement. Le cas des équations de Maxwell est exemplaire, tout comme celui des diagrammes quantiques de Feynman, pour ne citer que ces deux illustrations. Il faut noter que l'invariance relativiste est celle des lois, et uniquement des lois. Il s'agit d'une invariance de description d'événements physiques corrélés, un même phénomène étant régi par le même formalisme indépendamment de l'observateur. C'est effectivement une condition nécessaire, tant pour la cohérence de la pensée rationnelle que pour l'expression de l'unité et de l'homogénéité de constitution de l'univers, *données sans lesquelles la méthodologie scientifique n'aurait aucune valeur universelle.* C'est ainsi que le principe général de relativité, qui est maintenant à la base de toute la physique théorique – physique quantique comprise –, est devenu un principe *unificateur*, ce qui constitue un résultat majeur pour la connaissance humaine.

Au plan observationnel, on a vu que les tests subis par la relativité générale, même s'ils restent peu nombreux, ont tous été passés avec succès. C'est ce qui fait la différence avec les théories concurrentes qui, toutes à un titre ou à un autre, ont été mises en échec. C'est pourquoi la relativité est maintenant devenue un outil de référence pour la cosmophysique. Il n'en demeure pas moins que d'autres vérifications sont nécessaires, et d'ailleurs envisagées notamment en utilisant des effets du second ordre sur la déviation lumineuse et sur le décalage gravitationnel. Il s'agit de prendre en compte des termes antérieurement approximés, ce que permettent aujourd'hui des méthodes observationnelles très précises appuyées sur des simulations numériques. Avec la métrique de Schwarzschild, on est également parvenu, en première approximation, à retrouver le mouvement newtonien des planètes solaires à partir des géodésiques, ce qui est remarquable car il s'agit d'une méthode purement géométrique, expliquant d'ailleurs les effets non prévus par la mécanique classique. Et l'on constate également que l'association de cette théorie avec la physique des hautes énergies, compte tenu des effets quantiques induits, explique aussi bien le fonctionnement de la machine univers, dont celui de ses principaux constituants stellaires, que ses possibles origines. Cela, en dépit du fait que la nature et les causes du big bang, ainsi que l'hypothèse d'une phase d'inflation dans les conditions proches de celles de Planck restent des questions ouvertes.

Quelle que soit leur représentativité scientifique – mais ils sont perfectibles –, les modèles d'univers physiques élaborés par Einstein et ses successeurs offrent des perspectives inédites et imprévues de compréhension du puzzle cosmique. Et si l'on sait qu'il est indiscutablement dominé par la gravité, une accumulation de données de plus en plus pertinentes fait que l'expansion est de moins en moins contestée, indépendamment des incertitudes subsistant sur la valeur de la constante de Hubble. Tous ces faits sont d'ailleurs confirmés par des simulations numériques qui permettent de tester ces différents modèles, selon des modalités d'autant plus précises que progressent les supercalculateurs et le développement des techniques spatiales. Finalement, la relativité générale est remarquable par la cohérence et l'unité du cadre de représentation du monde qu'elle nous donne entre 10^{-12} et 10^{17} secondes, la première limite étant celle des sondages les plus lointains que permettent les accélérateurs actuels alors que la seconde correspond à l'âge présumé de l'univers. En dépit de ses imperfections, et des controverses qu'il peut soulever, il s'agit tout de même d'un résultat marquant un progrès de toute première importance.

Enfin, le fait que l'homme soit parvenu à modéliser rationnellement l'univers et à le doter d'une histoire, donc à lui donner le statut d'objet physique c'est-à-dire à le banaliser, est ontologiquement l'un des résultats scientifiques aux conséquences les plus importantes. En effet, par ses implications philosophico-religieuses, une telle démarche rompt un tabou ancestral et permanent, allant ainsi à l'encontre de toutes les traditions. C'est pourquoi elle est, ou reste iconoclaste pour nombre de nos contemporains, au même titre que, par exemple, les travaux de Darwin et de ses successeurs. Pourtant, comme le montrent les développements scientifiques les plus récents, cette nouvelle perception de l'univers représente une avancée conceptuelle d'une ampleur sans précédent, dont on est loin d'avoir apprécié toutes les conséquences. À ce titre, la relativité s'inscrit dans l'ordre général du mouvement de l'évolution de la pensée et de la connaissance rationnelles.

2. La théorie de la relativité générale en question

À l'origine, l'axiomatique de la relativité générale a été conçue pour en faire une théorie universelle de la covariance et de la gravité, ayant pour bases le concept de métrique et le principe d'équivalence. À partir de là, Einstein a formulé un groupe d'équations [1] caractéristiques qui, moyennant certaines hypothèses, peuvent posséder des solutions spatio-temporelles permettant des constructions cohérentes de certaines classes de structures géométriques multidimensionnelles. D'où l'idée de les utiliser en tant que modèles d'univers bien que leur représentativité pose des problèmes d'adaptation, et de vérification compliqués par le fait que l'expérimentation directe n'est pas possible. Et si le critère de vraisemblance est essentiel, il ne constitue cependant pas à lui seul une condition suffisante pour en estimer le bien-fondé. Il faut donc commencer par s'interroger sur les équations de base qui sont formellement posées de manière axiomatique, sans autre forme de justification, en mettant tout simplement en correspondance deux structures tensorielles abstraites, mais mathématiquement adaptées par Einstein de sorte que l'une caractérise un cadre géométrique spatio-temporel alors que l'autre est supposée représenter son contenu physique. Le raccordement dimensionnel entre les deux membres est obtenu par l'introduction d'une constante appropriée, liée aux paramètres physiques et aux unités. Comme on peut déjà remarquer que ces équations ne font intervenir que deux constantes universelles, celle de la gravitation et la vitesse de la lumière incluse dans la métrique, du seul point de vue quantique on peut légitimement se demander comment pourrait s'introduire celle de Planck ? Cette situation n'est certainement pas satisfaisante puisqu'on imagine mal d'autre moyen qu'une procédure ad hoc.

Le fait que ces équations soient posées a priori implique que les relations entre les deux membres sont intrinsèquement *conjecturales*. Donc que c'est uniquement à partir de leurs prévisions comparées aux observations qu'elles peuvent être validées

1. C'est un système de dix équations aux dérivées partielles, non linéaires, permettant en principe de déterminer les dix composantes du tenseur métrique. Une condition de conservation (annulation de la divergence covariante du tenseur métrique) les réduit à six. C'est une contrainte nécessaire pour que le choix du référentiel spatio-temporel ne soit pas imposé et qu'une particule libre ait un mouvement géodésique qui généralise la première loi de Newton.

sachant que, à tout moment, un résultat nouveau ou imprévu pourrait les remettre en cause. Aussi existe-t-il une sorte de compromis entre le recul que l'on a des applications de la relativité, qui sont favorables, et le progrès technique qui, par les moyens nouveaux qu'il offre, est à risque. Ces différentes raisons nous conduisent ainsi à poser la question fondamentale suivante : ***quel est le contenu des équations d'Einstein ?*** Question qui doit faire la part entre les contenus mathématique et physique, ni l'un ni l'autre n'étant exempts de spéculations. C'est un difficile problème qui reste largement ouvert. Pourtant on peut tout de même lui apporter certaines réponses partielles qui sont suffisantes pour la discussion qui suit.

Traitons d'abord le premier point : leur contenu géométrique. Tous les résultats acquis montrent que l'association de la courbure à la gravité représente une solution en accord avec l'expérience, du moins pour la connaissance que l'on en a. Rappelons qu'elle ne résulte pas de la relativité en tant que telle, mais du principe d'équivalence puisque son utilisation dans d'autres théories analogues conduit au même constat. Pourtant, et c'est une difficulté majeure, les trois autres interactions fondamentales recensées dans la nature ne trouvent manifestement pas leur place de façon cohérente dans ce cadre, posant ainsi un problème de principe. On a dit que c'est par un accroissement du nombre de dimensions de l'espace de représentation, et par l'introduction de certains groupes de symétrie, que sont recherchées des possibilités de résolution. Si la méthode vaut pour l'électromagnétisme (voir note ci-dessous), il n'en va plus tout à fait de même pour les deux autres forces et, de toute façon, cette voie se traduit par une complète déconnexion de toute réalité accessible et perceptible. On en veut pour preuve, parmi d'autres, l'interprétation des micro-boucles de Kaluza-Klein [1] qui, en rendant vain tout espoir d'observation, nous

1. Dès 1921 T. Kaluza a montré qu'il est possible d'intégrer l'électromagnétisme à la gravité dans un espace à cinq dimensions. C'est O. Klein qui, en 1926, en a proposé l'interprétation avec l'hypothèse des micro-boucles

ramène au microcosme sans aucune justification cohérente de cet étrange croisement : quels liens mystérieux pourraient relier quatre dimensions mégacosmiques à quelques dimensions ultra-microscopiques qui, de surcroît, sont cachées ?

Et, outre cette caractéristique pour le moins surprenante, sinon artificielle, cette procédure conduit à des développements théoriques d'une complexité qui ne peut que laisser sceptique sur le bien-fondé de cette interprétation. Il faut cependant remarquer que toutes les voies n'ont pas été explorées, tant pour ce qui concerne la géométrie que pour les modifications de la métrique que, par exemple, les théories concurrentes ont tenté d'exploiter. Elles en ont tiré d'autres équations de base et certains champs supplémentaires mais, jusqu'ici, sans parvenir à s'imposer. Toutefois, de nouvelles solutions peuvent probablement être attendues à partir de méthodes mathématiques originales, ou qui restent à découvrir.

En fait, c'est le formalisme qui ne paraît pas exactement adapté à la représentation physique qui lui est attribuée, et cela pour plusieurs raisons. D'abord, c'est la métrique qui détermine la géométrisation, mais non la topologie qui est cependant essentielle pour la modélisation. Sans entrer dans les détails techniques[1], indiquons que certaines contraintes non triviales, notamment sur l'expression du tenseur de courbure (voire de torsion) de l'espace de représentation, doivent être imposées à la configuration géométrique pour assurer son adaptation à la physique. Ensuite, comme on vient de le voir, le nombre de

---

compactée ayant des dimensions de l'ordre de 10^{-35} mètre. Pourtant, les événements physiques observables ne peuvent pas dépendre de ces dimensions cachées, aussi faut-il imposer des conditions mathématiques particulières de fermeture de l'espace qui impliquent des contraintes fortes sur les structures géométriques associées. De plus, pour les deux interactions à courte portée on a vu (chap. 4) qu'il faut recourir aux théories d'unification, et au modèle des supercordes.

1. Pour une discussion, on peut consulter la référence de la p. 46 (p. 31-37).

dimensions de l'espace de représentation reste une énigme par rapport aux paramètres physiques : quels peuvent être les liens entre les deux ? Ou plus exactement quels sont les facteurs physiques qui déterminent la dimensionnalité spatiale ? Il en va de même pour sa structure géométrique qui pose, par exemple, le problème de la mesure des distances, donnée mégacosmique pourtant essentielle. Ainsi, dans un espace de Riemann l'hypothèse d'invariance de jauge doit être faite tandis que quelques problèmes techniques y sont rencontrés, dont celui de l'invariance translationnelle de l'étalon de longueur. Enfin, il est clair que la façon de traiter mathématiquement la représentation des données physiques du mégacosme ne peut que, soit favoriser les modélisations les plus simplificatrices, soit conduire à d'insurmontables difficultés. C'est pourquoi, en l'état actuel du formalisme, la recherche de solutions complètes est une question qui reste pour le moins problématique.

On peut encore remarquer que, d'une part, les équations d'Einstein sont de type « si, et seulement si » et non « si, alors » comme le sont celles du formalisme mathématique habituel. C'est ce qui différencie leurs utilisations puisque, stricto sensu, seules les secondes possèdent une capacité de démonstration, au sens inférentiel du terme. D'autre part, la non-renormalisabilité de la gravité est due à sa nature géométrique (l'équation aux dimensions de la constante de gravitation) impliquant une incompatibilité de fait avec la formulation quantique des trois autres interactions. Le problème ainsi posé est celui de leur unification totale : quelles pourraient être les raisons physiques de cet apparent manque d'homogénéité dans l'expression mathématique de ces quatre forces ? Personne ne le sait exactement, la complexité de la réponse supersymétrique n'étant pas convaincante puisque le prix à payer serait une pléthore de particules dont on comprendrait mal la justification physique.

3. La relativité générale ne peut être qu'une esquisse du mégacosme

Considérons à présent le second point, c'est-à-dire la question du *contenu physique* des équations d'Einstein. Il s'agit de la représentation du tenseur énergie-impulsion qui est censé formaliser l'énergie-matière de l'univers. On conçoit sans peine qu'il s'agit d'un problème insurmontable si des simplifications draconiennes ne sont pas faites, impliquant des choix critiques pour que les modélisations correspondantes aient quelque valeur descriptive. C'est pourquoi l'hypothèse la plus simple, qui consiste à supposer ce second membre nul, donc que l'espace est vide, a le plus retenu l'attention d'Einstein. La solution correspondante est un espace-temps riemannien, donc muni d'une courbure. Mais comme un espace vide n'a pas de sens physique, l'idée fut d'identifier l'espace *géométrique* riemannien à l'espace *physique* cadre (le contenant), puis de remplir celui-ci avec des champs dont les sources seraient associées aux masses (le contenu). On a vu qu'Einstein a échoué, en particulier à cause des difficultés qu'il a rencontrées dans la représentation de la matière, le problème étant qu'à un continu, celui du premier membre, devrait correspondre un discontinu, celui du second membre. Autrement dit, comment faire apparaître de manière logique et physiquement acceptable l'aspect matériel discrétifié dans une théorie de champs purs ? Malgré de nombreux travaux, c'est un problème jusqu'ici non résolu.

La représentativité du tenseur énergie-impulsion dépend des différents cas particuliers envisagés. Elle est dictée par des contraintes mathématiques de résolvabilité, donc de simplification des modèles utilisés, lesquels doivent également obéir à des critères de vraisemblance et de cohérence tout en permettant des vérifications. Ce qui n'est pas évident mais, fort heureusement, les simulations sont maintenant d'un grand secours. Dans tous les cas, on ne peut espérer que des solutions approximées correspondant à des hypothèses physiques de distribution massique dont les plus courantes sont les suivantes : vide, fluide uniforme (galaxies), de pression nulle, masses isolées, distributions simples de masses, champs superposés (dont électromagnétique)... Avec le choix d'une topologie appropriée – les variantes étant en nombre indéterminé –, on parvient à obtenir certaines solutions exactes des équations du champ ainsi approximées, mais qui ne représentent que des modèles particuliers et incomplets d'univers relativistes, quelques-uns étant plausibles alors que d'autres ne sont pas physiquement acceptables.

Le formalisme de base n'en contenant que deux, il est peu probable que les autres constantes fondamentales, dont la charge élémentaire et une échelle de masses, ou une longueur étalon – qui sont pourtant indispensables –, pourraient être extraites de façon *naturelle* de la théorie. Ce qui pose une question de principe : ***que doit contenir une théorie physique dans son axiomatique de base ?*** La réponse est inconnue, ou plus exactement plusieurs points de vue sont possibles, sans contrainte logique de choix. De plus, la méthode d'Einstein revient à postuler implicitement une géométrisation complète de la physique, ce qui est une hypothèse très lourde car elle ne peut, là encore, être vérifiée qu'a posteriori alors qu'elle ne manque pas de soulever quelques réserves, notamment dans le microcosme, comme j'en ai discuté par ailleurs (réf. p. 46).

Il existe d'autres difficultés techniques comme, par exemple, certaines questions relatives à l'expression de l'énergie gravitationnelle liée à une définition globale de la masse, mais qui n'ont pas leur place ici. Mentionnons encore une question critique, celle du principe de Mach généralisé qui, comme nous l'avons dit, ne paraît pas compatible avec cette théorie. L'étude de ce problème est difficile puisqu'un tel principe impliquerait un univers clos, sans matière libre (non gravitationnellement couplée), ce qui pourrait permettre d'en étudier plus profondément les conséquences, et peut-être même de le réfuter, si quelque modélisation pertinente en justifiait les termes. Et, dans leur généralité de principe, les équations d'Einstein devraient aussi bien décrire les galaxies que les particules élémentaires alors que ce n'est manifestement pas le cas. Il faut cependant tenir compte des restrictions précédentes qui en atténuent la portée : il est vraisemblable que l'on n'en connaît pas l'expression la plus générale. Il serait également possible que l'on ne dispose pas encore des outils théoriques nécessaires car, pour l'instant, la relativité générale reste une théorie heuristique qui devrait certainement être perfectible et généralisable, comme le souhaitait Einstein.

Finalement, compte tenu du nombre de solutions possibles des équations du champ, et de la diversité des valeurs plausibles des paramètres qui y interviennent, on se heurte au problème de la structure géométrique effective de l'univers. On ne sait pas non plus si la formulation caractérisant l'énergie-matière pourrait être rendue physiquement plus acceptable tout en restant opératoire. Or ces questions risquent de perdurer dans la configuration actuelle alors qu'une éventuelle représentation d'un plausible « réel mégacosmique » dépend primordialement des réponses qui pourraient leur être apportées. La connaissance de cette réalité serait capitale puisque, entre autres données, l'origine, l'histoire, les propriétés et le devenir de l'univers en dépendent directement alors que se posent quelques problèmes de fond. Par exemple celui de la densité effective de la matière cosmique, la valeur mesurée ($3\ 10^{-28}$ $kgm.m^{-3}$) étant de l'ordre du dixième de la valeur critique au-delà de laquelle se produirait le big crunch, mais on sait qu'elle n'est connue que par défaut. Il s'agit, en effet, de l'énigme de la matière sombre, problème crucial pour la compréhension de la constitution du cosmos, mais aussi du microcosme si l'on découvrait qu'elle est non baryonique (matière exotique de structure différente de la nôtre et qui n'obéirait pas aux mêmes lois). Son destin relève également de la délicate question de la valeur de la constante cosmologique[1] qui, n'étant pas non plus déterminée

1. Etant arbitraire pour la théorie, et étant censée traduire le couplage entre l'accélération expansionniste de l'univers et la distance, la constante

par l'axiomatique, pose un problème embarrassant depuis les origines de la relativité.

Ainsi, et en dépit de tous ses succès, la relativité générale suscite suffisamment d'interrogations critiques pour que rien ne soit encore objectivement acquis concernant ses capacités de représentation de l'univers tel qu'il peut être perçu aujourd'hui puisqu'on ne connaît pas de modélisation *générale* qui satisferait une réalité mégacosmique logiquement acceptable. Sans compter le problème critique que constitue l'incompatibilité de principe entre la relativité et la physique quantique dont on a déjà parlé et qui reste probablement l'obstacle majeur de l'interprétation de ces deux théories. Pour toutes ces raisons, la plupart des physiciens n'assimilent pas le mégacosme à la relativité générale car ils estiment que l'axiomatique de celle-ci n'est probablement pas sous sa forme définitive. C'est une différence essentielle de point de vue entre cette théorie et la description quantique du microcosme.

Le réalisme relativiste et le réel mégacosmique

La mise en évidence de la déviation gravitationnelle de la lumière, trois ans après la publication d'Einstein, contribua de manière décisive au succès de la relativité générale. L'une de ses applications les plus originales étant de permettre l'élaboration de modèles d'univers, elle fut rapidement mise à contribution. D'ailleurs un peu trop hâtivement puisque, ne considérant que

---

cosmologique est, au mieux, extrêmement petite. Dans les conditions actuelles, elle est quasiment impossible à mesurer donc sa valeur est purement spéculative. Dans ses tavaux initiaux, Einstein l'a choisie nulle, ce que rien ne lui imposait de faire. Pour certaines valeurs de cette constante il existe des modèles d'univers sans singularité à l'origine, ce qui conditionne aussi bien l'histoire de l'univers que celle du temps. Il y a donc une ambiguïté fondamentale à ce propos. D'autant que l'on ignore si l'univers est, ou non, fermé.

des solutions stationnaires alors que d'autres étaient possibles, son auteur passa à côté de la découverte de l'expansion. On a dit que les tentatives destinées à intégrer dans ce cadre les interactions électromagnétiques et gravitationnelles, les seules connues à cette époque, posaient quelques problèmes alors que la mécanique ondulatoire de Schrödinger n'était pas encore née. Mais Planck avait déjà formulé son hypothèse des quanta concernant le rayonnement du corps noir, et Bohr proposé son modèle primitif d'atome, qui constituaient les prémices des difficultés à venir. Cela étant, sous l'action d'Einstein et des relativistes forts de leurs succès, une nouvelle façon de penser le réalisme physique, ou plus exactement une nouvelle *vision* du monde prit corps à partir de la remise en cause profonde des concepts de base que sont l'espace et le temps relativistes. La fin du cadre métaphysique newtonien, absolu mais vide, a nécessairement eu de profondes conséquences sur la perception physique du milieu dans lequel l'homme vit, donc sur la connaissance qu'il peut en avoir[1].

Dans l'introduction du texte exposant le paradoxe E.P.R. (*Phys. Rev.* 47, 777 ; 1935), Einstein *et al.* déclarent : « Dans toute réflexion un peu sérieuse concernant une théorie physique, il importe de prendre en compte la distinction entre la réalité objective, laquelle est indépendante de toute théorie, et les concepts physiques avec lesquels la théorie opère. Ces concepts

1. Insistons sur le fait qu'une grandeur physique quelconque, quelle que soit sa nature, est intrinsèquement invariante. Cela signifie que la façon de la mesurer n'apparaît pas dans la formulation des équations qui doivent la décrire, celles-ci étant covariantes. C'est une condition nécessaire pour qu'une telle grandeur puisse caractériser un élément physique. Il en résulte que toute variation consécutive à un changement de référentiel d'observation est, et ne peut être qu'*apparente*. Et c'est précisément cette invariance de fait qui traduit l'*objectivité* de la relativité. Les concepts de longueur, de masse et d'intervalle de temps, donc également leurs dérivés, possèdent ainsi une signification intrinsèque dans le référentiel propre de l'observateur, qui est le seul physiquement signifiant.

sont faits pour correspondre à la réalité objective et c'est à l'aide de ces concepts que nous nous représentons cette réalité », ce qui est l'expression du réalisme physique relativiste. Ce postulat, celui de l'existence d'une réalité invariante et objective, est ainsi posé mais sans autre précision quant à sa nature. Autrement dit, il existe un réel qui ne doit dépendre ni du choix du référentiel d'observation, ni d'une théorie de représentation censée le décrire, étant évidemment sous-entendu que celle-ci est apte à le faire. Ce faisant, ces auteurs admettent l'existence de concepts physiques à propos desquels ils ajoutent : « Pour chercher à évaluer la réussite d'une théorie physique, deux questions doivent être posées : (1) "la théorie est-elle correcte ?" et (2) "la description donnée par cette théorie est-elle complète ?". Ce n'est que si l'on peut répondre par l'affirmative à l'une et à l'autre de ces deux questions que l'on est en droit de déclarer satisfaisants les concepts de cette théorie. » Ces concepts, qui ne sont pas la réalité objective, doivent donc être caractérisés par leur capacité de « représentation », ce qui suggère, au sens général du terme, l'idée de « figuration » qui semble être une donnée latente dans toute modélisation einsteinienne.

Malgré tout, bien que la relativité établisse l'équivalence des descriptions indépendamment des observateurs, pour Einstein le réalisme physique qui leur correspond est à la fois imaginatif et mathématique, l'itération entre les deux devant être permanente. Car, selon lui, l'expérience ne peut pas conduire à elle seule à la connaissance rationnelle de la nature. Mais si, comme il n'hésite pas à l'affirmer, le but de la relativité générale est la géométrisation totale de la physique, il existe pourtant une différence de principe entre un objet physique concret et l'éventuelle multiplicité de ses descriptions analytiques. En effet, un tel objet est une donnée naturelle alors que ses modélisations, quelles qu'elles soient, doivent avoir pour fonctions essentielles le calcul, la déduction et la prévision, toute éventuelle concrétisation n'étant qu'un acquis supplémentaire. Ce qui, pour Einstein, ne limite en rien le réalisme relativiste parce que l'intuition a besoin d'un support externe, donc puisé dans le milieu, d'où l'idée de « représentation ». Ainsi, à propos de l'interprétation quantique, il déclare : « J'avoue ne pouvoir attacher qu'une importance transitoire à une telle interprétation. Je crois toujours en la possibilité d'un modèle de réalité, c'est-à-dire en une théorie qui représenterait les choses elles-mêmes et non seulement la probabilité de leur intervention » (*Essays in Science* ; 1955).

Finalement, que peut décrire et représenter la relativité générale ? Assez bien un certain nombre de constituants du mégacosme car on a vu que, à quelques exceptions près telles que les trous noirs ou les naines brunes, les différents objets célestes sont des entités observables, donc objectivement réelles au regard de l'information physique qui les caractérise. Elle rend moins bien compte de leur formation, de certaines de leurs propriétés et de la hiérarchie des grandes structures qui y sont recensées, en particulier les galaxies et leurs groupements. En fait, ce sont les modélisations de l'univers lui-même qui restent incertaines, ne parvenant pas à en donner une vision d'ensemble qui soit véritablement représentative, pas plus qu'elles ne prévoient effectivement son évolution à long terme. Notons également que la limite théorique imposée par la vitesse de la lumière implique l'existence d'un horizon relativement à la connaissance que l'on peut en avoir. Dans toutes ces descriptions, le réel mégacosmique n'est que partiellement physique, le poids des mathématiques étant lourd, et même très lourd, à commencer par tout ce qui concerne l'espace lui-même. Car outre le fait qu'il faut distinguer les structures mathématiques et les schématisations qui leur correspondent, seuls les invariants différentiels ont un sens pour l'espace géométrique alors qu'ils n'ont intrinsèquement aucune signification physique de sorte que le raccord entre les deux est nécessairement conjectural. En d'autres termes, un obstacle majeur provient du fait que l'on ne peut pas *objectivement et concrètement représenter physiquement* des espaces de dimensions supérieures à trois ; tout juste peut-on les imaginer, le plus souvent mal ! Toute tentative de figuration globale ne peut que se rapporter à une mauvaise « euclidiénation » qui fait perdre son originalité à la relativité générale. C'est l'une des difficultés essentielles de modélisation et d'interprétation de quelque réalité mégacosmique que ce soit, d'autant que si la relativité générale est une interprétation géométrique des phénomènes physiques, elle n'est que cela et *non ces phénomènes eux-mêmes*, ce que certains théoriciens (ou épistémologues) auraient quelque peu tendance à oublier.

Ainsi l'ambition d'Einstein, qui aurait été de faire de la relativité générale, dans sa formulation la plus large, la théorie mathématique complète d'un super-objet géométrique idéalisé, dénommé univers, a échoué. Indépendamment de son caractère quelque peu démesuré, mais il ne s'agissait que d'un programme heuristique, il s'est heurté à certaines difficultés techniques paraissant insolubles. L'une des plus critiques étant, comme on l'a dit, le hiatus inévitable entre la continuité du contenant et la discontinuité du contenu. Autrement dit, celle des sources de champs. Une autre tenant au fait que les rapports entre la modélisation et quelque réel que ce soit comportent irréductiblement une part spéculative génératrice d'incertitudes, et même source potentielle d'erreurs. Il n'en reste pas moins vrai qu'une certaine idée d'une réalité mégacosmique (hypothético-observationnelle) peut s'en déduire si, comme on l'a déjà dit à propos de la connaissance et de son expression, on admet que le réalisme n'est pas, et ne peut pas être synonyme d'« image » car il existe d'autres formes de description de la réalité.

Terminons en remarquant que, le recul aidant, on peut mieux aujourd'hui comprendre les raisons de la querelle ayant opposé Einstein à Bohr. D'une part le mégacosme, tel qu'il était connu à cette époque, semblait être le prolongement naturel du mésocosme, à quelques aménagements près, alors que, d'autre part, ce ne pouvait pas être le cas du microcosme. Aussi, et sans entrer dans le détail, peut-on considérer que deux attitudes étaient possibles : soit, avec les moyens de l'époque, prendre acte de cette discontinuité et tenter d'en analyser les données, soit la rejeter en remettant tout en cause, relativité comprise, c'est-à-dire entrer en conflit avec son auteur. La première solution aurait exigé du temps, donc de la patience, pour constituer un argumentaire cohérent et significatif – qui resterait d'ailleurs à parfaire, sinon à faire. Or la recherche est d'abord une compétition et une confrontation (des idées, certes, mais plus sûrement des hommes), d'où le recours quasi inévitable à la seconde occurrence. Pourtant, il n'y a pas symétrie des problèmes car si la relativité est fondée sur une axiomatique plus cohérente et plus physique que la théorie quantique, point faible de celle-ci, son champ expérimental reste encore beaucoup trop restreint pour soutenir la comparaison avec les résultats de cette dernière. Ce qui ne prouve évidemment rien quant à la validité de chacune d'elles.

Il n'en demeure pas moins que ces deux théories eurent, et ont toujours une influence scientifique considérable, notamment en associant la cosmophysique à l'étude des particules élémentaires et des hautes énergies qui sont à la base du modèle du big bang, et en suscitant le développement de nouvelles branches des mathématiques et de la physique. Leur fécondité a été, et reste telle qu'elles sont parvenues à renouveler profondément notre connaissance de l'univers. À ce titre elles ont contribué de manière décisive à la progression de la pensée rationnelle, et sont devenues les deux langages fondamentaux de la théorie physique. Pourtant, l'un des problèmes majeurs qui reste posé est celui de leur inconciliabilité : *elle n'est pas de forme mais de principe*, quoi que puissent laisser supposer certaines approches actuelles qui ne sont que de circonstance. C'est un étrange et troublant paradoxe qui pose la redoutable question de leur représentativité et de leur signification, la perspective la plus plausible étant que ce ne sont que deux cas limites d'une théorie plus générale dont le formalisme reste à découvrir, ce qui devrait être l'un des problèmes majeurs de demain.

Chapitre 6

Les méthodes de la physique et les difficultés de l'interprétation

La physique classique n'a pas connu de problème d'interprétation, assurée qu'elle était de l'existence de vérités naturelles immuables et d'une évidence telle que la logique et le bon sens devaient permettre à eux seuls de les découvrir. C'est, comme nous en avons discuté au premier chapitre, le mythe d'Euclide qui a eu pour conséquence l'élaboration d'un cadre intellectuel de représentation du monde fondé sur des absolus, qu'il s'agisse du temps, de l'espace ou des phénomènes qui s'y déroulent, les deux premiers étant mutuellement indépendants. Newton, créateur de la physique mathématique, les a géométrisés pour développer sa mécanique dont les remarquables succès ont semblé confirmer ce point de vue. Il faut insister sur le fait que, durant plus de deux siècles, cette représentation fut considérée comme étant la vérité rigoureuse, elle aussi absolue, et non comme un modèle, notion totalement inconnue à l'époque. C'est pourquoi un nombre important d'interprétations relevant de ce cadre se sont ensuite révélées fausses, l'une des plus paradoxales étant l'existence de l'éther supposé nécessaire pour la transmission des ondes lumineuses dans le vide. On sait les difficultés qu'il a créées pendant près d'un siècle, un peu comme aujourd'hui la synthèse quanto-relativiste bien que celle-ci soit d'une nature tout à fait différente. Il en fut de même avec le concept de force et de transmission instantanée d'informations, ou d'effets physiques, quelle que soit la distance. Et l'on pourrait citer bien d'autres exemples d'interprétations inexactes qui n'ont pas été sans conséquences, tant sur le développement des sciences que sur leurs applications.

C'est dans ce contexte que s'est développé le concept de réalisme, *exclusivement* au sens philosophique, la question centrale étant de discuter la nature des rapports pouvant relier l'acte de perception aux objets perçus. Bien qu'elle ait dérivé au fil du temps vers le discours sur les effets de la division du monde entre observant et observé, c'est-à-dire entre le sujet et l'objet, l'enjeu concernait les caractéristiques ontologiques, et non scientifiques, de la connaissance qui pouvait ainsi être obtenue. *Car il ne s'agissait en aucun cas de discuter l'interprétation de la science dont le caractère de vérité absolue n'était nullement contesté.*

C'est la relativité restreinte qui, en liant l'espace et le temps, et en relativisant les observations, c'est-à-dire en faisant explicitement intervenir l'observateur, a porté le premier coup, qui allait s'avérer mortel, au mythe d'Euclide. Comme les conséquences physiques de cette théorie sont en contradiction profonde avec les observations usuelles du mésocosme, il fallut beaucoup de temps pour qu'elle s'impose... alors qu'elle fut source de nombreuses erreurs d'interprétations, particulièrement chez certains philosophes connus dont les discours ont commencé à faire dériver le sens du concept de réalisme tel qu'indiqué ci-dessus. Pourtant toute l'histoire montre le caractère évolutif de l'idée du réel exprimé par les sciences de la matière et de la nature puisqu'il est lié aux progrès des techniques permettant l'analyse du milieu. La relativité générale, en allant jusqu'à exclure l'espace physique euclidien lui-même, contenait potentiellement la révolution qui s'annonçait. Or tous ces événements se déroulaient dans une période de bouleversements intellectuels puisque aussi bien l'atomisme, qui perçait avec tout son cortège de difficultés, que la crise des mathématiques remettaient en cause une grande partie des savoirs de l'époque. Peu après, la mécanique ondulatoire porta l'estocade finale. La fin du déterminisme classique, qui constituait l'un des grands principes fondateurs de la science rationnelle, jeta le plus grand trouble, aussi bien chez les scientifiques que chez les penseurs de tous ordres. Et la querelle quantique finit par s'étendre à l'ensemble de l'interprétation des sciences de la nature, l'enjeu étant précisément le réalisme physique. Ainsi, en quelques décennies étaient réfutées les certitudes qui, à travers le mythe d'Euclide, avaient partout régné sans partage. Ce ne pouvait naturellement pas être sans conséquences sur la représentation du monde physique, d'autant que les découvertes de Hubble contribuaient à étendre le champ des incertitudes à l'univers lui-même.

Parmi d'autres conséquences, la soudaine effervescence de cette époque a été à l'origine d'une malencontreuse confusion entre le réalisme philosophique, celui de l'acte général de *connaissance*, et sa version scientifique, celui de l'*interprétation physique* né de l'axiomatique quantique. Car, contrairement au premier qui concerne une question psychique, le second pose un problème de physique, et uniquement de physique : celui des potentialités de description de l'expérimentation. Bien que tout le monde soit d'accord pour admettre que la physique est d'abord la science de la mesure, en revanche personne ne l'est pour déterminer sur quoi elle peut effectivement expérimenter et même, dans le cas quantique, sur ce qu'est la mesure. Et si l'objet du réalisme physique concerne l'acte de connaissance de la nature, il s'agit de sa représentation rationnelle, c'est-à-dire de l'évaluation des capacités et des limites des méthodes permettant son analyse scientifique, et non de l'étude des rapports existant entre le cerveau et le milieu. Ce problème n'est d'ailleurs pas non plus du ressort de la philosophie, les neurosciences étant précisément faites pour cela. En l'état présent des sciences exactes, une telle confusion entre ces deux versions du réalisme n'est plus rationnellement acceptable et c'est pourquoi ce concept doit être revisité. Mais il ne peut l'être qu'à travers la méthodologie scientifique, comme nous allons en discuter.

Puisque la physique théorique n'existe qu'en fonction des

mathématiques, qui jouent d'ailleurs un rôle essentiel dans toutes les sciences de l'énergie-matière, on peut également s'interroger sur leur représentativité. D'autant que certains objets dont traite cette physique sont des purs produits de la théorie de sorte que leurs possibles rapports à quelque hypothétique réel sont tout à fait conjecturaux. Comme cette situation tend à se généraliser, particulièrement dans le microcosme et dans le mégacosme lointain, elle contribue, elle aussi, à brouiller l'idée du réalisme physique relativement à certaines formalisations poussées à l'extrême comme c'est, par exemple, le cas de l'hypothèse des univers multiples (Everett). C'est pourquoi de nombreux physiciens ont une tendance croissante à ignorer ces questions qui, pourtant, relèvent également de leur activité.

Le sixième problème de Hilbert et la modélisation physique

Le sixième problème de Hilbert a posé la question de l'axiomatisation de la physique[1]. Il s'agissait naturellement d'envisager cette opération sur les différentes parties permettant la formalisation, et non d'une synthèse générale puisqu'il existe à l'évidence des domaines expérimentaux pour lesquels cette démarche est sans objet. Ce qui n'empêche cependant pas leur

1. Au congrès de mathématiques qui eut lieu à Berlin, en 1900, D. Hilbert proposa une liste de vingt-trois problèmes fondamentaux qui devraient être résolus pour en assurer les bases, à l'époque ébranlées par certaines découvertes, notamment en théorie des ensembles, et durement contestées par les constructivistes dont le chef de file fut L.E.J. Brouwer. L'énoncé du sixième problème est le suivant : « Axiomatiser les sciences physiques dans lesquelles les mathématiques jouent un rôle déterminant. » C'est lors de cette réunion que furent introduits le concept de langage formel et la théorie de la démonstration fondée sur les propriétés combinatoires des symboles, sur les règles d'inférence et sur le calcul des prédicats. Les méthodes finitistes furent également codifiées, montrant ainsi le rôle essentiel des fonctions récursives, les seules qui, par suite de leur caractère algorithmique, permettent le calcul donc les modélisations et les simulations informatiques.

codification. On a de bonnes raisons de supposer, aujourd'hui, que cette perspective n'est pas à notre portée, du moins en l'état présent de la physique mathématique qui n'est toujours pas en mesure de concevoir une base axiomatique quanto-relativiste cohérente et pertinente. En fait, et c'est son principal intérêt, le sixième problème énoncé par Hilbert est celui des relations entre les mathématiques et la théorie physique. Or cette question ne peut pas être envisagée sans prendre en considération les données relatives à la représentation et à l'interprétation qui sont les référents fondamentaux de la physique. C'est pourquoi l'idée de modélisation [1] – qui est également devenue une branche importante des mathématiques, comme le sont les théories des ensembles, de la preuve et de la calculabilité (récursion) – s'est peu à peu introduite en tant que moyen général de conceptualisation théorique d'une réalité symbolique associable au domaine physique ainsi représenté. C'est, par exemple, le cas du modèle standard que l'on trouve aussi bien dans le microcosme que dans la géométrisation einsteinienne de l'univers. Mais étant construite, une telle représentation physique formalisée ne peut évidemment pas être affectée d'une valeur de « vérité scientifique » *intrinsèque*, en dépit de ses capacités explicatives et interprétatives qui lui servent de justification. Cette restriction ne fait pourtant pas partie des préoccupations principales de certains philosophes des sciences.

Dans son principe, la modélisation consiste à remplacer les données physiques d'un problème par des objets et des relations

---

1. Précisons que si la théorie a pour fonction de permettre les calculs, le modèle sert à l'interprétation. Bien que ces deux concepts soient étroitement liés, c'est le plus souvent le premier qui engendre le second, donc qui est le plus général. Par exemple la *théorie* de la relativité est caractérisée par les équations d'Einstein et ce sont leurs solutions qui génèrent les différents *modèles* d'univers. La théorie quantique est d'une nature différente car son axiomatique est définie dans un espace figuratif sans rapport direct avec celui de la physique. Dans la discussion qui suit, il s'agit de la modélisation au sens général.

mathématiques. Comme il faut imaginer ces figurations symboliques, elles sont le plus souvent archimédiennes, c'est-à-dire simplifiées à l'extrême. Leur étude ne pouvant se faire que dans un cadre théorique approprié, la construction d'un modèle présuppose le choix d'une géométrie, d'une algèbre et d'un groupe de relations censées traduire les lois régissant les comportements et les interactions physiques. En pratique, la modélisation s'appuie sur une théorie qui est suffisamment générale pour intégrer ces données primitives. La représentativité d'un tel ensemble dépend de la pertinence des axiomes, des postulats et des principes qui le fondent, ainsi que de la nature du champ physique et de la qualité de la formalisation de son contenu. Comme ces données préalables ne sont pas uniques, il peut exister plusieurs modèles généraux pour une même théorie, par exemple ceux d'univers, qui posent la question des critères de choix dont la cohérence et la vraisemblance font partie. Sans entrer dans les détails, indiquons que quelques questions critiques ne peuvent être évitées, l'une des plus importantes concernant le choix des axiomes qui déterminent la qualité du modèle considéré. Il en va de même pour les propriétés que doit posséder l'espace géométrique, comme le montre la relativité générale. Et, bien que cette méthode soit universellement utilisée, on ne sait cependant pas si une éventuelle représentation de l'univers pourrait être réductible à une structure mathématique autoconsistante, ce qui n'est pas une question triviale.

En principe, à travers la modélisation qui lui est propre, la théorie mathématique d'un problème physique devrait permettre d'en extraire des solutions – exactes si possible, ce qui est rare, sinon approchées – décrivant les comportements qualitatifs et quantitatifs des phénomènes étudiés dont découleraient l'interprétation et la prévision. En pratique c'est une autre affaire. La relativité générale, cadre du mégacosme, ne fixe que la métrique qui conduit à une multiplicité de solutions géométriques, donc de modélisations de l'espace extractibles des équations d'Einstein, selon les hypothèses mathématiques et physiques qui sont faites. Outre la liberté topologique, la formulation tensorielle autorise différentes possibilités algébriques, sous réserve de certaines conditions. Quant aux lois et propriétés physiques qui sont représentées par le tenseur énergie-impulsion, elles font l'objet de modélisations spécifiques dépendant des problèmes traités. Cette théorie, aboutissement ultime d'une vision déterministe et classique de l'univers, permet de construire nombre de modèles de celui-ci qui sont en fait des superpositions de sous-modèles juxtaposés, parfois emboîtés, selon les hypothèses faites pour exprimer les deux membres des équations du champ. Une telle situation ne convient pas pour étudier les rapports effectifs de la relativité avec quelque réel mégacosmique sans recourir à des hypothèses lourdes qui ne peuvent qu'en restreindre la signification. Ce qu'a bien exprimé Eddington quand il a déclaré : « On ne démontre pas "une certaine propriété de l'univers" mais on démontre que si l'on accepte quelques principes de base simples, alors "il en résulte certaines propriétés de l'univers". » Il s'agit, certes, d'une nuance mais qui est de taille !

Pour ce qui concerne le microcosme, la théorie quantique n'obéit pas à un tel schéma, la modélisation ne résultant pas de son axiomatique. En effet le vecteur d'état, porteur potentiel de toute l'information caractérisant le système matériel qu'il symbolise, n'a cependant, en tant que tel, aucun rapport *direct* avec l'espace physique associé. Celui-ci est tout simplement ignoré, le formalisme étant entièrement contenu dans l'espace des vecteurs d'état. L'axiomatique postule que des opérateurs potentialisent entièrement les grandeurs physiques auxquelles ils sont associés alors qu'aucune référence à l'observation concrète n'est prise en considération. Quant à l'opération de mesure, qui est la seule liaison effective de cette axiomatique à la physique, on a discuté les difficultés insurmontables qu'elle soulève. L'indécidabilité de tout résultat, liée à la façon dont il est extrait de la multiplicité des valeurs propres de l'opérateur associé, est à l'origine du caractère intrinsèquement probabiliste de la physique quantique, ce qui l'exclut de la classe des théories déterministes, comme le confirment d'ailleurs les relations d'indétermination. Il s'agit, en fait, d'une représentation formellement abstraite d'une physique statistiquement idéalisée. Dans son principe, la théorie quantique peut donc s'abstraire de la modélisation, au sens d'une représentation schématisée, d'où le problème *indécidable* de son interprétation physique. Elle appartient à la classe des formalisations *opérationnalistes* dont la fonction première est de fournir des équations pour chercher à les résoudre, c'est-à-dire à faire des calculs, mais non à décrire les objets en termes conventionnels de la physique usuelle. En définitive, et comme on l'a dit, elle n'est pas autre chose qu'une théorie mathématique et c'est pourquoi les difficultés qu'elle soulève au regard de la physique proviennent de ses postulats plutôt que de leurs applications. En d'autres termes, par leur nature ceux-ci ne peuvent qu'en virtualiser le contenu physique, donc se couper de tout rapport avec quelque réel que ce soit.

Remarquons encore qu'il existe différentes théories des modèles mathématiques dont l'une des fonctions essentielles est l'étude des conditions de validité de toute axiomatique[1]. Car les justifications ne peuvent résulter que des conséquences qui s'en déduisent alors que tout résultat nouveau peut nécessiter des remises en cause. La non-unicité d'un jeu commun de postulats de départ montre, là encore, la nécessaire pluralité des modèles. Ce résultat s'applique à la physique, dans le microcosme comme dans le mégacosme, d'autant que les conditions initiales ne peuvent pas non plus être arbitraires. Par exemple

1. Les axiomes doivent être indépendants, consistants (non contradictoires, c'est-à-dire que l'on ne peut en déduire deux assertions contraires) et si possible complets (on peut en extraire toutes les assertions obéissant à la syntaxe). Ils doivent également être cohérents et vraisemblables. On sait que pour les systèmes arithmétisables, ce qui est le cas usuel des modèles physiques généraux, la consistance et la complétude ne peuvent pas être démontrées simultanément (théorème de Gödel), ce qui implique l'existence de propositions indécidables au niveau considéré.

ce sont les circonstances ayant présidé aux possibles origines du big bang qui représentent l'un des points faibles du modèle standard, en particulier l'hypothèse de l'inflation. Ces recherches mettent également en évidence le rôle majeur des symétries, c'est-à-dire de la théorie des groupes, et des invariants qui, se traduisant par des lois physiques de conservation, constituent des critères de sélection et jouent un rôle essentiel dans les rapports des modèles à la physique. L'étude théorique de la modélisation apporte donc une contribution essentielle à l'interprétation physique, tout modèle n'étant au mieux qu'une schématisation provisoire d'un certain réel potentialisé de sorte que *l'un et l'autre ne doivent surtout pas être confondus*. Mais la question est celle de leurs relations réciproques. Or, pour différentes raisons, les résultats les concernant restent sommaires, notamment parce qu'un certain nombre de difficultés sont liées à des paradoxes sémantiques qui limitent les formalismes. Aussi est-ce aux théories des langages formels d'étudier ces problèmes.

Les modèles non standards[1]

Bien qu'il s'agisse d'une question de mathématique, elle n'est pas sans intérêt pour la compréhension de la modélisation, même si les applications physiques restent à faire. Car le fond du problème est le suivant : étant donné un protocole de description d'un objet mathématique bien défini, sous certaines conditions il peut avoir plusieurs interprétations. Pour préciser, indiquons que les mathématiques sont caractérisées par des langages formels, c'est-à-dire symboliques, obéissant à des règles parfaitement codifiées qui permettent de faire des phrases bien construites en ce sens qu'elles sont strictement conformes à la logique propre du système. Il s'agit généralement de raisonnements destinés à démonter des théorèmes qui sont des déduc-

1. Pour les détails, on peut consulter la référence de la p. 46 (p. 214-217).

tions extraites des postulats par des inférences logiques et les calculs des prédicats. Comme l'étude du milieu matériel ne saurait exister sans la mesure des grandeurs qui le caractérisent, et comme toute mesure est représentable par un nombre rationnel (la précision étant nécessairement limitée par les instruments et les étalons), il y a correspondance entre la modélisation physique et l'arithmétique usuelle qui, par extension de la symbolique et de la formulation des lois, est celle des nombres réels.

Cela étant, on peut montrer que, sous certaines conditions, à un ensemble bien construit de phrases vraies (si l'une est fausse, sa négation est vraie) d'un langage formel relativement à une axiomatique, il correspond une structure mathématique appelée modèle standard de celle-ci. Bien qu'on ne le connaisse pas nécessairement, ce modèle est cependant un objet parfaitement défini par cet ensemble de phrases de sorte qu'il se prête à l'analyse mathématique. Le point essentiel est alors le suivant : on peut démontrer que le modèle standard n'est pas l'unique représentation de cet ensemble de phrases, c'est-à-dire qu'il existe d'autres modèles possibles qui, pour cette raison, sont déclarés non standards. En d'autres termes, l'ensemble des phrases initiales de description peut être réinterprété pour définir un autre objet, ou ensemble non standard, dans lequel elles restent vraies, mais avec des significations différentes.

C'est le logicien T.A. Skolem qui a découvert l'existence de modèles non standards de l'arithmétique. Des travaux ultérieurs ont permis à A.I. Maltsev et L.A. Henkin de montrer que si tout sous-ensemble fini d'une collection de phrases de l'ensemble considéré ci-dessus est vrai dans le modèle standard, alors il existe un modèle non standard dans lequel la collection est vraie. Par arithmétique interposée, et moyennant certaines hypothèses, cette propriété doit être transposable à la modélisation physique. On peut, en effet, déduire du théorème de Löwenheim-Skolem [1]

1. Ce théorème déclare : « Toute théorie du premier ordre qui admet un modèle admet un modèle dénombrable », d'où il résulte qu'un ensemble de

sur la théorie des modèles mathématiques que si l'on connaissait toutes les phrases vraies qu'il est possible de construire sur la description analytico-numérique de l'univers, il existerait cependant d'autres modèles d'univers différents (non standards) auxquels s'appliqueraient ces phrases. En conséquence, un ensemble de phrases valides (axiomatiquement bien construites) susceptibles de décrire un modèle d'univers ne peut pas correspondre à une seule représentation, c'est-à-dire à une interprétation unique, ce qui signifie que le concept de réel est inaccessible par la théorie des modèles arithmétisables (mais *inaccessible* ne signifie pas *inexistant*). En fait, le problème posé est celui de la sémantique attachée à l'utilisation des mathématiques : que peuvent-elles représenter ? Nous allons y revenir.

Géométrie et espace physique

C'est également Hilbert qui, dans son ouvrage fondamental *Grundlagen der Geometrie* (1899), s'est longuement interrogé sur les axiomes de la géométrie, montrant que le concept de « proposition évidente », au sens utilisé par Euclide dans la formulation de ses postulats, n'a aucune valeur scientifique. Son énorme travail, précédé d'une étude analogue sur la théorie des nombres exposée dans son *Zahlbericht* (1887), a fait prendre conscience qu'une axiomatique n'est pas, et *ne peut pas être l'expression d'une « vérité absolue », quelle qu'elle puisse être.* Avec pour conséquence qu'il doit en aller de même pour toute modélisation qui se fonde sur cette méthodologie.

---

phrases vraies (formules de calcul des prédicats du premier ordre) possédant un modèle infini M possède également un modèle dénombrable M élémentaire équivalent à M. Notons que ce résultat est à l'origine du paradoxe de Skolem : « Un modèle dénombrable de la théorie des ensembles contient des ensembles non dénombrables. » Quelle est alors la validité du concept de réel relativement à la théorie des ensembles, donc à toute représentation formalisée ?

Cela étant, Hilbert fait de l'espace géométrique un objet purement mathématique, c'est-à-dire entièrement disjoint de l'espace physique, contrairement à ce qui était admis depuis Euclide, hypothèse qui avait été source de nombreuses confusions. Pour lui, la question n'est pas de recenser les propositions qui semblent vérifiées dans le monde physique, mais de chercher à quels éléments de théorie il est indispensable de recourir pour démontrer une proposition géométrique donnée. C'est l'amorce d'une révolution dans la perception des mathématiques car le « réel observable » est rejeté au seul profit des structures et des relations logiques de dépendance (p. 69, n. 1) et de compatibilité entre des propositions abstraites : deux propositions sont logiquement compatibles si elles sont simultanément vérifiées dans un même modèle, c'est-à-dire dans la même axiomatique. Il en résulte que deux propositions sont logiquement indépendantes si l'une vérifie un modèle que l'autre ne vérifie pas. C'est le cas de l'axiome des parallèles d'Euclide dont la négation est à l'origine des géométries non euclidiennes. Chacune d'elles, celle d'Euclide comprise, est vraie dans son axiomatique, mais seulement dans son axiomatique, alors qu'elles ne sont pas contradictoires. C'est tout ce que l'on peut en dire, et c'est parfaitement suffisant pour leur interprétation. Là encore, cet exemple montre que le concept de vérité est relatif.

Comme je l'ai exposé dans *Le Modèle géométrique de la physique*, les travaux de Hilbert ont conduit à une inversion de la situation puisque, compte tenu de certaines contraintes de compatibilité liées à la réduction des grandeurs fondamentales, la physique postule à présent que c'est l'espace physique qui est formellement identifiable à un espace géométrique de représentation, le problème étant de le construire. Cette démarche présuppose que toute propriété physique est géométrisable, ce qui est une assertion épistémologiquement forte que rien ne prouve de façon incontestable, en particulier dans le microcosme. Pour ne citer que quelques cas, rappelons la quasi-impossibilité de concilier la continuité géométrique à la discontinuité quantique, comme le montrent aussi bien l'échec des tentatives d'Einstein, qui voulait tout réduire à des champs, que les problèmes soulevés par les champs quantiques qui, malgré des apports importants, contribuent plutôt à déplacer les ambiguïtés qu'à les résoudre. Une question préoccupante, liée à la précédente, concerne le dilemme de la représentation des particules élémentaires et de leurs propriétés physiques, la solution des supercordes, dont le caractère ad hoc est indéniable, ne faisant que rejeter les complications à la marge. Ces difficultés sont encore aggravées par le fait que le concept de distance devient flou dans le microcosme, à cause du principe d'indétermination, et difficilement définissable dans le mégacosme par suite de la courbure.

On pourrait continuer, mais ce qui précède suffit déjà à montrer que la source principale des divergences tient au fait que l'espace physique est engendré par l'énergie-matière alors que sa modélisation géométrique est un pur produit des mathématiques. C'est le raccordement qui crée les difficultés car si le premier est une donnée de la nature, la seconde est imaginée et, par construction, elle ne comporte *physiquement* que des longueurs [1] (le cas échéant orientées), dont on déduit des angles, et des scalaires. Il faut donc y introduire l'énergie-matière ce qui, de façon mystérieusement étrange, est possible car celle-ci est précisément elle aussi un scalaire, condition impérative de compatibilité. Toute la physique est le résultat exceptionnel de cette remarquable propriété qui autorise de faire les observations et les expériences dans l'un et les calculs dans l'autre. L'intérêt majeur est que, dans les conditions ordinaires (celles du mésocosme), cette identification est certainement justifiée, au moins

1. On peut en effet montrer (réf. p. 46 ; p. 210-213) que, selon les hypothèses de la géométrisation, les équations aux dimensions de la physique peuvent se réduire à une seule. C'est, dans ce cadre, la longueur qui est choisie par commodité pour la représentation géométrique. Il faut cependant préciser que rien ne l'impose, le temps ou l'énergie-masse pouvant tout aussi bien convenir. Notons également que c'était généralement à partir de carrés que l'axiomatique introduit les longueurs.

en valeur moyenne. En schématisant sommairement on peut dire que l'espace matériel est celui de la physique quantique et de ses prolongements, la modélisation étant celle de la relativité générale. Pourtant, il serait surprenant qu'il n'existe pas quelques limites, par exemple dans des conditions extrêmes ou frontières telles que celles de Planck, du big bang, des trous noirs, des sources de sursauts gamma, des processus de créations-annihilations, au niveau des quarks, dans des états hautement instables... domaines dans lesquels on n'est pas même assuré que les lois usuelles de la physique soient encore applicables. De plus, il faut également remarquer que, *à une question posée dans l'espace physique, la réponse est le plus souvent apportée dans sa représentation géométrique*, ce qui ne peut pas non plus être neutre.

La simulation

La simulation est de l'expérimentation informatique faite sur un modèle archimédien qui est supposé représenter un problème particularisé. Bien qu'un grand nombre de phénomènes soient simulables, tous ne le sont cependant pas, par exemple la météorologie[1] ou les processus cérébraux fondamentaux (exemple : qu'est-ce que *comprendre* ?). On a d'ailleurs dit que, soit pour des questions de temps de calcul, soit pour des raisons d'ordre mathématique, il existe des classes de problèmes intrinsèque-

1. La météorologie est régie par des relations mathématiques mais les conditions initiales nécessaires pour étudier certaines situations sont d'une criticité telle que toute variation, même infinitésimale, peut entraîner de fortes divergences des solutions. L'atmosphère dans son ensemble est cependant équivalente à un calculateur analogique déterminant sa propre évolution. En général, on ne peut pas simuler un ensemble complexe qui n'est pas modélisable par un système plus simple, ce qui est le cas ici. C'est également vrai pour le cerveau, d'où les difficultés de ce qu'il est convenu d'appeler l'« intelligence artificielle » (j'ai discuté cette question dans la référence de la p. 57).

ment difficiles, et même insolubles. En règle générale, la procédure consiste à recenser les mécanismes physiques dans un cadre le plus représentatif possible, puis à les traduire en équations et relations permettant de constituer un modèle algorithmique, ce qui limite la formulation aux fonctions récursives. Pour être significatif, celui-ci doit être pourvu d'un nombre suffisant de degrés de liberté puisque ce sont les variations de ces paramètres qui déterminent les possibilités d'approximations successives ainsi que la qualité des études d'« essais et erreurs ». Car la simulation est un processus heuristique qui se fonde sur des méthodes itératives de calcul numérique.

Elle est utilisée soit quand les expérimentations ne sont pas possibles, par exemple en dynamique galactique, soit quand les phénomènes sont trop complexes, tels que ceux rencontrés en théorie cinétique des gaz, en physique des plasmas ou dans les processus non linéaires. À partir d'une schématisation inductive, même assez grossièrement formalisée comme ce peut être le cas en cosmophysique, et d'approximations plus ou moins sophistiquées, on observe les différentes évolutions du modèle en fonction des valeurs des paramètres et des groupes de relations utilisées, de sorte que l'on puisse en déduire ce que seraient les comportements correspondants dans des situations physiques supposées équivalentes. Si certains résultats intéressants et originaux ont déjà été obtenus, aussi bien en physique relativiste que dans différentes recherches sur des états quantiques complexes, des limites sont cependant assez vite atteintes quand le nombre de composantes devient élevé, par exemple dans l'analyse des structures galactiques ou des processus de formation des étoiles. Parmi de multiples applications, la dynamique du big bang et l'étude du modèle standard, ou certaines simulations quantiques, sont des sujets qui se prêtent à la modélisation informatique qui, bien entendu, se distingue des méthodes de résolution numérique des problèmes théoriques. Une autre application féconde a pour objet la recherche de modèles applicables à des phénomènes pour lesquels on ne dispose pas de bases théoriques satisfaisantes comme c'est, par exemple, le cas des états chaotiques, ou turbulents, et dans certains processus transitoires rapides ou très instables. Par approximations successives, on peut faire des sélections, la difficulté étant de parvenir à déchiffrer la nature des mécanismes physiques sous-jacents, c'est-à-dire des lois de comportement ou des règles de sélection, opérations qui peuvent être facilitées par le recours à l'algorithmique (et éventuellement à la cybernétique dans les problèmes de comportement). Mais dans tous les cas, il faut se souvenir que simuler un phénomène n'est pas le reproduire.

Outre son utilisation en recherche, la simulation est aussi une méthode efficace pour tester des modèles et étudier des situations expérimentalement artificielles. Considérons la question suivante : d'autres univers que le nôtre sont-ils possibles ? Bien que deux couples de données soient critiques, les lois qui y régneraient et la valeur des constantes fondamentales, bornons-nous à ne considérer que ces dernières. Il est possible de tester sur ordinateur des modèles d'univers dans lesquels ces constantes seraient modifiées. Ces études montrent que toute variation, même infime, conduirait à des mondes totalement différents. Par exemple la chimie, qui est régie par la loi d'interaction électromagnétique, donc qui dépend de la constante de structure fine la caractérisant, serait profondément bouleversée avant de devenir très rapidement impossible. En effet, l'atome deviendrait un monstre instable de sorte que la molécule, donc la matière disparaîtraient et la biologie n'existerait pas. Il en irait de même pour les composants nucléaires si les constantes de couplage des interactions forte et faible étaient variées, ne serait-ce que légèrement. Selon ces résultats, il semble que l'univers aurait dû avoir la probabilité la plus grande de n'être qu'un gigantesque amas de constituants primordiaux dans lequel il ne se serait rien passé, notamment si la constante de gravitation n'avait pas permis le confinement. Car bien que ce soient les interactions nucléaires qui transforment la matière primitive et la force électromagnétique qui la structure, l'initiateur en est la gravitation qui organise l'ensemble. Le plus grand chaos aurait donc pu régner au sein d'un milieu inerte et glacé, car souvenons-nous que le facteur essentiel de l'évolution de l'univers est l'énergie.

D'autres paramètres interviennent comme, par exemple, les conditions initiales qui doivent être bien particulières pour permettre la nucléosynthèse primordiale et assurer une durée de vie suffisamment longue au système. Les structures résultantes, dont les inhomogénéités de l'espace-temps et sa topologie, sont essentielles pour déterminer la condensation ultérieure des étoiles et des galaxies ainsi que leurs répartitions. Encore qu'il faille tenir compte de l'indétermination quantique et des circonstances susceptibles d'avoir présidé à l'apparition du big bang, celles-ci ne pouvant être que *strictement spéculatives*[1]. Et il existe d'autres contraintes dont probablement toutes ne sont pas encore recensées.

Notons également que certaines simulations effectuées sur la dynamique du système solaire montrent que sa structuration doit être tout à fait singulière pour que la vie puisse apparaître sur Terre. C'est, parmi nombre d'autres conditions critiques, le cas de la « fenêtre de l'eau » devant être liquide dans les conditions normales, et de la constitution ainsi que de la permanence de l'atmosphère. Là encore, de faibles variations, par exemple dans l'orbite terrestre ou dans le flux solaire, conduiraient à sa disparition. On constate que, d'une façon générale, les simulations d'univers différents du nôtre révèlent qu'ils seraient inaptes à la biologie, donc à la vie. Notons à ce propos que l'on rencontre, là aussi, des limites dont l'une est de nature ontologique.

1. L'étude du problème de l'origine de l'univers tient à la façon de le poser. Par exemple l'incertitude quantique, en rendant floues les conditions initiales, permet de s'en affranchir, d'autant que l'une des fonctions de l'inflation est de les lisser. En effet, si l'on y joint les propriétés étranges du vide quantique et celles des fluctuations chaotiques, « le tout peut sortir du rien » sans enfreindre une seule loi physique. Mais en reportant les difficultés sur le « vraisemblable relativiste ».

En effet, il existe un *principe d'objectivité* de la nature qui déclare que l'évolution de l'univers (comme celle du vivant) n'a pas de but et, jusqu'ici, ce principe n'a jamais été réfuté, aussi peu que ce soit, par quelque découverte ou événement *scientifiques*, en dépit du nombre considérable de résultats acquis. On ne connaît donc absolument aucune raison *rationnelle* susceptible de justifier quelque principe anthropique[1] que ce soit, d'autant que la téléologie cosmique ne peut pas être autre chose qu'une appréciation métaphysique de l'univers. Ou, plus exactement, *ce n'est pas une question scientifique*, pas plus que celles que poseraient d'éventuels univers parallèles (Everett).

La mathématique dans ses rapports à la physique[2]

Bien des discussions ont eu pour objet la recherche des causes de « l'extravagante efficacité des mathématiques dans les sciences de la nature » (E. Wigner ; 1960), d'autant que Galilée avait prévenu, au XVIIe siècle, que le grand livre de la Nature est écrit en langage mathématique[3]. Or, comme dans le cas qui précède, *toutes les interrogations sur ces sujets ne concernent ni la Nature ni les mathématiques, mais l'opinion que l'homme en a.* Elles n'appartiennent donc pas à la science rationnelle en tant que

1. Il existe deux versions de ce principe. L'une, *faible*, déclare que c'est parce qu'il existe des observateurs que les conditions initiales et les constantes fondamentales ont des valeurs numériques particulières plutôt que d'autres. Ce qui n'est finalement qu'une banale tautologie. En revanche l'autre, *forte*, postule que l'univers *doit* avoir ces valeurs pour permettre l'apparition d'observateurs. C'est une injonction téléologique incompatible avec la méthode scientifique déterministe (« les causes déterminent les effets ») puisqu'elle est finaliste (« les buts décident de l'évolution »). J'ai discuté cette question dans la référence de la p. 97.

2. Sur ce sujet on peut consulter l'article « La mathématique et la réalité », M. Felden, dans le *Dictionnaire de l'ignorance* ; Albin Michel (1998).

3. La citation de Galilée est la suivante : « La filosofia é scritta in questo grandissimo livro (io duo l'universo)... egli é scritto in lingua mathematica. »

telle. Aussi laisserons-nous les philosophes en débattre... bien qu'il ne s'agisse pas non plus d'une question de philosophie[1] !

Limitons-nous donc à quelques commentaires sur les rapports entre les mathématiques et la physique. Un progrès majeur a été réalisé, au carrefour du siècle, quand on a compris que la preuve mathématique n'était pas l'expression de la « vérité », en référence à la « réalité », contrairement à la croyance antérieure. Il faut cependant remarquer que la question de la signification de ces termes n'avait pas été soulevée, le mythe d'Euclide paraissant inébranlable. C'est la découverte des géométries non euclidiennes qui en a fait prendre conscience, bien timidement d'ail-

1. Il s'agit, à l'évidence, d'un problème qui est du ressort des neurosciences car les assertions de Wigner et de Galilée, et de bien d'autres, ne sont effectivement pas des hypothèses sur la Nature, ou sur les mathématiques, mais sur le fonctionnement du cerveau. En effet celui-ci, objet le plus complexe de la Nature, ne peut fonctionner, en tant que tel, que selon les lois de la Nature. Il existe donc au moins un domaine de correspondance univoque entre les lois du fonctionnement cérébral et celles de l'univers qui déterminent la biologie, les premières n'étant que la projection, ou plus exactement la traduction effective des secondes dans le domaine considéré, celui du vivant. En d'autres termes, et contrairement à la position platonicienne, l'homme ne *découvre* pas la mathématique supposée préexister dans quelque monde hypothétique des Idées, mais il l'*invente* à partir des ressources provenant de la seule exploitation des principes cérébraux correspondant aux lois naturelles l'ayant doté de sa rationalité. Il n'y a donc aucun mystère attaché à « l'extravagante efficacité des mathématiques » car il ne s'agit que d'une résonance intellectuelle. Si la nature était gouvernée par d'autres lois, et si elles permettaient encore l'existence de la biologie et du cerveau, celui-ci fonctionnerait selon ces nouvelles lois de sorte que, s'il en avait les moyens, ce serait elles qui seraient découvertes, et non les nôtres. Ce point de vue va tout à fait à l'encontre du *dogmatisme néoplatonicien* contemporain pour lequel le monde des Idées serait celui des « structures algébro-géométriques fondamentales » qui constitueraient les « génératrices universelles des mathématiques », comme d'ailleurs celles du reste. Dogmatisme qui s'exprime par l'assertion selon laquelle « la mathématique est le Verbe de Dieu » ! Ce qui montre que celle-ci est aussi l'objet de croyances, dont certaines semblent quelquefois résulter d'une fâcheuse confusion entre l'épistémologie et l'ontologie.

leurs puisqu'il a fallu près d'un demi-siècle pour que celles-ci soient reconnues. Puis l'étude de la logique – des logiques devrait-on dire – a montré qu'il est possible de déterminer si un raisonnement est *exact*, mais pas s'il est *vrai* au sens précédent. Il l'est dans son axiomatique, et c'est tout ce qui peut en être dit. La théorie des ensemble en a fourni quelques exemples célèbres[1]. En d'autres termes, cela signifie que *si la logique produit des raisonnements rigoureux, en revanche elle n'a pas la capacité de fournir le moindre énoncé vrai sur la nature.* Car elle exige une axiomatique de départ dont la seule contrainte est d'être consistante (non contradictoire), mais non d'avoir quelque rapport que ce soit avec le réel. Et puisque tout le reste s'en déduit, il ne peut qu'en aller de même pour toutes les conclusions qui en sont extraites. Les travaux de Gödel montrent d'ailleurs que le *vrai* en arithmétique, donc dans toutes les disciplines qui s'y rapportent, ne se confond pas avec le *démontrable*, le premier constituant un ensemble plus grand que le second. Comme la mathématique n'est pas autre chose qu'une forme d'expression de la logique, elle partage les caractéristiques de celle-ci et c'est pourquoi *elle est un langage sans sémantique.* Avec pour conséquence, ce qui est un avantage majeur, d'être ainsi applicable à la physique car c'est celle-ci qui va fournir le sens. Mais avec pour inconvénient inattendu de priver l'homme de tout moyen de connaître quelque vérité que ce soit sur la

1. En mathématique, il existe des objets que l'on peut caractériser mais pas calculer, les fonctions en fournissant de nombreux exemples. Le repérage d'objets introuvables n'est pas rédhibitoire, par exemple l'axiome de choix, appliqué aux nombres réels, déclare qu'il existe un « bon ordre » (« tout sous-ensemble de cet ensemble possède un plus petit élément » ; l'ordre habituel n'en relève pas car un sous-ensemble ouvert de réels n'a pas de plus petit élément), alors que celui-ci n'est pas explicitement formulable. Et il existe également des cas où, bien que la mathématique soit incapable de prouver une propriété (par exemple l'hypothèse de la détermination des ensembles projectifs qui est indécidable), elle l'admet pourtant si celle-ci induit des conséquences favorables.

nature. Il en résulte donc que *le concept de vérité n'est pas axiomatisable, celle-ci ne pouvant être que relative.*

Ainsi le passage de la mathématique à la physique est-il rendu possible par le fait que la première ignorant toute relation avec la seconde, le physicien peut l'utiliser en introduisant des hypothèses supplémentaires qui proviennent de l'observation et de l'expérience, mais aussi de l'induction dont Einstein a dit qu'il s'agissait d'un « saut intuitif » indispensable à la théorisation. Cette indépendance de principe est une condition nécessaire à l'adéquation de ces deux disciplines. Cela étant, la mathématique et l'expérimentation sont devenues les deux outils de base du physicien. Mais pour être efficiente une théorie physique doit contenir plus que des calculs, c'est-à-dire au moins une idée, la question étant de savoir quelle est sa générativité dont dépendent aussi bien ses utilisations que les interprétations et prévisions qu'elle permet. Car, contrairement au mathématicien qui est d'abord intéressé par la démonstration, pour le physicien la question n'est pas tant de savoir si les mathématiques sont vraies que de déterminer à quoi elles peuvent lui servir. Par exemple, c'est moins la « réalité » des équations de Maxwell qui suscite son intérêt que les conséquences qu'il peut en tirer. En introduisant a priori, pour des raisons de symétrie, le courant de déplacement liant les phénomènes électriques et magnétiques, dont est résultée la théorie de la propagation ondulatoire, Maxwell a illustré la puissance de la méthode.

Il se pose cependant un problème de choix concernant la modélisation. Par exemple la mécanique classique peut être axiomatisée sous plusieurs formes qui, bien qu'étant mathématiquement équivalentes, ne le sont pas pour les applications physiques. Car, comme on l'a vu, l'interprétation ondulatoire due à de Broglie-Schrödinger est issue du formalisme analytique de Hamilton-Jacobi, ce que n'aurait pas permis d'obtenir la formulation de Newton. D'une façon générale il est difficile, sinon impossible, de prévoir quelles sont les potentialités physiques des axiomatiques mathématiques dont on dispose. C'est, par exemple, une question primordiale qui se pose à propos de la synthèse quanto-relativiste. Bien qu'une réponse plausible reste tout à fait conjecturale, on peut cependant faire deux remarques. D'une part, une importante étape serait franchie si l'on parvenait à trouver une structure géométrique susceptible de généraliser (ou de remplacer) aussi bien l'espace-temps relativiste que l'espace de Hilbert des vecteurs d'état. Car, compte tenu de leurs succès propres et de leurs poids respectifs dans la physique d'aujourd'hui, il semble peu probable que l'on parvienne à réfuter l'une ou l'autre de ces deux théories de sorte que l'issue la plus plausible consisterait à envisager qu'elles seraient des états limites d'une représentation plus générale. D'autre part, pour les raisons exposées au chapitre 4, il semble raisonnable d'émettre l'hypothèse suivante : c'est vraisemblablement à partir d'une structure mathématique fondée sur quelque forme quadratique généralisée que devrait se réaliser la synthèse axiomatique de ces deux théories [1], les groupes y jouant un rôle majeur et les constantes fondamentales y étant intégrées. Notons que, plus généralement, il se pose la question d'une recherche approfondie des structures mathématiques les plus efficaces permettant de représenter l'univers et ses constituants.

C'est Feynman qui a dit que « en physique, la différence essentielle (avec les mathématiques) est de lire dans les équations les propriétés (physiques) de leurs solutions ». Bien des théoriciens ont fait des déclarations analogues, en particulier ceux de l'École de Copenhague qui, en n'attachant de sens qu'aux solutions mais pas aux équations, pensaient ainsi trouver des justifications à leur position. Cependant cette dichotomie est dis-

1. Il est probable qu'elles devraient faire intervenir des êtres plus généraux que les vecteurs, et des algèbres généralisées comme on l'a dit au chapitre 4, ainsi que des générateurs, pour la recherche d'expressions adaptables au problème considéré. Il se peut que le développement, encore fragmentaire, des « reverses mathematics » puisse y contribuer car, comme leur nom l'indique, partant d'une propriété donnée il s'agit de trouver les axiomes qui permettraient de la démontrer.

cutable car ambiguë relativement à la physique. En effet, s'il est vrai qu'une même équation peut décrire des phénomènes tout à fait différents, elle n'en exige pas moins le recours à des paramètres physiques. C'est, par exemple, le cas de l'équation des ondes dont les solutions peuvent avoir plusieurs interprétations physiques selon les modélisations auxquelles elle se rapporte, compte tenu des conditions initiales ou limites. Toute la théorie quantique repose sur l'hamiltonien qui a les dimensions d'une énergie mais, pour être opératoire, celle-ci doit y être explicitée puisque, parmi d'autres, l'étude de l'atome d'hydrogène ne serait pas possible sans l'introduction de l'interaction coulombienne. Il en va de même pour l'équation relativiste de l'électron de Dirac, qui n'est pas l'électron, pas plus que ne l'est sa solution. Car si une solution est supposée *représenter* la physique, *elle n'est pas la physique*, de même que la loi ne s'identifie avec le processus qu'elle caractérise. Ces données, qui atténuent le sens opératoire de cette dichotomie sujette à confusion, montrent que la mathématique est distincte de ses applications physiques. De plus, et contrairement à une opinion fort répandue, *comprendre* un problème n'est pas seulement le traduire en termes mathématiques, la physique quantique en fournissant la preuve. En effet, par essence l'acte de compréhension intellectuelle fait nécessairement intervenir d'autres facteurs qui ne sont ni physiques ni mathématiques, mais *biologiques*.

Longtemps la mathématique et la physique ont subi une coévolution, à certains décalages temporels près. Aujourd'hui ce n'est plus tout à fait le cas, la première possédant ses propres domaines autogénératifs, par exemple les théories ensemblistes. D'ailleurs, pour Bourbaki, la mathématique est une construction autosuffisante puisqu'elle est la seule activité humaine capable d'opérer sur des objets qu'elle se définit à elle-même, entièrement et a priori. Avec le calcul propositionnel, on peut établir une propriété in abstracto puis rechercher s'il existe quelque objet qui la possède. Il est donc possible soit de définir l'objet dont on cherche les propriétés, soit de faire l'inverse. Ce qui n'est pas nécessairement équivalent. De telles pratiques permettent ainsi d'engendrer des monstres, dont est prodigue le champ des fonctions, mais il n'est pas le seul puisque certaines structures géométriques telles que les n-èdres non euclidiens en font également partie, le plus curieux étant que ces étranges créatures sont les plus générales que l'on connaisse. Et si leurs applications, notamment en physique, restent à peu près inexistantes, a priori rien n'indique que cette possibilité soit exclue, le supermultiplet de la supersymétrie étant peut-être à la frontière. Observons cependant que cette remarquable générativité connaît, elle aussi, ses limites puisque, par exemple, ce n'est certainement pas de cette façon que le seul raisonnement aurait permis de passer du quark au cerveau. De telles propriétés, qui distinguent la mathématique, ne sont pas applicables à la physique, du moins en l'état actuel de ces sciences.

Terminons en remarquant que le « projet cartésien » de Husserl et Heidegger est un mythe, les mathématiques n'ayant pas pour fonction de décrire le réel – même au sens nominaliste, le mot n'étant pas la chose –, pour la simple raison qu'elles n'en ont pas la capacité. En effet, outre toutes les objections qui précèdent, la discussion ci-dessus montre que l'objet mathématique est indépendant de l'objet physique, la liaison entre les deux exigeant des hypothèses spécifiques dont la signification reste généralement conjecturale. De plus, d'autres contraintes s'y ajoutent telles que, par exemple, l'intemporalité de la mathématique ou la localité de l'équation différentielle inhérente à celle de la structure géométrique spatio-temporelle de représentation de l'espace physique. La première traduit le fait que, dès qu'une définition est donnée, toutes les propriétés le sont aussi ce qui élimine toute possibilité d'évolution. Le temps ne joue donc aucun rôle dans la structuration, un paramétrage de type mécanique ne permettant pas de le faire. D'autant que ce dernier intervient de façon réversible dans les équations de description physique ce qui ne correspond pas aux exigences de la thermodynamique, ni à l'irréversibilité de certains processus du microcosme. On a également vu les difficultés engendrées par la *continuité* géométrique de l'espace confrontée à la *discontinuité* de l'énergie-matière.

Que conclure ? La mathématique a-t-elle atteint une forme perdurable ? Pour certaines de ses parties, son « noyau dur », certainement, mais dans son ensemble, probablement pas. D'abord c'est la question du temps, au sens d'une certaine intégration dynamique interne (et non à celui de la physique), qui devrait être reconsidérée. Ensuite, si tout le monde sait que la mathématique n'est pas réductible à l'algorithme, il existe pourtant quelques dangers d'utilisation excessive des supercalculateurs, outils certes remarquables mais devenus un peu trop passe-partout. En effet, nombre de chercheurs travaillent sur les mêmes machines, avec les mêmes procédures algorithmiques, sans forcément se poser trop de questions sur la calculabilité et sur la représentativité de leurs méthodes. C'est pourquoi, si un modèle numérique donne satisfaction, on tente de l'utiliser ailleurs en adaptant plus ou moins les hypothèses de sorte que, les vérifications étant le plus souvent difficiles, seul un hasard providentiel permettrait de détecter d'éventuelles failles non prévisibles a priori. Il existe un certain nombre d'exemples non triviaux. De plus, si la machine peut être utilisée pour découvrir de nouvelles relations mathématiques, souvent elle ne conduit pas à leur démonstration effective, c'est-à-dire à la concaténation logico-déductive qui en tient lieu, remettant ainsi en cause le concept rigoureux de « démonstration » au sens de Tarski. Dans ce cas, celle-ci est alors qualifiée de « contrastée », pour ne pas dire floue ! Enfin, dernière remarque, les résultats formellement démontrables pourraient ne représenter qu'une infime partie, c'est-à-dire des exceptions, d'un ensemble autrement plus vaste de résultats plausibles mais non démontrables par les moyens dont on dispose. Cela nous ramènerait au cas précédent, la preuve devenant statistique, ce qui changerait fondamentalement le caractère de certitude axiomatique de la mathématique.

En dépit de toutes ces restrictions, terminons en remarquant que si les raisons de l'adéquation de la mathématique à la physique n'appartiennent pas aux champs de ces deux sciences, il n'en reste pas moins que la méthodologie issue de leur complémentarité fournit la voie d'approche de la connaissance rationnelle qui est la plus avancée et la plus sûre. Cette caractéristique est le résultat des liens structurels existant entre la mathématique et la logique. Or cette dernière existe sous plusieurs formes, dont les logiques multivaluées qui, jusqu'ici, restent peu exploitées ce qui, avec le développement des autres sciences, pourrait laisser présager des innovations inattendues, malgré l'autosuffisance bourbakiste.

Un réel... complexe

Nous avons vu à quel ensemble de difficultés se heurte la question du réel physique[1]. Elles ne sont pas récentes puisque, de tous temps, les philosophes se sont querellés à propos de l'interprétation du mésocosme et de son contenu qui, pourtant, est sensoriellement perceptible. Certains sont même allés jusqu'à mettre en doute l'existence du réel au quotidien, d'autres l'ayant parfois qualifié péjorativement de « naïf » ou de « chosisme ». Il n'en reste pas moins que sa signification étant intersubjective, elle ne peut correspondre à aucune vérité, comme en ont discuté Carnap et Husserl. Cela, d'autant que la représentation du réel, qui dépend du psychisme, est individuelle, ce concept étant anthropocentrique. C'est précisément la raison pour laquelle naissent les problèmes puisque, en dehors du mésocosme, nos capacités sensorielles sont vaines. Il faut donc concevoir d'autres méthodes d'exploration et c'est alors la question de leur interprétation et de leur validité qui est posée. Car, d'une part,

1. Précisons une fois encore qu'il s'agit, et *ne s'agit que* du réel physique, c'est-à-dire du réalisme scientifique qui *n'est pas à confondre* avec ses différentes versions philosophiques.

puisque ce réel est relatif à l'homme, et non à l'univers, il ne peut pas avoir de caractère absolu. D'autant que, contrairement à ce que supposaient Einstein et avant lui Spinoza, il ne se confond pas nécessairement avec l'intelligible comme le montrent, par exemple, les neurosciences. D'autre part, les éléments de description (si l'on peut les qualifier de tels) que fournissent la physique quantique et la relativité générale sont de nature différente, les uns étant probabilistes alors que les autres sont géométriques. Non seulement ils sont respectivement indépendants, *mais il n'existe aucun indice de convergence vers une généralisation du concept de réalité, tandis qu'aucun d'eux ne correspond à une extension du réel au quotidien.* Et si la description de ce dernier se traduit principalement en images et en perceptions sensorielles, ce n'est plus le cas des deux autres, l'univers extragalactique et son contenu restant ambigus. La question de l'interprétation et de la signification du réel physique est donc nécessairement complexe et *non unitaire*, comme d'ailleurs celle du sens qui peut lui être affecté puisque, par sa nature, il ne peut pas être le même dans chacun des domaines considérés. C'est encore une fois une justification, certes inhérente à l'homme, de l'existence inévitable de discontinuités caractérisant les sources d'informations auxquelles il a accès. Or ce sont elles qui lui permettent de construire sa représentation du monde qui, de ce fait, ne peut être *ni continue ni unique.*

Cela étant, on peut aller plus loin en remarquant que la définition et la représentation du réel sont, et resteront des questions *indécidables*, au sens général. Car il s'agit de limitations de principe puisque, en l'état présent de la science, ces problèmes ne peuvent pas être posés en termes strictement rationnels et non ambigus. Ils ne le peuvent pas parce que les difficultés concernant la définition du réel, qui sont de nature sémantique, proviennent du langage lui-même dont on sait que, quel qu'il puisse être, il se heurtera à l'effet lexique. Si cette circularité n'intervient pas dans la vie courante à cause de son caractère polysémique fixé par le contexte de la phrase, ou du discours, elle est forcément retrouvée en physique, comme en mathématique, au moins au niveau des axiomes puisqu'ils ne sont pas des données primitives caractéristiques de la nature qui seraient accessibles à l'homme. On perçoit bien cette difficulté dans l'axiomatique géométrique de Hilbert exposée dans son *Grundlagen der Geometrie*, et les raisons pour lesquelles il peut exister d'autres géométries que celle d'Euclide. Pour des motifs tout à fait équivalents, c'est-à-dire par défaut de références issues du milieu naturel, on peut également conclure que la modélisation de l'univers, dans son ensemble comme dans ses parties, ne peut pas être unique, donc que sa représentation est indécidable. Et, comme on en a discuté, le caractère polysémique du concept de réel résulte également du fait qu'il ne peut pas être défini in abstracto. Il en va d'ailleurs de même pour tous les concepts de base tels que, par exemple, la définition de la vie, ou celle de l'intelligence. C'est aussi pour cela qu'une théorie générale de la connaissance est impossible, comme l'est très vraisemblablement la compréhension ultime du cerveau...par le cerveau ! Cette remarque constitue une objection forte au mythe de l'« intelligence de l'ordinateur », d'autant que d'autres arguments viennent la renforcer [1], dont le suivant : il est dangereux de confondre l'imprimante avec ce qu'elle écrit ! Mais, et c'est heureux, ces limites ne sont que de principe, c'est-à-dire qu'elles n'empêchent aucunement les applications car celles-ci n'en dépendent pas.

C'est pourquoi, bien que le monde physique ne soit pas totalement représentable, donc compréhensible, il est cependant rationnellement analysable. Et puisque, par essence, l'indécidabilité n'impose aucun choix, les diverses options possibles peuvent être comparées en fonction de critères de vraisemblance et de cohérence, mais également par l'ampleur des champs expérimentaux et interprétatifs qu'elles recouvrent. On a aussi indiqué que le réalisme physique est l'hypothèse la plus féconde par

1. Réf. p. 57.

suite de la pluralité des visions du monde, des interprétations et des prévisions qu'elle permet. Pour ce qui concerne les représentations proprement dites, et leur signification, les critères objectivement pertinents manquent pour en décider et c'est pourquoi on risque d'y retrouver l'« intime conviction » qui, bien que pouvant être heuristique, est évidemment sans valeur démonstrative. C'est, par exemple, le cas des scénarios supposés être à l'origine du big bang, question qui, pour les mêmes raisons, ne peut pas non plus être posée en termes strictement rationnels.

Cette discussion montre que la méthode scientifique possède ses propres limites qui, quels que puissent être les progrès à venir, ne sauraient être éliminées car il s'agit de contraintes inhérentes au fonctionnement cérébral. Il en existe d'ailleurs d'autres, tout aussi restrictives même si elles sont techniques. C'est, par exemple, le cas de la calculabilité qui, nécessairement, ne peut pas être illimitée, notamment dans les formalismes algorithmiques, même si d'énormes progrès sont à prévoir, car on connaît des questions de physique qui leur échapperont, tant celles qui appartiennent à la classe des problèmes intrinsèquement difficiles que celles qui sont réputées insolubles. De toute façon, et contrairement à une opinion répandue parmi les pratiquants de l'« intelligence artificielle », toute la connaissance ne peut pas être rapportée à l'ordinateur puisque, entre autres questions, celle du sens n'est pas algorithmique : *comprendre n'est pas réductible à une suite d'opérations logiques*, aussi complexes soient-elles ; il y faut du biologique. Pour des raisons équivalentes, et quelle que soit leur axiomatique, les mathématiques (ou du moins ce qu'est censée contenir aujourd'hui cette discipline) resteront probablement inadaptées à la description du réel, comme nous en avons discuté. Mais il est tout aussi certain que, bien que l'on ne puisse actuellement rien en dire, de nouvelles voies de recherches s'ouvriront permettant certainement de renouveler nos connaissances et la manière d'aborder les problèmes. Parmi d'autres, les métalangages, les « reverses mathematics », ou des descriptions originales telles que les fractales et les développements des méthodes non linéaires, dont l'étude du chaos, en sont des exemples dont il n'est pas encore possible d'apprécier les potentialités.

Compte tenu de tous ces éléments de discussion, et de la latence de l'indécidabilité jointe à l'indétermination quantique, il est légitime de s'interroger sur l'unité du savoir rationnel dans la diversité de ses possibles manifestations. Il se trouve que cette diversité n'est qu'apparente car, d'une part, les principes fondamentaux sur lesquels est fondée la méthodologie scientifique sont communs, la logique en étant à la base à travers la mathématique alors que la vérification expérimentale des prévisions constitue le critère de validation. D'autre part, la structure formalisée de base de la physique, et d'autres sciences exactes, est la modélisation qui, bien que polymorphe, en est la donnée primordiale. Dans son expression la plus large, celle-ci repose sur un ensemble de lois qui la constituent, au sens opératoire du terme. Elles sont communes et s'expriment par des équations caractéristiques du champ considéré. La généralité, et l'unité tiennent au fait que ces équations restent valables quels que soient les problèmes étudiés sous la seule condition qu'ils appartiennent à ce domaine. Ce sont les solutions et les conditions physiques associées qui particularisent les phénomènes examinés et leur interprétation. C'est cette indépendance qui garantit l'universalité de la méthode, compte tenu naturellement des possibles adaptations que permet la libre correspondance entre la description physique et la modélisation formaliste, *liberté qui résulte précisément de l'absence de sémantique des mathématiques.* C'est cette propriété qui caractérise les sciences dites « exactes » car elles ressortissent à une seule et même activité intellectuelle : celle de la pensée rationnelle.

Une théorie physique n'est finalement pas autre chose qu'un processus intellectuel destiné à produire de l'information qui n'a de sens que par rapport à l'homme car c'est lui qui la crée et l'interprète, qui la comprend et qui en tire des conclusions, et des prédictions. Toute discussion plus approfondie se heurterait à un problème complexe, et non physique, celui du sens car on sait que les expressions « signifier » et « comprendre » font, de longue date, l'objet d'interminables débats [1]. Le point qui nous importe ici est de préciser que le contenu de ces deux termes – non définissables rationnellement pour les mêmes raisons que celles exposées ci-dessus – n'est ni rapportable ni réductible à la logique, c'est-à-dire à une suite de déductions. C'est le résultat d'un processus cognitif qui reste inconnu. L'*effet miroir* qui leur est associé est la traduction de l'indécidabilité qui les caractérise. C'est, par exemple et contrairement à une opinion courante, la raison pour laquelle le test de détermination de l'intelligence d'une machine informatique proposé par Turing n'est pas pertinent (réf. p. 57 ; p. 170-172). En fait, toute cette discussion fait apparaître l'inadaptation de la théorie de l'information dont le renouvellement est devenu nécessaire, la généralisation des travaux de Shannon et Weaver n'étant plus adaptée à ces problèmes. C'est la question de la valeur de la connaissance scientifique qui est posée même si le relativisme du savoir ne fait plus de doute.

Finalement, la physique ne peut pas donner une représentation conforme d'une plausible réalité en tant que figuration d'une totalité spécifique caractérisant l'« objet univers » car, le microcosme et le mégacosme *n'étant pas* des extrapolations du mésocosme, leur description ne correspond pas au même langage. Elle ne peut pas non plus recourir aux mêmes schémas

1. Pour le physicien, *expliquer* c'est faire une construction intellectuelle logique capable de justifier les arguments « pour » et de réfuter les « contre ». *Interpréter* c'est rendre intelligibles et opératoires des données spécifiques, c'est-à-dire « saisir les phénomènes » pour W. Pauli et « corréler » selon Quine. *Signifier* c'est être capable d'expliciter et d'intégrer de l'information caractéristique dans un ensemble particularisé plus général. *Comprendre* c'est, par un processus intellectuel, donc *biologique*, inconnu, aller au-delà des assertions précédentes... ce qui ne nous avance guère ! On perçoit ici le rôle de l'effet lexique sous-jacent, mais contrebalancé par l'intersubjectivité.

intellectuels, dont la représentation visuelle, ni a des stéréotypes qui s'en déduiraient. C'est un résultat majeur de la connaissance humaine qui est dû à la théorie quantique et à la relativité générale. Ces deux théories profondément originales ont complètement bouleversé l'idée que les physiciens se faisaient du réel et de sa signification. De ce fait, c'est la question du réalisme physique qui a été au cœur du débat ayant opposé ces deux conceptions intellectuelles d'une « vision du monde » que, pour des raisons essentiellement culturelles (ou autres...), l'esprit humain voudrait unitaires. Cependant, et c'est fort heureux, l'adéquation de la physique au réel n'est pas une nécessité a priori pour ce qui concerne ses applications, mais seulement une propriété a posteriori. Ce n'est plus le cas pour la description de l'univers qui est une énigme... risquant de le rester. Aussi est-ce peut-être le poète qui avait raison en déclarant que « la réalité c'est l'ensemble des sujets du verbe exister ».

Conclusion

Réflexion sur la connaissance scientifique

L'univers est-il *rationnellement* intelligible ? C'est la question primordiale à laquelle la Science doit avoir pour fonction première de répondre. Car si elle ne le postulait pas, et si elle ne recherchait pas tous les moyens pour en faire l'étude, alors elle ne se réduirait qu'à un ensemble de recettes. Une telle hypothèse semble légitimée par tous les résultats accumulés au cours des siècles, et plus particulièrement durant le nôtre. Pourtant cet optimisme doit être tempéré, la synthèse de tous ces acquis montrant sans aucun doute possible qu'ils restent tout à fait insuffisants, et d'ailleurs pas toujours convaincants, pour permettre quelque conclusion de portée générale. En effet, malgré de remarquables succès, un certain nombre d'éléments conduisent à penser que les étapes les plus difficiles restent devant nous car on recense au moins une bonne vingtaine de problèmes *fondamentaux* pour lesquels on ne connaît pas de solution, sans compter ceux à venir ! Par exemple, notre incapacité d'interpréter de façon cohérente la flèche du temps, jointe à la question de la non-localité c'est-à-dire à celle de la validité de l'équation différentielle, sont des difficultés qui touchent au principe même de la modélisation. Parmi d'autres, on peut également citer l'échec des tentatives d'élaboration d'une axiomatique quanto-relativiste *bien fondée* conduisant à la quantification de la gravité, ou les données physiques déterminant la classification des particules élémentaires et la caractérisation correspondante de leurs propriétés – dont la masse du neutrino – ou la nature de la matière sombre... L'une de ces énigmes est particulièrement déconcertante : compte tenu de ses conséquences, notamment dans les limitations qu'elle impose à notre exploration de l'univers, quelles peuvent être les données et contraintes *physiques*[1] qui déterminent la vitesse de la lumière, ainsi que la valeur des autres constantes fondamentales ? En bref, c'est finalement la détermination des limites de la connaissance rationnelle qui est en cause car, comme l'a fait remarquer H. Weyl, mathématicien qui a beaucoup contribué aux progrès de la physique théorique, « la science oblige à reconnaître que le paysage ne se limite pas à l'horizon ». Certes, mais encore... ?

L'histoire montre que le mystère cosmique est un thème récurrent, que l'on retrouve dans toutes les sociétés, par suite de sa dimension ontologique qui n'est pas exempte d'une charge métaphysique certaine. En effet, la représentation du monde n'étant pas un concept inné, c'est la pression du milieu qui l'impose puisque si la perception de l'environnement résulte de l'expérience quotidienne, qui est forcément limitée, celle-ci se prête à la différenciation des interprétations. Les figurations et les symbolismes qui les inspirent dépendent de phénomènes socio-culturels liés aux traditions et aux croyances, c'est-à-dire aux modes de vie et à la sociologie, mais aussi aux moyens d'observation et aux savoirs nécessaires pour les exploiter. En

1. La vitesse de la lumière pose différents problèmes que j'ai discutés dans « Un point de vue heuristique concernant les propriétés de la vitesse de la lumière », article publié dans le *Dictionnaire de l'ignorance, op. cit.* L'un d'eux concerne les causes physiques qui la déterminent, et les raisons de son invariance (au sens d'Einstein). Il est très probable que certaines propriétés du microcosme attribuées, faute de mieux, aux étranges caractéristiques du vide quantique, devraient y contribuer, et peut-être en être à l'origine. Ce pourrait également être le cas pour d'autres constantes fondamentales. Il s'agit de questions qui, bien qu'essentielles, ne semblent guère avoir retenu l'attention.

d'autres termes, ce sont les connaissances, et les référents socio-culturels qui leur sont associés, qui déterminent la vision que chaque civilisation a de l'univers et de la place que l'homme y occupe. C'est ce qu'exprime la pluralité des savoirs humains.

Dans toute cette diversité, de quelle nature peuvent être les explications apportées ? Il n'existe que deux classes de réponses possibles : la première, qui a pour base la pensée rationnelle – et *exclusivement* elle, à *toutes* les étapes du raisonnement –, représente l'ensemble des sciences exactes, la seconde étant constituée de tout ce qui n'y satisfait pas, l'irrationnel y tenant la plus large place, mais pas seulement comme nous allons en discuter [1]. Cette classification n'est aucunement arbitraire car elle procède de deux modes fondamentalement différents de fonctionnement du cerveau. L'un, qualifié de rationnel, implique dans son *utilisation scientifique* des contraintes spécifiques fortes puisque restreintes à la seule et rigoureuse application de la logique, au sens formel et en tant que système axiomatique

1. Dans : *Et si l'homme était seul dans l'univers... ?*, *op. cit.*, j'ai proposé une division de l'aire de fonctionnement de la pensée en trois modes distincts. Le premier est le *rationnel* défini par « la pensée uniquement fondée sur la raison et la logique ». De manière scientifiquement plus précise, on peut dire que le rationnel c'est tout ce que peut faire la logique, et elle seule. Le deuxième, ou mode *non rationnel*, correspond à la pensée cohérente et dotée de sens mais pour laquelle *le déterminisme scientifique ne s'applique pas* car elle n'est pas formalisable par les méthodes axiomatiques logico-déductives habituelles, des « causes initiales » n'étant pas *rationnellement* définissables. On le constate, par exemple, avec la prévision météorologique et tous les phénomènes qui sont régis pas des *règles* (conditionnelles) plutôt que par des *lois* (impératives), ou avec les éléments qui ne sont pas caractérisables par une relation fournissant un nombre ayant un *sens physique* précis (exemple : la surface et le volume d'un nuage, en dépit des fractales)... La déduction, logique ou non, mais non formalisable par défaut de causes initiales, s'y applique cependant mais ne permet que des descriptions qualitatives, éventuellement probabilistes. Enfin, le troisième mode est l'*irrationnel*, c'est-à-dire « la pensée non douée de raison », qui autorise toutes les spéculations car il n'est pas compatible avec l'expérimentation scientifique. Une discussion est faite dans la référence ci-dessus (p. 11-17).

de raisonnement. C'est une condition nécessaire (mais non suffisante) pour assurer la cohérence du discours sans laquelle la démonstration n'aurait ni valeur ni sens. Ce sont les processus logico-déductifs, fondés sur les inférences et le calcul des prédicats, qui en assurent la validité, laquelle se traduit par la reproductibilité et la vérification dont l'épreuve numérique est le critère de jugement. La plausibilité et l'interprétabilité en font également partie. Mais la méthode, qui est celle de la modélisation physico-mathématique, exige un groupe spécifique d'hypothèses de départ, les prémisses fondatrices, qui doivent être rationnelles et vérifier certaines propriétés dont nous avons déjà parlé (p. 237, n. 1), la difficulté étant que la nature ne les fournit pas. Cependant l'observation et l'expérimentation y contribuent puissamment. Leur justification ne peut donc être qu'a posteriori, en fonction de leurs conséquences, mais tout résultat nouveau peut toujours susciter des remises en cause.

Dans la seconde classe, celle de la pensée qui échappe à la démonstration *rationnelle* à cause du non-respect des contraintes que celle-ci implique, toutes les hypothèses, généralement spéculatives, sont admises, le seul critère étant l'intime conviction mais non le recours à l'expérience, à l'observation ou à la démonstration. C'est la caractéristique de l'irrationnel. Le danger est alors le leurre d'une certaine apparence de raisonnement se déroulant par voie déductive à partir de données ad hoc, ou sans aucun fondement autre que finaliste, « la fin justifiant les moyens », avec parfois l'introduction, au fil du discours, de facteurs non relevants, ou extérieurs à la question traitée. Le champ de cette classe de fonctionnement cérébral n'est limité que par l'imaginaire humain et par les possibilités d'exploitation qui s'y rapportent, l'intention étant essentiellement de persuader, souvent quelles que soient les méthodes à utiliser. Aussi est-ce de manière privilégiée le monde de la croyance, de la certitude, du dogmatisme des absolus, en un mot celui de la foi car, chez l'homme, le besoin de croire domine le plus souvent le désir de savoir. De toute façon, c'est le domaine préféré du cerveau parce qu'il y est le maître, contrairement à celui de la raison à laquelle il est contraint de se soumettre...

Il faut encore noter que, par essence, l'introduction d'un seul terme appartenant à la seconde classe dans un raisonnement de la première ruine celui-ci irrémédiablement alors que l'inverse est évidemment neutre... et souvent utilisé dans les pseudo-sciences qui cherchent à s'introduire au cœur de la science rationnelle. Ce qui signifie que ces deux classes sont *rationnellement*, mais *rationnellement seulement*, incompatibles. C'est une donnée apodictique, une concaténation logico-déductive ne valant pas au-delà de son maillon le plus faible. De toute façon, il est impossible d'apporter une réponse rationnelle à une question qui ne l'est pas. D'où la nécessité d'une formulation « bien construite » des problèmes scientifiques car, comme l'a déclaré J. A. Wheeler « la nature et l'ordre des questions que l'homme se pose sur l'univers ont indiscutablement une influence sur les réponses apportées, ou obtenues, et sur les visions qui en résultent ».

Cette discussion montre l'asymétrie des deux modes de fonctionnement du cerveau, traduisant la richesse de l'organe dont on sait aujourd'hui que ce ne sont pas les mêmes aires fonctionnelles, donc les mêmes mécanismes psychiques qui sont à l'œuvre selon les cas. Il existe un domaine intermédiaire, le non-rationnel (p. 265, n. 1), qui nécessite des études plus délicates car l'impossibilité de déterminer rationnellement des conditions initiales ne permet pas stricto sensu l'utilisation de la causalité, bien que le raisonnement y conserve un sens. C'est, par exemple, le cas de phénomènes physiques et chimiques hypersensibles à la précision des conditions initiales, dont, par exemple, les comportements liés aux attracteurs étranges sont bien connus. Dans ces circonstances, qui sont caractéristiques de certaines catégories de processus complexes, ce sont les probabilités qui prennent le relais des descriptions usuelles. Dans un autre ordre d'idée, c'est-à-dire par absence d'informations rationnelles sur les conditions initiales, tout problème traitant des origines – celles de l'univers comme celles de la vie ou de l'intelligence – en fait également partie. En effet, dans de telles conditions il ne serait pas cohérent de prétendre à une théorie rationnelle basée sur des prémisses fondatrices qui ne le seraient pas puisque, par défaut de toute autre information, elles ne pourraient pas être autres que de nature purement spéculatives. Par exemple, il ne serait certainement pas rationnel d'escompter la découverte de données physiques expliquant l'apparition de l'univers... avant la naissance de celui-ci ! Tout juste peut-on espérer recourir à l'observation de quelques effets fossiles résultants qui, de ce fait, excluent toute certitude.

De plus, ces questions sont toutes affectées d'autoréférence, caractéristique qui n'empêche évidemment pas l'utilisation de la méthode scientifique, mais à partir d'hypothèses primitives plus finement choisies et analysées, notamment pour ce qui concerne la réfutabilité et la cohérence des modèles auxquels elles donnent lieu. La difficulté principale est alors celle du spectre de questions qui peuvent être ainsi traitées car on risque d'y retrouver l'indécidabilité, qu'elle soit de nature lexicale et sémantique, ou qu'elle provienne de quelque circularité plus ou moins perceptible du raisonnement. Dans de telles circonstances, la part du non-rationnel[1] est donc strictement irréductible, l'écueil étant d'éliminer l'irrationnel. Et pourtant... quand on observe, par exemple, certaines discussions de physiciens relativement à l'origine du temps, on ne peut que rester perplexe. Certes, l'utilisation du flou quantique, jointe à l'étrangeté du « vide » qui lui est associé, évite l'inextricable problème de la discontinuité à l'origine, ou plus précisément l'énigme de l'« avant » temporel et des paradoxes[2] qui l'accompagnent. Ce faisant, les difficultés ne sont pas résolues pour autant mais

1. Qui n'est manifestement pas, ici, à confondre avec l'irrationnel, ce qui justifie encore cette subdivision.

2. Certains n'hésitent pas à spéculer sur ce qui aurait pu être « avant le commencement du temps ». Or s'il n'y a pas de temps, que signifie « avant

reportées sur d'hypothétiques « fluctuations quantiques » qui ne constituent en rien une justification, ni a fortiori une explication à caractère physique. Car mettre en avant quelque spéculation hasardeuse sur « de possibles événements sans cause », ce que ne contredit pas la théorie quantique – mais ce qu'elle n'affirme pas non plus –, n'est qu'un constat d'ignorance qui, s'il ne peut être rationnellement pertinent, n'est cependant pas dépourvu d'intention idéologique. La valeur démonstrative est d'autant plus inexistante que, comme nous l'avons vu, le temps n'est pas axiomatiquement définissable. De plus il se trouve que, là encore, l'autoréférence intrinsèque du problème rend sa solution intrinsèquement indécidable.

---

le temps » ? Sans entrer dans le détail de ces discussions oiseuses, indiquons que l'on retrouve les vieilles querelles philosophiques sur la distinction entre « création » et « commencement », dont celle de saint Thomas d'Aquin pour qui le monde « créé » n'implique pas qu'il ait « commencé ». Selon son point de vue, le « commencement » relève de la foi... et c'est probablement aussi le cas pour quelques physiciens spéculatifs ! De toute manière, de telles propositions ne sont pratiquement jamais philosophiquement, ni religieusement, neutres. Notons à ce propos, et en complément à la note ci-dessus, que toutes ces raisons montrent que, contrairement à une opinion qui manifeste une certaine tendance opportuniste à l'expansion, par sa nature même *la science rationnelle ne peut rien avoir en commun avec les religions et mythologies* puisqu'elles ne reposent absolument pas sur les mêmes principes, ni sur les mêmes modes de raisonnement : l'une est causalement déterministe alors que l'autre est finaliste (voir p. 247, n. 1). Tout les sépare, les raisons qui les fondent, comme leur méthodologie et leurs champs d'application qui n'ont, par essence, strictement rien à partager puisqu'elles n'appartiennent pas à la même classe de processus intellectuels, argument incontournable montrant leur irréductibilité de principe. L'ambiguïté, par exemple celle qu'exploite le *New-Age*, provient d'une confusion à propos du « pouvoir illimité de la science » : s'il l'est effectivement (ce qui reste conjectural), *il ne l'est que dans le champ du rationnel*, au sens défini ci-dessus. En revanche, *la méthode scientifique ne peut absolument pas s'appliquer, sous quelque condition que ce soit, aux domaines de la foi et de la croyance*, c'est-à-dire à l'irrationnel sous peine de retomber dans un néoscolastisme de circonstance. Dans le non-rationnel, il s'agit de cas d'espèce.

Le réalisme scientifique et le relativisme du réel

Dans le chapitre 3, on a dit comment Einstein avait défini le réalisme scientifique. Ce faisant, il a disjoint l'objet qui en est la source de l'acte de perception tout en prenant soin de préciser que « tout ce que nous connaissons de la réalité vient de l'expérience et aboutit à elle. Des propositions purement logiques sont totalement vides au regard de la réalité », ajoutant que « (de là) résulte que nos conceptions du réel physique ne peuvent jamais être définitives ». Si aujourd'hui la réflexion montre le bien-fondé scientifique de ces assertions, ce n'était pas le cas jusqu'aux débuts de ce siècle, d'autres conceptions ayant cours telles que, par exemple, le conventionnalisme de Poincaré ou le positivisme de Mach qui, pourtant, l'avait séduit dans sa jeunesse. C'est ce qui oppose Einstein à ces auteurs car le premier veut réduire la science à un pur système convenu de résolutions hypothético-axiomatiques alors que le second récuse toute connaissance qui n'est pas directement déductible de l'observation et de l'expérience, la raison d'être des phénomènes physiques étant, pour lui, supposée extérieure au problème. Or, pour Einstein et les réalistes, c'est la puissance de la pensée spéculative rationnelle qui fait toute la différence, celle de l'acte intellectuel de création. Selon leur point de vue, l'objectif ultime de la science est la compréhension conceptuelle de la nature à travers la recherche des relations phénoménologiques et/ou causales reliant entre elles les différentes expériences qui peuvent y être effectuées. Si la méthode doit conduire à quelque représentation intellectuellement satisfaisante, Einstein se méfie pourtant du formalisme qui ne peut être crédité a priori d'aucune valeur de réalité, toute théorie devant utiliser le minimum de concepts primaires et d'hypothèses, pour obtenir la plus grande simplicité dans ses données de base, et la meilleure unité logique dans ses prévisions et ses applications. Bien que tout réel scientifique soit intellectuellement construit, il n'est cependant pas arbitraire puisqu'une large confrontation expérimentale et prévisionnelle doit servir de critère de validation. C'est précisément parce qu'elle ne satisfait pas à la philosophie du réalisme physique qu'Einstein est profondément opposé à la théorie quantique, celle-ci ne permettant pas de *construire* une représentation du microcosme, c'est-à-dire une modélisation interprétative satisfaisante d'un réel qui lui correspondrait. En fait, ce qu'il refuse absolument c'est l'abandon de la causalité impliquant le caractère statistique de la prévision, ce qui est contraire à la conception classique de ce que devrait être la science. C'est en ce sens qu'il tente de démontrer son caractère incomplet, hypothèse jusqu'à présent tenue en échec.

Il s'agit, à quelques variantes mineures près, de la position qui reste celle des physiciens réalistes. Mais la querelle de l'interprétation quantique s'étant estompée, nombre de chercheurs de la discipline ont une position ambiguë, se bornant à faire des calculs et à les exploiter dans des applications de plus en plus variées, sans trop se poser de questions sur leur signification. C'est une attitude caractéristique du pragmatisme anglo-saxon qui a largement diffusé dans les autres pays, notamment en Europe. Ce qui est regrettable pour l'esprit scientifique proprement dit car une activité scientifique n'appelant aucune interrogation sur sa signification et ses limites, c'est-à-dire sur sa valeur, ne se réduit finalement qu'à un outil banalisé qui ne permet pas l'accès aux sphères supérieures de la pensée.

Quant au relativisme du concept de réel, comme nous en avons discuté il se déduit de celui de la physique. D'une part, la relativité générale pose le problème de la représentation d'espaces courbes multidimensionnels dont la topologie et la structure restent incertaines et difficiles à imaginer. C'est peut-être sans importance pour notre environnement proche, mais probablement pas au-delà du niveau galactique. Elle produit également des objets étranges tels que les trous noirs et d'autres curiosités qui, comme les naines brunes ou la matière sombre, sont d'autant plus énigmatiques qu'elles semblent inobservables.

D'autre part, en physique quantique, c'est l'acte de mesure lui-même qui perturbe le système observé de sorte que, là encore et indépendamment de toute autre considération, l'imprévisibilité de l'effet résultant relativise l'information recueillie. L'interprétation ne peut d'ailleurs prendre sens que par rapport au modèle auquel elle se réfère : l'atome d'hydrogène de l'ancienne mécanique atomique de Bohr n'a rien de commun avec celui de Schrödinger, pas plus que le photon de l'effet photoélectrique d'Einstein a à voir avec celui de l'électrodynamique quantique. Quant aux micro-boucles de Kaluza-Klein (chap. 5), leur « réalité » ne peut que susciter un certain scepticisme. Et puisque aucune expérience ne permet de trancher, ce relativisme est intrinsèque. Dans le mésocosme, le principe de covariance implique l'intervention effective de l'observateur qui doit connaître les transformations de Poincaré-Lorentz pour corriger ce qu'il observe dans tout référentiel qui n'est pas le sien. Et si, dans les conditions usuelles de ce milieu, ces corrections sont insignifiantes, le principe même de leur existence ne peut être contesté. D'ailleurs, l'expérience quotidienne fournit de multiples exemples de la relativité des observations, et des méprises qui peuvent lui être attribuées.

Une autre façon permettant également d'en discuter est la suivante : le physicien s'est rapidement aperçu que les mots et les phrases du langage courant ne conviennent pas pour décrire le monde, et pour tenter de le comprendre. Il a donc eu recours à des symboles supposés associés à des concepts que, dans une première et très longue phase, il a considérés comme étant « intuitifs et vrais », leur relativisme n'étant apparu que très récemment. C'est, avec le développement de la discipline, ce qui l'a conduit de manière naturelle à utiliser la mathématique, opération d'autant plus fructueuse que l'expérimentation est associée à la mesure physique, donc au nombre rationnel. Cependant, la manipulation de ces symboles selon des règles extrêmement précises, celles de la logique et du calcul des prédicats, pose la question de leurs relations avec ce qu'ils sont censés représenter physiquement, donc avec le réel, mais également avec leur interprétation intellectuelle. C'est précisément le choix de la symbolique qui détermine son relativisme puisque celle-ci n'est pas unique. Si de telles questions restent le plus souvent simples dans le mésocosme, il n'en va plus de même dans les deux autres domaines, essentiellement d'ailleurs dans le microcosme. Car on remarque que le passage du fait physique, en tant que tel, à sa perception intellectuelle exige l'intermédiaire du symbolisme mathématique. Outre le fait que cette représentation psychique dépend totalement et irrémédiablement de celui-ci, elle ne peut qu'être archimédienne par suite des nécessités inhérentes à la mathématique et à la modélisation. Or peu de travaux existent sur les propriétés et les contraintes de ce type de représentation symbolique par laquelle doit transiter l'information reliant la donnée physique au psychisme. On ne peut cependant pas espérer que celui-ci et son langage ordinaire puissent à eux seuls générer par une telle procédure les principes fondamentaux de représentation de l'univers ; il y faut quelques « plus », l'un d'eux étant l'intuition et un autre l'induction. Puisque, jusqu'ici, c'est la physique mathématique qui a constitué l'unique réponse, on peut logiquement se demander si, dans sa formalisation, celle-ci ne pourrait pas être reconsidérée [1]. Et même s'il ne serait pas possible de trouver quelque voie nouvelle permettant de renouveler cette question.

1. À la fin de sa vie, Heisenberg a proposé d'abandonner le concept de particule élémentaire au profit d'une structure mathématique caractéristique dans laquelle la symétrie jouerait le rôle central puisque ce sont les groupes qui permettent la classification. Par extension, on pourrait effectivement associer un symbolisme spécifique pour chaque espèce de particules, celles-ci étant parfaitement identifiables mais non représentables au sens du mésocosme. Il s'agit, en fait, de reconnaître qu'il existe d'autres modes de connaissances qui ne sont pas géométrisables en tant que formes figuratives.

Quelques remarques sur la physique actuelle : un panorama contrasté

D'une façon synthétique remarquable, la relativité générale permet de modéliser le cadre de l'univers à partir de seulement trois données : une relation mathématique définissant la distance entre deux points, une structure géométrique et un paramètre d'évolution. Il s'agit de la métrique, de la topologie et du temps. Jusqu'ici, et en dépit de certaines questions de choix des solutions, d'interprétation et de raccordement entre les différents domaines que nous avons définis, le nombre de degrés de liberté paraît suffisant pour adapter les contraintes observationnelles et expérimentales aux exigences des modélisations. C'est précisément l'avantage de la représentation géométrique qui semble optimiser la mathématisation de la physique, du moins à ce niveau. Pourtant, une fois le contenant défini, il faut le remplir et c'est là que commencent à apparaître les véritables difficultés. Elles sont fonction de l'échelle des phénomènes qui s'y déroulent, le problème étant de modéliser et de formaliser l'énergie-matière qui dépend de la nature des processus et des interactions auxquelles ils donnent lieu.

Pour être bref, et en nous plaçant dans l'*optique actuelle*, on peut observer que si notre connaissance du mégacosme présente un certain nombre de lacunes plus ou moins importantes, dont la nature de sa métrique déterminant sa géométrie, et les valeurs de la constante cosmologique ou de celle de Hubble, elles ne semblent cependant pas porteuses de mutations. Car bien que sa modélisation standard ait évolué en fonction des nombreuses et importantes découvertes faites depuis quelques décennies – mais n'est-elle pas faite pour cela ? –, elle n'a cependant pas subi d'irrégularités impliquant la remise en cause de la relativité générale. Quant au mésocosme, dans les conditions habituelles la physique classique en donne une représentation approximée, mais le plus souvent satisfaisante compte tenu des corrections de la relativité restreinte. C'est évidemment la physique quantique qui suscite le plus d'interrogations, comme nous l'avons vu. Le danger est alors celui d'une spéculation mal contrôlée qui, si elle permet de progresser par essais et erreurs, risque de sombrer dans le gouffre de la complexification exponentielle : une extension linéaire du champ d'une théorie de physique mathématique dont le paramétrage implique un nombre de degrés de liberté dépassant un certain seuil critique, voit sa complexité[1] croître exponentiellement. C'est, par exemple, le cas de la superunification (N = 8) qui, pour tenter de synthétiser quatre forces, voit s'introduire 163 particules. Il s'agit d'une difficulté qui semble affecter toute modélisation suffisamment sophistiquée, d'où la nécessité de règles de sélection et de garde-fous, dont le respect des critères de réfutabilité, de cohérence et de vraisemblance.

Nous plaçant dans un cadre plus général, on pourrait s'interroger sur les mystères que recèleraient les abysses de l'océan cosmique et les ténèbres de l'insondable micromonde planckien. Nul ne le sachant, toute conjecture est hasardeuse, y compris celle qui consiste à estimer que leur nombre reste probablement élevé car l'enquête cosmique ne fait que commencer. Cela étant, on peut alors poser la question suivante : une révolution de l'ampleur de celle de Newton pourrait-elle encore avoir lieu ? C'est non seulement plausible mais tout à fait probable, ne serait-ce que pour unifier la théorie quantique et la relativité dans une nouvelle théorie axiomatiquement bien fondée. Outre ce que nous en avons dit (chap. 4), quelques précisions supplémentaires peuvent être apportées. Si la synthèse implique une théorie intégrant la constante de Planck et celle de la lumière, elle ne peut cependant se réduire à cette seule contrainte, comme le voudraient les théories de superunification qui ne sont finalement que des constructions mathématiques. Il est indiscutable que le concept de groupe

1. On peut associer la complexité d'un problème de physique mathématique à la longueur du programme informatique (nombre d'instructions) nécessaire pour le résoudre.

de symétrie est fondamental pour la modélisation, mais c'est la représentation physique associée qui est déficiente. Si, par exemple, le concept de jauge (son invariance), associé à la constante de structure fine, permet de reconstituer l'interaction électromagnétique (voir p. 152, n. 2), et de retrouver le photon, il l'affecte de paramètres d'identification mais ne dit cependant rien sur sa *représentation*, ni sur les *mécanismes physiques* qui lui sont associés, notamment dans ses interactions. En d'autres termes, il *décrit mathématiquement* mais *n'explique pas physiquement.* Bien que ce soit suffisant pour les applications, ce ne l'est certainement pas pour la compréhension au sens de la physique. Selon Bohr, c'est une question sans objet pour la théorie quantique, mais peut-être ne l'est-elle que pour elle, et pour elle seulement ?

On pourrait faire de semblables remarques aussi bien sur la modélisation de l'univers que sur les applications de la théorie quantique. Par exemple, on ignore quelles devraient être les conditions minimales auxquelles devrait satisfaire l'« objet univers » pour être interprétable. Le fait d'observer qu'il est régi par des lois rationnelles est insuffisant car celles-ci doivent manifestement être soumises à des contraintes fortes, la structure et les propriétés du groupe qu'elles constituent restant mal connues. À ce propos, on peut aussi se demander s'il en reste d'importantes à découvrir ? C'est logiquement l'hypothèse la plus probable. Ainsi pour ce qui concerne la physique quantique, outre l'insoluble problème actuel de la mesure, une question particulièrement critique est celle des mystérieuses propriétés que cette théorie attribue au vide. Si elles permettent les calculs – mais elles ont précisément été conçues pour cela –, ce sont cependant les extravagantes interprétations mixant et échangeant à tout va l'énergie et la matière qui les rendent suspectes, la virtualité y étant exploitée dans ses ultimes limites [1].

1. Miraculeux principe d'indétermination qui permet de violer les lois de la physique... dans les limites où elles ne sont pas ! La question n'est pas tant celle de sa validité, ou plus exactement celle d'une limite de validité des

C'est devenu un milieu totalement non rationnel, à la limite même de l'irrationnel, de sorte que ce concept rappelle étrangement l'éther de la fin du XIXe siècle. Est-il destiné à la même fin ? Une telle construction présente de manière incontestable des caractères pathologiques qui ne sauraient probablement pas perdurer. C'est, là encore, un symptôme laissant présager la découverte de quelque facteur inconnu.

Je voudrais terminer ce bref commentaire en revenant à la théorie de l'information. Comme j'ai eu l'occasion de le préciser, il n'est pas déraisonnable de supposer qu'elle pourrait être à l'origine d'un renouvellement des savoirs actuels. En effet, d'une part, elle occupe une place de plus en plus importante dans toutes les activités humaines alors que, d'autre part, les *bases* théoriques sur lesquelles elle repose ne se sont pas véritablement renouvelées en dépit des énormes progrès de l'informatique et du traitement du signal. Il se pourrait que les neurosciences et la biologie moléculaire y contribuent de manière imprévue. D'un autre côté, l'ordinateur devrait être capable de servir à autre chose qu'aux simulations numériques et à certaines études analytiques. Il s'agirait, par exemple, non de résoudre mais de poser certains types de problèmes complexes de physique mathématique en utilisant la théorie algorithmique de l'information pour en optimiser les termes. Car la méthode d'analyse rationnelle la plus générale repose d'abord sur son aptitude à poser des questions dont la pertinence détermine la valeur des réponses. Mais peut-être le développement des supercalculateurs reste-t-il insuffisant pour traiter des cas généraux, bien que certaines expérimentations aient déjà été envisagées.

---

lois physiques qui lui correspondent et dont les effets sont largement démontrés, que la façon de l'exploiter.

La nature du savoir scientifique et l'illusion d'une Théorie du Grand Tout

On a dit que le savoir scientifique est caractéristique d'une activité intellectuelle spécifique, celle de la raison, et d'elle seule, ce qui en garantit l'universalité. Globalement, il résulte d'une méthodologie générale ayant pour base des processus logico-itératifs concaténant l'expérimentation et l'interprétation à la prévision et à la vérification, dont le champ d'application caractérise les sciences qui, pour cette raison, sont qualifiées d'« exactes ». Dans l'idéal, et conformément à la question posée au début de ce chapitre, le but recherché serait de construire un système intelligible qui, gagnant en universalité à chaque étape, devrait s'adapter de mieux en mieux à une interprétation du monde tel qu'il est perçu par Homo sapiens sapiens. C'est ainsi que, jusqu'au début de ce siècle, on pensait que la méthode permettrait d'« adapter de plus en plus près notre esprit à la réalité, de construire une représentation de plus en plus adéquate du monde qui nous entoure et auquel nous appartenons, pour le comprendre d'abord, puis pour passer de la compréhension à la prévision et ensuite à l'action » (P. Langevin). En pratique, et comme le montre tout ce qui précède, cette espérance s'est révélée n'être qu'une illusion à la suite de la découverte de la complexité du microcosme et, dans une moindre mesure, de celle de l'immensité du mégacosme. D'autant qu'il s'y crée en permanence du nouveau, l'ensemble n'étant pas statique. Finalement, en l'état actuel, tout juste peut-on espérer non pas un, mais des systèmes intelligibles correspondant aux différents corps de connaissances ayant chacun un champ suffisamment défini pour présenter une certaine forme d'unité. C'est leur somme qui, aujourd'hui, constitue la Science qui n'est cependant pas autre chose qu'une sorte de patchwork.

Dans ces conditions, est-il raisonnable de postuler l'existence d'une Théorie du Grand Tout, ou TOE (Theory Of Everything) ? Il s'agirait, dans l'esprit de certains physiciens, d'une « clé qui délivrerait le secret mathématique niché au cœur de l'Univers : une découverte qui les mènerait à une fantastique "théorie de tout", un modèle unique embrassant toutes les lois de la Nature, et qui impliquerait l'inéluctabilité de toutes choses avec une irrécusable logique » (J.D. Barrow). Le problème est que l'on ne connaît aucune raison *rationnellement pertinente* susceptible de justifier un tel projet prétendant exprimer un summum de la connaissance scientifique. En revanche, on en connaît mille et une qui ne le sont pas... laissant ainsi supposer son caractère utopique. D'autant qu'une telle théorie devrait pouvoir justifier son matériel de base, dont le temps, le cadre ainsi que son contenu, ses caractéristiques et les constantes fondamentales. Or il est exclu d'y parvenir sans recourir à des hypothèses de départ, ou prémisses fondatrices, qui conduiraient inéluctablement à l'autoréférence. Celle-ci est d'ailleurs inhérente au problème puisque, s'il existait, un tel principe universel appartiendrait, lui aussi, à l'univers, donc il devrait également parler de lui. À moins que l'on accepte que ce ne soit pas le cas, ce qui conduirait nécessairement à l'irrationnel. De plus, un observateur ne peut observer l'univers que de l'intérieur alors que celui-ci le contient. Enfin, toute explication rationnelle ne saurait s'affranchir de certaines contraintes phénoménologiques liées aux conditions initiales, malgré le flou quantique. Trop simple, une telle théorie n'expliquerait rien, trop compliquée elle ne servirait à rien. Et il serait tout de même paradoxal de prétendre échafauder la Théorie du Grand Tout sur le Grand Rien Quantique ! Outre le fait qu'il s'agit d'une conception naïvement idéaliste, les adeptes d'une telle vision de la science ignorent une fois de plus que, par principe, une telle interprétation n'appartient ni à la physique ni aux mathématiques, mais aux neurosciences tant pour le rôle du cerveau dans notre perception de l'univers que pour des questions de sémantique. Ces restrictions ne s'appliquent naturellement pas à la recherche de quelque superthéorie qui unifierait les différents types d'interactions tout en synthétisant les grandes modélisations de l'univers.

Observons encore que si la science permet d'accéder aux faits – à certains faits devrait-on dire –, en revanche elle ne dit rien sur eux puisque, par essence même, elle ne le peut pas sous peine de sombrer dans le mythe d'Euclide. Dans son interprétation actuelle, et contrairement à celle du passé, la physique ne peut plus avoir pour objet d'exprimer les éléments ultimes et irréductibles de l'univers, c'est-à-dire de représenter quelque réalité que ce soit, car elle n'en a pas les moyens, la physique théorique se bornant à rechercher les lois que la physique mathématique tente de résoudre avant de les interpréter. Ce sont les solutions, c'est-à-dire des êtres mathématiques, qui sont supposées *représenter* les phénomènes physiques, mais elles ne peuvent faire que cela, et non leur être *identifiées*. Ainsi, dans le microcosme et dans le mégacosme, la physique devrait-elle pouvoir s'affranchir du concept *mésoscopique* de réel, à condition que son discours se limite à l'étude de ces êtres formalisés, sachant parfaitement quelles sont les limites de leur modélisation, quand celle-ci est possible. En l'état actuel de la *théorie* quantique, qui n'est structurellement que d'essence mathématique, ce n'est pas le cas et c'est précisément ce que déclare l'interprétation de Copenhague. Mais la *physique* quantique en restera-t-elle là ? Nul ne le sait aujourd'hui ! Quoi qu'il en soit, dans cette acception un certain savoir contribuerait à « rendre le monde intelligible » sans prétendre absolument le « représenter » au sens mésocosmique du terme, c'est-à-dire par des figurations visuelles. Il s'agirait d'une autre façon de considérer la fonction interprétative de la physique, et de la physique seulement.

Pour conclure

Le progrès est destructeur de certitudes. C'est un phénomène inhérent au processus évolutionnel de la pensée rationnelle qui, pour Homo sapiens sapiens, a supplanté l'adaptation biologique. Pour un Chaldéen, un Égyptien ou un Chinois ayant vécu il y a quelques millénaires, tout était remarquablement simple, la nature comme la cosmologie, bien que les contraintes exercées par le milieu aient été extrêmement fortes. Puis, du moins pour ce qui concerne les racines de la civilisation occidentale, les Grecs des siècles préchrétiens ont commencé à prendre conscience de la rationalité et à apprendre à poser des questions sur « les choses et les faits ». Mais des assujettissements religieux contraignants en ont contrarié les développements jusqu'à la fin du Moyen Âge, situation qui est d'ailleurs loin d'avoir disparu... La libération qui a suivi est alors tombée dans l'excès inverse puisque, par exemple, les érudits des Lumières n'hésitèrent pas à professer leur foi en l'existence d'une ère suprême de la raison vers laquelle l'humanité ne pouvait qu'immanquablement se diriger. Ce qui a fini par laisser perplexes les penseurs qui suivirent. À juste titre puisque, finalement, l'histoire du XXe siècle, celle des idées, des sciences et des techniques, comme celle de nos sociétés, a montré l'irrationalité de la plupart de ces « grandes idées philosophiques ». C'est d'ailleurs devenu une source d'instabilités sociologiques car on ne perçoit pas quelque grande vision nouvelle susceptible de combler le vide ainsi créé.

L'un des résultats les plus inattendus, et les plus déstabilisants, concerne la découverte de la généralité du concept de relativité puisqu'il s'applique aussi bien à la définition du réel, ou de la vérité, qu'à l'utilisation et à la signification de la logique. De nos jours, sauf à être crédule ou de mauvaise foi, personne ne peut plus en douter, compte tenu des acquis de ce siècle qui ont été déterminants. Dans les années trente, L. Wittgenstein et le Cercle de Vienne ont mis en évidence les difficultés inhérentes à tout langage, ceux des mathématiques n'y échappant pas. À la même époque, K. Gödel montrait qu'aucune méthode déductive n'était capable de répondre à l'ensemble des questions impliquant l'arithmétique. Or celle-ci est le support de la mesure qui est l'un des piliers de la physique. Toujours dans cette période, A. Turing inventait sa machine dont allait sortir l'ordinateur, ce qui a mis en évidence l'importance capitale de la calculabilité et de l'algorithme, outils devenus quotidiens de la recherche. Mais, ce faisant, il découvrait qu'il n'existe pas de méthode générale permettant de déterminer si un programme d'ordinateur pourrait fournir la solution de certains problèmes complexes en un temps fini. Ce qui limite la calculabilité, donc les applications de la modélisation. Peu après la seconde guerre mondiale, le logicien W. Quine a mis en évidence le caractère relatif de la logique standard, c'est-à-dire le fait qu'elle ne peut, par elle-même, conduire à quelque vérité naturelle que ce soit.

Parallèlement, apparaissaient près d'une dizaine de logiques différentes ayant pour principal intérêt de s'appliquer à des problèmes particuliers, par exemple celle à valeurs multiples de Bochvar, celle des quanta de von Neumann, ou les logiques propositionnelles et modales, pour n'en citer que quelques-unes. Plus récemment G.J. Chaitin est parvenu à établir une proposition arithmétique dont on ne pourra jamais établir la preuve, quelle que soit la méthode utilisée. Ce n'est pas tant l'objet considéré que le fait en soi qui est important, une seule exception rendant suspect tout raisonnement général. Dans ces conditions, qu'est devenue la *valeur de vérité* de la mathématique ? Et celle de la physique du siècle précédent ? Qu'est même devenu le concept de *vérité* dans les systèmes non standards ? Pour le réaliste, il se reporte sur les relations entre l'objet et les capacités descriptives et prédictives de sa modélisation, c'est-à-dire entre l'objet et l'intellect. Pour le néopositivisme, il ne peut que se traduire par l'accord des cohérences, celles des représentations internes car il n'y en a pas d'autres, de sorte qu'il ne peut se référer à quelque étalon extérieur puisqu'il en nie l'accessibilité, sinon l'existence. Il s'est réduit à une sorte de système qui utilise des phrases ayant une signification mais pas de sens. D'où le paradoxe : la physique néopositiviste finit par nier le réel qu'elle avait cependant pour but primitif d'étudier !

La connaissance rationnelle progresse par conjectures et réfutations, mais elle ne peut le faire que moyennant certaines conditions, la première tenant à la valeur de sa méthodologie. La représentativité de la science en général, et de la physique en particulier, exige des conditions minimales que celles-ci devraient remplir pour que l'univers soit rationnellement déchiffrable même si, en l'état actuel, on ne peut en espérer une modélisation complète. L'étude de ces données préalables est d'autant plus difficile qu'elle pose le problème de la pertinence des moyens dont on dispose pour tenter d'accéder à la connaissance scientifique du réel. En dépit du vieux et sage précepte « entia non sunt multiplicanda praeter necessitatem » (les entités ne doivent pas être multipliées au-delà du nécessaire), et des progrès majeurs réalisés au cours de ce siècle, une réponse exhaustive à la question posée : celle de l'intelligibilité de l'univers, n'est actuellement pas à notre portée. Car le champ envisagé est trop vaste pour notre ignorance, qui reste grande, tandis que nos possibilités de modélisation, de simulation et de représentation sont encore très limitées, ainsi que nos techniques expérimentales. De plus, on a vu pourquoi un tel ensemble ne devrait pas être unique. Malgré tout, la qualité primordiale de la méthode scientifique tient à sa capacité de formuler correctement, et en termes rationnels, les questions posées par la nature, condition impérative pour y apporter quelque réponse cohérente que ce soit. Existe-t-il un principe général d'intelligibilité ? En dépit des apparences et des succès de la méthode scientifique, une réponse globale n'est pas non plus possible, d'autant que l'examen de l'état actuel du monde ne rend pas la réponse évidente !

Si la physique et la technologie ont apporté une contribution majeure à la révolution scientifique du XXe siècle, ce sont cependant les sciences de l'univers qui ont eu les conséquences ontologiques les plus importantes. Car l'angoisse métaphysique faisant partie de la nature humaine, la question des origines du monde et de la place que l'homme y occupe n'a cessé de le tourmenter depuis les temps les plus reculés. C'est pourquoi l'un des succès les plus remarquables de la science est qu'elle soit parvenue à faire du cosmos un objet physique qui possède une origine, donc un âge et une histoire, ainsi que des propriétés déterminant son évolution et son devenir. L'important n'est pas que les données actuelles, qui constituent le modèle standard, soient vraies mais qu'elles soient plausiblement possibles d'une façon rationnellement analysable et réfutable. Car, encore impensable quelques décennies plus tôt, ce modèle implique une totale remise en cause de toutes les conceptions antérieures avec pour conséquence, comme pour la théorie de Darwin, de profonds bouleversements potentiels aussi bien pour ce qui concerne les dogmes philosophico-religieux que les schémas mentaux de l'espèce.

Annexe

L'effet d'échelle dans l'estimation des phénomènes de la nature

Dans le tableau et le commentaire qui suivent, sont précisés :

– les caractéristiques fondamentales des trois domaines justifiant la division proposée des différents champs de la nature
– l'effet d'échelle
– le champ opératoire
– la hiérarchie des dimensions (tableau de comparaison des distances et longueurs de phénomènes caractéristiques)
– la hiérarchie des énergies
– les caractéristiques des rayonnements électromagnétiques
– des remarques.

Tableau comparatif de quelques propriétés
déterminant les caractéristiques fondamentales
du concept de réel *en fonction de l'échelle à laquelle il est considéré*

	MICROCOSME	MÉSOCOSME	MÉGACOSME
STRUCTURES DIMENSIONNELLES	**de 10^{-35} à 10^{-7} mètre** – de l'infiniment petit à la molécule – 10^{-35}m est la longueur *théorique* de Planck. La longueur *opératoire effective* est ~10^{-17}m ; 10^{-7} m est une dimension limite inférieure du vivant. Plage théorique ~10^{28}, opératoire ~10^{10}	**de 10^{-7} à 10^{+13} mètres** – de la molécule au système solaire – 10^{-7}m est le domaine de la lumière visible. C'est aussi la taille moyenne d'un virus. 10^{+13}m est la taille moyenne du système solaire. Plage effective ~10^{20}	**de 10^{+13} à 10^{+26} mètres** – au-delà du système solaire – 10^{+26}m est la taille moyenne de l'univers visible. Plage probable ~10^{13}
ÉNERGIE (dominante mais non exclusive)	**E=mc²** essentiellement de masse (gravitationnelle à la limite de Planck). Au niveau corpusculaire, conséquente en valeur relative, faible en valeur absolue (annihilation d'un proton ≈ 10^{-10} joule).	**Énergies cinétique et potentielle classiques** (dont l'électromagnétisme, le rayonnement et la pesanteur). Le champ va de la fraction de joule au térajoule (propulseurs spatiaux et processus nucléaires).	**Énergie de gravité** (liée à la déformation de l'espace-temps) **et de masse** (avec les processus stellaires). Le champ s'étend jusqu'à 10^{70} joules (énergie estimée de l'univers visible).
THÉORIE	**Théorie quantique** fondée sur l'hamiltonien H et le vecteur d'état (fonction d'onde) gouvernant le système. *Non-localité* (possible ; la question de l'interprétation reste cependant posée).	**Mécanique de Newton** (ou équivalentes : Lagrange, Hamilton-Jacobi, principes variationnels). **Électromagnétisme et relativité restreinte** (opératoire uniquement pour les vitesses luminales). **Physique classique**	**Relativité générale** fondée sur la structure géométrique d'espace-temps. Équations du champ d'Einstein. *Localité* (de la métrique fondamentale)
GÉOMÉTRIE (**Cadre de représentation**)	**Hybride** (en fonction des besoins selon que les relations utilisées sont, ou non, quanto-relativistes). Il y a également la question de l'espace des états de Hilbert (et de l'introduction de t).	**Euclidienne.** L'espace et le temps sont séparés et sont des absolus. La **relativité restreinte** introduit la 4-géométrie de Minkowski liant l'espace et le temps.	**Riemannienne**, ou plus complexe, selon les problèmes. Ce qui pose la question critique du nombre de dimensions de l'espace de représentation.

OUTILS MATHÉMATIQUES PRINCIPAUX **(conséquences)**	**Opérateurs** agissant sur des fonctions complexes (fonctions d'onde). **Conséquence :** ***discontinuité intrinsèque*** des observables physiques associées.	**Coordonnées usuelles et moments généralisés.** ***Continuité*** de variation de ces paramètres et des fonctions physiques correspondantes.	**Tenseurs et champs associés.** C'est la topologie de l'espace-temps qui joue un rôle déterminant. *Non-résolution* de la quantification gravitationnelle relativiste.
CAUSALITÉ	**Indéterminisme** (relations de Heisenberg). Prédictions statistiques. (Certains problèmes critiques, dont celui de la « réduction du paquet d'ondes ».)	**Déterminisme classique.** (Il peut donner lieu à l'utilisation de méthodes probabilistes et pose la question de la réversibilité du temps.)	**Déterminisme relativiste** qui doit tenir compte des effets quantiques dans certaines modélisations (ex. le modèle du big bang).
OBJETS FONDAMENTAUX	**La particule élémentaire,** **le noyau,** **l'atome** (la molécule).	**La multitude des objets de la vie courante** dont l'interprétation usuelle implique $v \ll c$.	**La galaxie** (les amas et superamas). **L'étoile** (et son environnement – planétaire s'il y a lieu).
OBSERVATIONS EFFECTIVES	**Aucune observation directe.** Issues de processus indirects, au-delà du champ du microscope elles exigent des interprétations théoriques d'autant plus complexes que les dimensions décroissent.	**Objets directement et visuellement perceptibles** (ceux du monde quotidien).	**Seule une faible partie est visible sans instruments** (dont l'interprétation des informations nécessite des modèles généralement géométriques).
NATURE DU CONCEPT DE *RÉEL*	**Réalisme physique potentiel**, qui est récusé par l'interprétation de Copenhague (ce n'est pas une extension du réel du mésocosme) : perception uniquement déduite de principes et d'équations (d'ailleurs de plus en plus complexes). Le *formalisme* et *l'indéterminisme* posent le problème critique de l'*interprétation* (Bohr-Einstein).	**Réalisme physique sensoriel quotidien :** issu de l'expérience de la vie, de l'éducation et de la culture d'appartenance. **La relativité restreinte** a modifié l'interprétation limite (*et elle seule quand* $v \to c$) qui n'est pratiquement pas perceptible dans la vie courante.	**Réalisme physique hypothético-observationnel :** il dépend fondamentalement de nos moyens d'observation de la sphère céleste (grands télescopes, satellites, sondes, nouveaux détecteurs). Mais aussi de l'état de nos théories et modèles cosmologiques.
PART DU SPÉCULATIF	**Surdéterminante** (sa prépondérance pourrait être limite, et même critique, au-delà du champ opératoire).	**Faible, sinon nulle** (sauf cas spécifique) pour le champ matériel usuel.	**Importante** (fonction de l'éloignement, pour l'arpentage et certaines structures géométriques, ou objets non observables).

Commentaires

Effet d'échelle

Les interprétations des informations recueillies sur le *réel*, aussi bien dans le microcosme que dans le mégacosme, ne font généralement intervenir qu'un *effet d'échelle* de nature géométrique selon l'hypothèse du modèle géométrique. Or sur des amplitudes de variations de l'ordre de 10^{61} entre les extrêmes théoriques prévisibles – et 10^{41} dans le champ « potentiellement visualisable » – , la question de la justification de cette hypothèse reste posée. En particulier son unicité et l'éventuelle linéarité du facteur d'échelle. De plus, ce sont le plus souvent des entités spécifiques de nature géométrique – ou qui en dérivent, par exemple les symétries telles que celles de jauge – qui représentent les propriétés *physiques* et sont ainsi introduites en tant que de besoin. Cependant rien ne permet d'affirmer que de telles opérations sont justifiées, ou même suffisantes et adaptées pour « représenter » quelque *réel* que ce soit, notamment sur de tels intervalles, puisque cela suppose implicitement que toute propriété physique, et toute représentation, *doivent être* géométrisables. En dépit de l'absence de preuve validant ce postulat, qui n'est pas discuté, c'est pourtant la voie unanimement empruntée par la physique contemporaine.

Par ailleurs, que signifient et que représentent effectivement les simulations numériques ? Rien de plus que ce que contiennent implicitement les données introduites dans les équations, lesquelles ne peuvent être exemptes d'une certaine part d'arbitraire inhérente à toute modélisation.

Champ opératoire

En utilisant des procédures techniques aussi indirectes que particulièrement complexes, la limite inférieure du champ opératoire actuel correspond à des distances voisines de 10^{-17} mètre. Il en résulte que les dimensions et distances plus petites, dont celle de Planck. (10^{-35} mètre ; valeur déterminée par voie purement théorique, à partir des données numériques des constantes fondamentales), n'ont aucune signification expérimentale en l'état présent de la technologie. C'est ainsi que l'utilisation, si elle était possible, des rayonnements γ les plus énergétiques – qui n'ont été que très exceptionnellement observés (voir tableau) – ne permettrait guère de sonder au-delà de 10^{-20} mètre. Ce qui implique qu'il est totalement impossible de vérifier quelque spéculation que ce soit dans tout domaine inférieur à cette limite.

La borne supérieure du champ expérimental est mal définie car l'arpentage cosmique pose toute une série de questions complexes en ce sens qu'il faut faire certaines hypothèses (céphéides ; luminosité des galaxies... ; lentilles gravitationnelles ; effet Sunyaev-Zel'dovich) pour estimer les très grandes distances. Il en résulte que l'incertitude croît rapidement avec l'éloignement. Et si l'espace n'est plus euclidien, la courbure (qui reste faible en dehors des fortes concentrations massiques) peut poser un problème effectif de mesure. Notre galaxie est à peu près arpentée de manière satisfaisante. Au-delà, rien n'est absolument certain, il s'en faut : par exemple le paramètre d'expansion de l'univers (la constante de Hubble qui détermine son âge dans le modèle standard) reste mal déterminé, tout comme sa densité massique dont dépend son devenir.

Hiérarchie des dimensions, distances et longueurs

Les données du tableau page suivante fournissent quelques repères significatifs concernant les principaux constituants de l'univers, et leurs dimensions caractéristiques. On note différentes discontinuités dans le spectre de variation des longueurs, certaines étant liées à la nature des forces (passage de l'interaction nucléaire forte à l'interaction électromagnétique dans le cas noyau → atome), et d'autres à des phénomènes de masse critique (effets gravitationnels, condensations et étoiles, ainsi que les systèmes planétaires associés).

On ne connaît pas de théorie cohérente et unitaire qui soit capable de rendre compte de l'ensemble de ce spectre complexe de distribution des dimensions caractéristiques observées dans l'univers. Pas plus que l'on ne sait expliquer le spectre de distribution des masses, depuis celles du microcosme jusqu'à celles du mégacosme.

Hiérarchie des énergies

La quantification de l'énergie, et différentes inconnues et incertitudes concernant les particules fondamentales (par exemple la masse du neutrino ou, selon les très hypothétiques théories de superunifi-

• L'électrodynamique quantique attribue à l'électron un « diamètre » équivalant à 10^{-17} mètre (ordre de grandeur pour les particules élémentaires usuelles, toute détermination directe étant actuellement exclue).

• Le diamètre du noyau est de l'ordre de 10^{-15} mètre (il résulte des interactions nucléaires entre les nucléons).

• Celui de l'atome est de quelque 10^{-10} mètre (l'interaction électromagnétique détermine la chimie).

• Les plus grandes molécules atteignent 10^{-8} mètre.

• La dimension limite de la cellule vivante est voisine de 10^{-5} à 10^{-6} mètre.

• La dimension la plus petite visible à l'œil nu se situe autour de 10^{-4} mètre.

• Le diamètre de la Terre est en moyenne de $1{,}28.10^{7}$ mètres.

• La distance de la Terre au Soleil est en moyenne de 10^{11} mètres.

• Le diamètre moyen du système solaire est de l'ordre de 10^{13} mètres.

• L'étoile la plus proche du Soleil, Proxima Centauri, est distante de quelque 10^{16} mètres.

• Les plus grands objets de l'univers connu sont les jets galactiques : 10^{19} mètres.

• Le diamètre de notre galaxie est de l'ordre de 10^{21} mètres.

• Il y a, en valeur moyenne, de 10^{9} à 10^{11} étoiles dans une galaxie.

• Selon les données actuelles, le nombre total d'étoiles serait de quelque 10^{23}.

• La dimension des superamas atteint quelque 10^{24} mètres.

• Le diamètre de l'univers connu est estimé à $1{,}5.10^{26}$ mètres (comme pour les étoiles et les galaxies, sa structure et son évolution dépendent de G : constante universelle de gravitation).
• Son âge moyen est de 5.10^{17} secondes (15.10^{9} ans) (incertitude sur la constante de Hubble).

• Notons que, selon le modèle standard, l'univers s'accroît en volume d'une valeur correspondant à celui de notre galaxie toutes les 5 secondes.

• Remarques : – dans le microcosme, il existe une énorme discontinuité dimensionnelle lors du passage du noyau à l'atome (10^{5}) ;
– dans le mésocosme, la discontinuité se situe, pour l'homme, entre la Terre et le système solaire ;
– dans le mégacosme, on la retrouve au niveau des galaxies et des amas ;
– entre l'électron et le superamas le facteur d'échelle est équivalent à 10^{41}.

• On peut encore observer que, selon les valeurs précédentes, les rapports dimensionnels entre l'électron et le virus ; le virus et l'homme ; l'homme et la Terre ; la Terre et le système solaire ; le système solaire et la galaxie ; enfin la galaxie et l'univers, ont un ordre de grandeur moyen équivalent voisin de <10^{-7}>. Cette sorte d'échelle n'est-elle que de nature anthropologique ? Curieusement, l'homme se situe pourtant aux confins du microcosme et du mégacosme.

cation, celles de non moins hypothétiques particules qui resteraient à découvrir – la supersymétrie de la gravitation ferait intervenir 99 bosons et 64 fermions, dont seuls quelques-uns nous seraient connus !) font qu'il n'est pas objectivement possible de fixer une limite inférieure à l'énergie de nature corpusculaire qui puisse servir de référence. D'autant que la composition du spectre de répartition des masses-énergies des particules élémentaires identifiées reste une énigme, parmi d'autres, dont les différentes théories proposées ne parviennent pas à découvrir la clé. Il est intéressant de noter que toutes les systématiques les concernant sont fondées sur la relation masse-énergie d'Einstein ($E = mc^2$, impliquant qu'un kilogramme-masse correspond à une énergie de 9.10^{16} joules), c'est-à-dire sur les concepts de la relativité.

En revanche, la limite supérieure, qui correspond à la totalité de l'énergie que devrait contenir l'univers, pourrait assez facilement être estimée à partir de sa masse, si celle-ci était connue. Il se trouve que l'on peut l'approximer, dans le modèle standard, bien que subsistent certaines incertitudes pouvant être conséquentes – problème de la masse manquante, rôle des neutrinos... Dans ce modèle, et compte tenu des données actuelles, l'ordre de grandeur est de 10^{70} joules (soit l'équivalent de 10^{53} kilogrammes-masse).

On remarque alors que, curieusement, le choix d'un intervalle global de variation correspondant à celui des longueurs – soit 10^{61} – conduit à une limite inférieure équivalente à l'énergie de Planck, soit $1{,}95.10^9$ joules (ou $1{,}22.10^{28}$ eV, donnée, elle aussi, extraite des valeurs numériques des constantes fondamentales), laquelle devrait correspondre, selon les théories actuelles, à l'énergie d'unification des différentes forces de la nature.

À ce propos, il est étrange d'observer qu'il semblerait exister trois discontinuités énergétiques dans la nature, lesquelles correspondraient aux seuils d'unification des quatre seuls types d'interactions que l'on y connaisse :

– électromagnétique-nucléaire faible ($\sim 1{,}35.10^{-8}$ joule, soit $\sim 90\ M_P$ – M_P masse du proton),

– électrofaible-nucléaire forte ($\sim 1{,}5.10^4$ joules, soit $\sim 10^{14}\ M_P$),

– unification totale (superunification : $\sim 1{,}5.10^9$ joules, soit $\sim 10^{19}\ M_P$ qui est l'énergie de Planck).

On ignore totalement les raisons pour lesquelles ces seuils auraient ces valeurs, donc celles qui détermineraient cette curieuse distribution d'intervalles.

Mais on doit remarquer que, avec les techniques actuelles, pour seulement atteindre le deuxième seuil il faudrait disposer d'un accélérateur circulaire de 10^{15} mètres (soit 0,1 année-lumière) de circonférence. Sachant que, en cette fin de siècle, l'accélérateur le plus puissant n'atteint guère que quelques TeV (soit quelque 10^{12} eV ou quelque 10^{-7} joule), que valent alors objectivement de telles spéculations dont l'objet serait supposé être quelque *réel* totalement extérieur au mésocosme ?

Rayonnements électromagnétiques (tableau p. 293)

En tant qu'inhérents aux phénomènes électromagnétiques, les rayonnements jouent un rôle déterminant, aussi bien dans la structure de l'univers que dans la connaissance que nous pouvons en avoir. En effet, avec les corpuscules cosmiques, ce sont nos seules sources d'information hors du champ terrestre propre. C'est pourquoi un recensement du très large spectre de distribution de leurs longueurs d'onde λ, donc des énergies associées, présente un intérêt majeur, notamment pour ce qui concerne leurs champs respectifs. Au moyen des satellites et engins spatiaux dotés de détecteurs spécialisés, on peut actuellement sonder à peu près correctement tous les domaines sauf, peut-être, les extrêmes du spectre et quelques régions particulières où la détection est plus délicate, mais possible.

Remarques

Le concept de noyau stable, composé de nucléons, implique la permanence locale des forces de confinement sans lesquelles le système serait évolutif.

Comme la relativité restreinte ne se manifeste pratiquement pas dans les activités usuelles du mésocosme (aucun objet matériel n'y possède de vitesse luminale), il a fallu attendre des expérimentations sophistiquées pour la découvrir, c'est-à-dire le début de notre siècle.

Le nombre de dimensions de l'espace n'a de sens que dans le cadre d'un modèle géométrique.

La question de la discontinuité est ambiguë en théorie quantique

Pour les rayonnements γ, on a $\lambda<10^{-11}$ mètre (énergie E> au MeV). Les énergies γ les plus élevées qui ont été observées (1991, « Zéta machines cosmiques ») atteignaient jusqu'à 10^{22} MeV (soit le millier de joules, ce qui est fabuleux).
Pour les rayonnements X, λ varie de 10^{-11} à 10^{-8} mètre (E $\in$ dans le champ des keV).
Dans le domaine U.V., λ est contenu entre 10^{-8} et 4.10^{-7} mètre (<E> ~ à la dizaine d'eV).
En lumière visible, λ s'étend de 4.10^{-7} mètre (violet) à 8.10^{-7} mètre (rouge) (E ~ à l'eV).
Pour les I.R., λ correspond à l'intervalle 8.10^{-7} - 10^{-4} mètre (E ~ qq.10^{-1} à qq. 10^{-3} eV).
Pour les micro-ondes, λ s'étale de 10^{-4} à ~ 1 mètre (E ~ qq.10^{-3} à qq.10^{-7} eV).
La longueur d'onde du domaine radio correspond à λ> au mètre (E<10^{-7} eV). *Remarque* : Il est possible qu'existent de très grandes longueurs d'onde à l'échelle cosmique, dont on ne sait pratiquement rien (sinon que, selon la théorie classique, leur énergie ondulatoire propre serait extrêmement faible – pourtant des fluctuations, par exemple de type surmodulation, pourraient éventuellement jouer quelque rôle).

car le concept *primitif* de dérivation (qui est précisément un passage continu à la limite) est directement associé au formalisme (problème de Ehrenfest). Aussi, et quoi que l'on veuille bien en dire, ce n'est fondamentalement pas l'introduction du concept d'opérateur différentiel qui y change quoi que ce soit puisqu'il faut tout de même finir par se référer, sous une forme ou sous une autre, au concept primitif de fonction dérivée qu'il faut bien définir. D'autant que l'on sait que, par ce biais, ce sont les opérateurs (crochets de Poisson) qui introduisent la discontinuité.

Comme l'indique le tableau (p. 286-287), le concept de *réel* dépend fondamentalement, dans le microcosme comme dans le mégacosme, de la nature de la théorie utilisée, c'est-à-dire de son langage. Il est donc nécessairement relatif à cette théorie, et à elle seule. En d'autres termes, il est lui-même *relatif*. Ce qui n'est absolument pas le cas du mésocosme, différence essentielle et qui, à elle seule, justifie la distinction faite à son propos.

Glossaire

algorithme : c'est une suite finie et ordonnée de règles logiques appliquées mécaniquement à un ensemble fini de données initiales (entrées) pour les transformer avec certitude, en un nombre fini d'étapes, en un autre ensemble de données finales (sorties). C'est l'élément de base du fonctionnement de tout calculateur électronique, quel qu'il soit et quelles que soient ses fonctions et performances. Voir *calculabilité*.

amas globulaire : groupement d'étoiles de dimensions et de masses plus réduites que celles des galaxies. Les amas globulaires sont situés hors du plan galactique. Ce sont les objets les plus anciens de l'univers.

année-lumière : unité astronomique d'arpentage qui est égale à la distance que parcourt un faisceau lumineux en une année, soit 9 461 milliards de kilomètres.

antiparticule : la matérialisation de l'énergie crée à la fois de la matière et de l'antimatière, celle-ci étant composée d'antiparticules qui sont caractérisées par des valeurs opposées de certains paramètres physiques des particules correspondantes. Par exemple, l'antiproton à la même masse que le proton, mais une charge opposée ainsi que certains paramètres quantiques (nombres baryonique et leptonique). Réciproquement, une rencontre entre une particule et son antiparticule les transforme en énergie sous forme de rayonnements : c'est l'annihilation. La matière et l'antimatière ne peuvent donc pas coexister localement (sauf contraintes spéciales).

autoréférence (autoréférentialité) : caractéristique de tout discours se référant à lui-même. C'est une donnée fondamentale et générale de tout processus et raisonnement rationnels car, par essence, ceux-ci ne peuvent que se rapporter à la connaissance *rationnelle* qu'ils engendrent, donc finalement à eux-mêmes. On montre que si le discours est formalisable, c'est-à-dire s'il peut utiliser la mathématique, alors il en résulte certaines ambiguïtés impliquant l'indécidabilité des réponses à certaines questions. C'est Épiménide (IVe siècle av. J.-C.) qui, avec son paradoxe, a été le premier à mettre en évidence cette caractéristique et c'est Gödel qui, en 1931, en a montré les conséquences en arithmétique, c'est-à-dire dans les mathématiques. Curieusement, entre ces deux auteurs peu a été dit au sujet de cette particularité qui, pourtant, induit des limitations dont les conséquences scientifiques sont considérables pour tout ce qui concerne l'axiomatique ou les langages formels (voir ce terme et *effet lexique*).

axiomatique : construction théorique fondée sur un ensemble d'axiomes posés a priori et qui doivent vérifier certaines conditions (voir *langage formel*). Les propriétés sont établies par voie logico-déductive. Les axiomes n'ont pas à être considérés comme « évidents » ou comme devant être dotés d'un caractère quelconque de « vraisemblance », car encore faudrait-il pouvoir définir rationnellement ces deux termes ! Les géométries non euclidiennes en sont l'exemple type.

baryon : famille de particules constituées de trois quarks tels que le proton et le neutron (il en existe nombre d'autres).

big bang / big crunch : le big bang est une théorie fondée sur la relativité générale et la physique quantique proposant un scénario d'apparition de l'univers. Il y a une quinzaine de milliards d'années, celui-ci aurait débuté par un état à très haute densité et à température extrêmement élevée. Son évolution, donc l'état actuel, résulterait d'un lent refroidissement consécutif à son expansion. Si certaines conditions physiques étaient remplies, celle-ci s'arrêterait pour connaître une phase inverse de recontraction, la fin se traduisant par le big crunch.

boson : classe de particules de spin entier (en unité $h/2\pi$), ou nul, qui sont les vecteurs d'interaction au niveau élémentaire.

boson de Higgs : quantum d'un champ fondamental hypothétique résultant de la théorie de Higgs. Voir *mécanisme de Higgs.*

boson intermédiaire : boson caractérisant l'interaction faible. Ces bosons peuvent exister sous trois états de charge électrique : $W^{\pm}$, Z^{0}.

brisure spontanée de symétrie : les solutions caractérisant un système physique peuvent ne pas reproduire les symétries des équations qui le décrivent, l'état correspondant étant instable. Son évolution vers plus de stabilité peut alors se faire spontanément par une brisure de symétrie.

bruit de fond cosmique : voir *rayonnement fossile.*

calculabilité : pour être effectivement calculable, une expression mathématique (fonction au sens général) doit remplir certaines conditions lesquelles expriment la calculabilité (récursivité). Le point central est qu'il puisse exister un algorithme effectivement opératoire pour ce faire. Voir *algorithme.*

céphéide : étoile dont la luminosité est cycliquement variable de sorte que la connaissance de la période et de la magnitude permet d'en déterminer la distance.

champ : concept théorique supposé représenter une grandeur physique non localisée, par exemple le champ électromagnétique. Dans le microcosme les champs quantiques ont des quanta associés aux particules élémentaires qu'ils sont supposés représenter. Quel est le concept premier : champ ou particule-source ? La question, qui reste posée, est probablement indécidable.

champ de Higgs : dans la théorie standard c'est le champ quantique associé au boson de Higgs. Il serait responsable du mécanisme de Higgs (voir ce terme).

chromodynamique quantique : théorie de l'interaction forte fondée sur la considération de groupes spécifiques d'invariance de jauge. Il s'introduit un nombre quantique spécifique, dit « de couleur », qui caractérise les interactions fortes entre les quarks et les gluons lesquels sont les vecteurs d'échange.

constante de couplage : paramètre qui détermine l'intensité de chaque interaction, c'est-à-dire celle des différentes forces, indépendamment de la dynamique des systèmes physiques considérés.

constante fondamentale (constante universelle) : nombre caractéristique qui relie la physique (les mesures) à la modélisation théorique, par exemple la constante de Planck, la vitesse de la lumière, la constante gravitationnelle de Newton, la charge de l'électron... Le problème est que l'on ignore combien il en faudrait pour modéliser l'univers.

corde : concept théorique inspiré de la chromodynamique quantique consistant à exprimer les champs de hadrons non plus en tant que fonction de points mais du centre de gravité de microextensions dans l'espace quadrimensionnel, dites cordes. Il s'agit d'une tentative pour substituer ces microéléments aux particules élémentaires ponctuelles, l'intérêt principal étant d'augmenter le nombre de degrés de liberté (oscillations). La quantification de la gravité s'exprime par leur bouclage. Sur une distance de Planck, l'interaction de masses-énergies de l'ordre de celle de Planck devient équivalente à celle qui est due à la force électromagnétique, aussi est-ce à ce niveau que devrait se faire l'unification.

couleur : la couleur est un paramètre quantique spécifique de la chromodynamique quantique affecté aux quarks et aux gluons. Elle a une fonction analogue à celle de la charge électrique de l'électrodynamique quantique dont la théorie s'est inspirée. C'est, en effet, par échange de ce paramètre entre les quarks, au moyen des gluons, qu'est supposée se manifester l'interaction forte. Pourtant il y a une différence essentielle : contrairement à l'interaction électromagnétique, l'intensité de l'interaction forte croît très rapidement avec la distance, excluant ainsi la possibilité d'existence de quarks libres.

covariance : loi de transformation d'une expression mathématique obéissant à une loi de groupe caractéristique de cette transformation, celle de Poincaré-Lorentz pour la relativité restreinte.

décalage spectral : le spectre d'émission lumineuse d'une étoile est décalé en fréquence s'il existe un déplacement relatif entre celle-ci et l'observateur. Il résulte de l'effet Doppler (voir ce terme).

densité critique : seuil de densité de matière cosmique à partir duquel la phase d'expansion de l'univers devrait connaître une limite au-delà de laquelle se produirait une recontraction devant aboutir au big crunch (voir ce terme). Sa valeur moyenne est de l'ordre d'une dizaine d'atomes d'hydrogène par mètre cube de volume cosmique.

La densité actuellement connue est de l'ordre du dixième mais il se pose le difficile problème dit de la masse manquante (voir ce terme).

densité lagrangienne : fonction quadratique caractérisant un système physique, laquelle possède les dimensions d'une énergie généralisée. C'est elle qui est à la base de toutes les théories quanto-relativistes d'unification.

déterminisme / causalité : principe déclarant qu'il existe un chaînage logique d'évolution d'un système physique entre ses différents états successifs, chacun d'eux étant le résultat de celui qui précède et la cause de celui qui suit. (« Tout effet possède une cause et les mêmes causes produisent les mêmes effets. ») Dans certaines de ses manifestations, la physique quantique remet ce principe en question selon ce qu'il est convenu d'appeler l'indéterminisme quantique.

dogmatisme néoplatonicien : conception philosophique de certains mathématiciens contemporains qui voudraient donner une place à part, tout à fait privilégiée et quasi religieuse, à leur discipline relativement à l'ensemble des savoirs humains. Comme toute position doctrinale, son intransigeance n'a pas manqué de conduire à des excès dans le discours et les analyses épistémologiques.

dualisme : capacité qu'ont les systèmes quantiques de manifester aussi bien des propriétés ondulatoires que corpusculaires, ce qu'interdit la physique classique. Mais, étrangement, expérimentalement ces propriétés ne se manifestent jamais simultanément, leur nature dépendant des dispositifs d'analyse utilisés. Ce qui montre que cette dénomination à caractère mésoscopique – et strictement mésocospique – n'est pas adaptée aux fonctionnalités du microcosme.

effet Doppler : il est caractérisé par l'observation d'un décalage en fréquence d'une source mobile qui est le siège d'un phénomène oscillatoire (électromagnétique ou sonore) de fréquence propre donnée. La mesure de ce décalage est reliée à la vitesse relative. Suivant que la source s'éloigne, ou se rapproche, on observe une diminution, ou une augmentation, de la fréquence c'est-à-dire un décalage vers le rouge ou vers le bleu. Le premier correspond au « redshift » de Hubble.

effet Einstein : une onde se propageant dans un champ gravitationnel subit une variation de fréquence, ou décalage spectral. Elle est ralentie, donc décalée vers le rouge, si le déplacement a lieu dans le sens du champ, et accélérée, donc décalée vers le bleu, dans le cas contraire. Ce qui permet de vérifier le principe d'équivalence.

effet lexique : tout langage implique nécessairement la circularité dans la définition des données de base de son vocabulaire dont résultent certaines indéterminations et ambiguïtés car c'est une structure autoréférentielle fondamentale. Aucun langage ne peut donc avoir de signification intrinsèque, c'est-à-dire absolue. Voir *langage formel.*

électrodynamique quantique : théorie quantique du champ électromagnétique en tant que champ de jauge. Il s'agit des interactions entre les charges, notamment les électrons, et les photons qui sont les bosons de ce champ. C'est une théorie généralisée de la lumière en ce sens que ce sont les photons qui en sont à la base. C'est le fait qu'ils ont une masse nulle qui permet, d'une part, la portée infinie et, d'autre part, la renormalisation (voir ce terme).

électronvolt (eV) : unité d'énergie utilisée pour étudier les phénomènes du microcosme. Elle correspond à $1{,}6.10^{-19}$ joule. Ses multiples les plus usuels sont le kiloélectronvolt (keV), le mégaélectronvolt (MeV), le gigaélectronvolt (GeV), le téraélectronvolt (TeV).

équations d'Einstein : groupe de dix équations (réductibles à six) géométro-physiques aux dérivées partielles, non linéaires, permettant en principe de déterminer les dix composantes du tenseur métrique. Elles correspondent, pour une part, à la géométrie d'espace-temps et, pour une autre, à la modélisation physique de l'univers. Elles sont à la base de la relativité générale et des modélisations de l'univers. Il en existe d'autres fondées sur d'autres métriques (voir ce terme).

espace-temps : cadre mathématique général d'expression de la relativité (restreinte et générale) dans lequel l'espace et le temps sont associés de façon géométriquement équivalente de sorte qu'il y ait symétrie des calculs. Mais il n'y a pas équivalence des interprétations qui restent spécifiques car la symétrie n'implique pas l'identité.

éther : milieu aux propriétés physiques les plus étranges qui avait été introduit pour rendre compte de la propagation des ondes électromagnétiques. C'est lui qui fut à l'origine des difficultés ayant conduit à l'abandon de la mécanique de Newton au profit de la relativité restreinte, laquelle a entraîné sa disparition.

étrangeté quantique : dissolution de la description physique d'un microsystème dans un flou inhérent au formalisme de la théorie quantique et paraissant incompatible avec la physique classique, celle du mésocosme. Elle est à l'origine de la querelle de Copenhague mettant en cause le réalisme physique.

facteur gyromagnétique : terme numérique intervenant dans le calcul du moment magnétique de l'électron. L'électrodynamique quantique permet, avec la renormalisation, son calcul avec neuf chiffres significatifs, ce qui constitue un résultat exceptionnel. Mais, en dépit de ce remarquable succès, la méthode (une série alternée de termes décroissant rapidement) reste insatisfaisante sur le plan des principes car elle ne correspond pas à une « mathématique propre ».

fenêtre de l'eau : conditions physiques qui doivent être remplies pour que l'eau soit à l'état liquide sur une planète, susceptible de présenter une activité biologique. En effet, la vie, sous quelque forme qu'elle soit, exige impérativement la présence d'eau liquide.

fermion : classe de particules de spin demi-entier (en unité $h/2\pi$) qui constituent la matière proprement dite. Ils sont soumis au *principe d'exclusion de Pauli* : deux fermions appartenant à un même système physique ne peuvent pas être dans le même état quantique (c'est-à-dire avoir *tous* leurs nombres quantiques affectés des mêmes valeurs numériques).

finalisme (finalité) : position intellectuelle consistant à postuler que l'univers serait soumis à un principe évolutionnel prédéterminé par un but à atteindre, lequel serait donc fixé a priori. Sans préjuger de la manière d'établir ce but, ni de sa nature, *le principe de finalité s'oppose à celui de causalité sur lequel est fondée toute la science rationnelle.* En effet, il prétend expliquer ce qui est par ce qui doit venir, et non par ce qui a été. Ce ne peut donc être qu'un postulat intrinsèquement *irrationnel.* En fait, il s'agit d'une croyance de nature théologique.

fonction d'onde : voir *vecteur d'état.*

formalisable : modèle pouvant être traduit dans un *système axiomatique formel* lequel est constitué d'un ensemble de symboles soumis à des règles précises découlant des axiomes. Ce qui, en principe, exclut toute ambiguïté dans la démonstration si les axiomes vérifient certaines conditions, la difficulté étant celle de leur choix (voir *axiomatique* et *langage formel*). Le type de formalisation est l'arithmétique dont, cependant, Gödel a montré les limites. En tant que science de la mesure, la physique s'y rapporte, aussi est-elle soumise aux mêmes contraintes.

générativité : capacité que possède une théorie, ou une idée, de susciter des extensions et/ou des applications nouvelles et d'ouvrir de nouvelles voies de recherches. Par ses applications physiques, la théorie des groupes en fournit une excellente illustration.

géodésique : trajet de moindre distance entre deux points d'un espace courbe.

gluon : classe de particules (bosons de masse nulle) responsables de l'interaction nucléaire forte.

graviton : particule hypothétique (boson non encore détecté) qui, selon son interprétation quantique, devrait véhiculer l'interaction gravitationnelle.

groupe : théorie mathématique traitant des symétries et des invariances transformationnelles qui leur sont associées, indépendamment de la nature des éléments possédant une structure donnée de groupe (il en existe de plusieurs types). En physique c'est une propriété fondamentale, par exemple le groupe des transformations de coordonnées de Poincaré-Lorentz de la relativité restreinte, lié aux propriétés d'invariance d'espace-temps, exprime la covariance. Le théorème de E. Noether établit que, sous certaines conditions, toute propriété d'invariance correspond à une loi physique de conservation.

groupe local : amas local de galaxies contenant la Voie lactée.

hadron : famille de particules composées de quarks et d'antiquarks. Elles sont caractéristiques de l'interaction forte. Le proton, le neutron et le pion en sont des éléments déterminants en tant que constituants universels des noyaux, c'est-à-dire de toute la matière connue.

heuristique : méthode consistant à rechercher des moyens plus ou moins empiriques permettant de faire progresser une voie de recherche ou une idée. Par exemple, la question n'est pas tant de savoir si une hypothèse heuristique est vraie ou fausse mais si elle est utile, à titre provisoire, pour faire avancer un problème.

incommensurabilité : caractéristique d'éléments n'ayant pas d'unité de mesure commune. Ce terme est utilisé ici à propos de deux théories (la relativité et la théorie quantique) pour signifier que les postulats de l'une ne peuvent pas être exprimés à partir de ceux de l'autre, et réciproquement.

indécidabilité : situation alternative plus ou moins complexe dans laquelle il n'existe *aucun critère rationnel* permettant de choisir rationnellement entre les différentes opportunités rencontrées. Elle est caractéristique de l'autoréférentialité. Exemple : la pensée peut-elle comprendre la pensée ?

inflation : hypothèse selon laquelle, à la suite d'une brisure de symétrie, l'expansion de l'univers primitif aurait connu une phase post-originelle très brièvement exponentielle ($\sim 10^{-30}$s.) mais colossale (facteur $> 10^{25}$).

jauge : symétrie abstraite d'un champ permettant de choisir une échelle pour certaines grandeurs telles que les potentiels, sans affecter les données observationnelles. Une transformation de jauge opère, sous certaines conditions, sur l'expression mathématique des champs physiques. Si elle laisse invariant le lagrangien, il s'agit d'une théorie de jauge, par exemple l'électrodynamique quantique ou la chromodynamique quantique. L'invariance de jauge peut être locale ou globale et des transformations particulières de jauge peuvent constituer un groupe.

langage formel : langage théorique fondé sur un ensemble de symboles (lexique posé a priori et généralement abstrait) et des lois de composition et règles permettant leurs manipulations (axiomes) qui définissent les propriétés des relations, mais pas celles des symboles. Il ne possède donc pas de sémantique intrinsèque. La mathématique, dont l'informatique, en est la principale expression scientifique, mais non la seule puisque, par exemple, c'est aussi le cas de la cryptographie. L'une des difficultés concerne l'indépendance, la non-contradiction et la complétude des axiomes. On sait les limitations dues à Gödel pour l'arithmétique, lesquelles s'imposent donc à toute discipline qui y recourt, c'est-à-dire à la modélisation physique (voir *axiomatique* et *effet lexique*).

lentille gravitationnelle : effet optique de dédoublement d'un objet céleste lointain par déviation gravitationnelle de ses émissions lumineuses traversant une région cosmique fortement massique.

lepton : classe de six particules élémentaires légères qui sont des fermions (trois sont chargés négativement : les électrons, les muons et les tauons, alors que les trois neutrinos associés sont neutres). Ils possèdent chacun une antiparticule. Cette famille est insensible à l'interaction forte, n'ayant pas de nombre quantique de couleur. Selon les théories en vogue, ce seraient, avec les quarks, les constituants ultimes de la matière. Mais ce n'est aucunement avéré car quelques théories telles que celles de superunification, ou d'autres, pourraient remettre en cause ces représentations.

magnitude : paramètre caractéristique de l'éclat d'une étoile (ou d'un objet céleste) qui est exprimé sur une échelle logarithmique. On parle de *magnitude absolue* qui caractérise l'objet source, ou de *magnitude apparente* qui est déterminée par l'observateur en fonction de la distance à laquelle il se trouve.

masse manquante (cachée ; invisible ; sombre) : le comportement dynamique de certaines composantes de l'univers conduit à supposer qu'il existerait certaines sources de masse non détectables par les méthodes usuelles, car non rayonnantes. Elles ne sont donc pas prises en compte dans l'évaluation actuelle de la densité de matière de l'univers alors qu'elles pourraient en représenter de l'ordre de 90 %. On en ignore d'ailleurs la nature bien que certaines hypothèses commencent à se préciser.

matérialisation : opération inverse de l'annihilation, c'est-à-dire création d'une paire de particule-antiparticule (fermion-antifermion) à partir d'énergie (photon).

mécanique ondulatoire : forme primitive de la théorie atomique rendant compte de la discontinuité des échanges énergétiques, et d'autres phénomènes, au niveau élémentaire. Elle est due à de

Broglie, qui a émis l'hypothèse de l'onde associée à tout corpuscule (onde de probabilité), et à Schrödinger qui a établi l'équation de base permettant de l'obtenir.

mécanique quantique : forme axiomatisée et abstraite de la mécanique ondulatoire. Elle doit beaucoup à quelques théoriciens de la fin des années vingt, dont Dirac qui, outre de nombreux travaux fondamentaux, a inventé le symbolisme de ce qui est devenu la théorie quantique. Celle-ci existe sous plusieurs formes axiomatiques physiquement équivalentes.

mécanisme de Higgs : la séparation des champs électromagnétique et faible résulterait d'une brisure spontanée de symétrie de jauge de l'interaction électrofaible impliquant une masse non nulle des bosons intermédiaires. Plus généralement, il existerait des champs fondamentaux de Higgs induisant le processus de brisure spontanée de symétrie, notamment dans les théories d'unification. À ces champs seraient associés des bosons de Higgs, comme l'est le photon au champ électromagnétique. Pourtant, jusqu'ici, on n'a pas de preuve expérimentale, bien que les possibilités restent limites.

mégacosme : toute la partie de l'univers s'étendant au-delà du système solaire (de 10^{13} à 10^{26} mètres qui est la dimension moyenne de l'univers observable). Les justifications de cette nouvelle division sont données dans le texte et dans le tableau de l'annexe. Aux distances extragalactiques, il correspond à un concept de réel qui ne prolonge pas celui du mésocosme, ne serait-ce que pour ce qui concerne les propriétés de l'espace physique et de certains éléments de son contenu.

mésocosme : terme introduit dans ce texte pour améliorer la division classique en *microcosme* (l'infiniment petit) et *macrocosme* (le reste). En effet, le *mésocosme* (qui va de la limite moléculaire supérieure au système solaire) est constitué par le monde observable de l'homme, *celui dans lequel il vit.* C'est donc celui de son expérience quotidienne correspondant à ce que l'on a appelé le *réel au quotidien* (voir ce terme) tandis que le *mégacosme* est réservé à l'infiniment grand c'est-à-dire à l'univers.

meson : classe de particules instables de masse intermédiaire qui sont des bosons hadroniques (paire de quark-antiquark).

mesure quantique : il s'agit d'une opération abstraite, un postulat indiquant que seule peut être obtenue une valeur propre caractéristique du spectre de l'opérateur quantique associé à la grandeur physique à mesurer. Un autre précise la probabilité affectée à chacune de ces valeurs propres, donc de ces mesures. C'est la « réduction du paquet d'ondes », expression qui signifie que l'état final (après la mesure) est réduit à une seule composante du spectre (paquet d'ondes) caractérisant l'état initial. Cette opération discontinue n'est ni réversible ni covariante et c'est cette indécidabilité de principe dans le résultat final qui implique l'incertitude de la mesure quantique et rompt la causalité. Cette opération ne correspond pas à la mesure de la physique classique, ce qui montre que ces deux théories n'appartiennent pas à la même classe de description de la nature.

métalangue : langue qui traite des propriétés propres d'une (ou d'autres) langue.

métrique : expression mathématique (forme quadratique) fixant la distance entre deux points. En relativité générale, c'est un tenseur à dix composantes. Sa donnée permet de définir l'espace géométrique correspondant à la représentation recherchée. Mais elle ne fixe pas la topologie, d'où la pluralité des solutions des équations du champ d'Einstein.

microcosme : dans notre division, il s'agit de l'ensemble de tout ce qui possède des dimensions inférieures à la limite moléculaire, dont les caractérisations et propriétés sont indiquées dans le tableau de l'annexe. Pas plus que le mégacosme, un plausible *réel potentiel microcosmique* n'est une extension du réel du mésocosme. Ce qui n'est pas un argument justifiant le rejet de ce concept, comme le postule l'École de Copenhague. Simplement, celui-ci ne fait que prendre une autre signification qui n'est plus fondée sur la représentation géométrique et l'image caractérisant le réel du mésocosme.

modèle standard : cadre de représentation optimisé des données physiques de base actuellement connues. Il résulte des théories du moment semblant les mieux adaptées en ce sens que ce sont elles qui expliquent de manière cohérente le maximum de phénomènes. C'est un modèle *provisoire* que la recherche a pour tâche d'améliorer (cas du big bang) et, le cas échéant de modifier, voire de changer si quelque découverte l'imposait.

muon : lepton doté d'une charge. C'est une sorte d'électron lourd puisque sa masse est environ 207 fois plus élevée.

mur technologique : ensemble de contraintes dues aux propriétés intrinsèques de la nature et qui sont susceptibles de borner le champ d'expansion des technologies. Ainsi le mur des constantes fondamentales implique que, par exemple, nos possibilités d'exploration du cosmos sont limitées par la vitesse de la lumière. Interviennent également les limites de nos capacités cérébrales, dont celles de conceptualisation, de compréhension ou de théorisation et de potentialités calculatoires, celles de l'ordinateur l'étant également pour des questions de physique fondamentale.

mythe d'Euclide : postulat selon lequel il existerait des vérités premières, absolues, immuables et évidentes en soi, qui seraient des *caractéristiques intrinsèques de la nature directement accessibles à l'homme.* Malheureusement, après deux millénaires de réflexion et plus de trois siècles d'expérimentations scientifiques, on n'a trouvé aucun moyen *rationnel* permettant d'y parvenir. La raison en est fondamentalement le caractère *relatif* de toute connaissance, propriété particulièrement difficile à faire accepter à nos contemporains.

néopositivisme : doctrine apparentée au positivisme d'A. Comte et de S. Mill postulant que la logique, et elle seule, est l'instrument de toute connaissance objective. Les philosophes du Cercle de Vienne jouèrent un rôle important dans son développement. Selon l'interprétation de la théorie quantique défendue par l'École de Copenhague, qui est celle de Bohr, la question de la connaissance d'une éventuelle réalité profonde ne se pose pas car, de toute façon, elle ne nous est pas accessible. Dans sa version plus radicale, le néopositivisme va tout simplement jusqu'à nier cette réalité. Partant de là, on arrive rapidement aux dérives interprétatives les plus inattendues !

neutrino : lepton neutre caractéristique de l'interaction faible. On ignore si sa masse est, ou non, nulle. C'est une question critique car, même extrêmement faible (quelques dizaines d'électronvolts), elle suffirait à compromettre l'expansion indéfinie de l'univers en raison de l'extrême abondance de ces particules.

non-localité : concept lié aux tentatives de vérification des inégalités de Bell : deux systèmes quantiques ayant interagi localement, à un instant donné, restent-ils corrélés ultérieurement quel que soit leur éloignement ? La réponse est ambiguë car les quelques tentatives de vérification ne sont pas pertinentes et le problème semble mal posé.

non-rationnel : expression introduite dans ce texte pour distinguer tout un domaine de la pensée qui se situe entre le rationnel et l'irrationnel, division classique des aires de fonctionnement cérébral. Il s'agit du champ de la pensée cohérente et dotée de sens mais pour laquelle le déterminisme scientifique ne s'applique pas. En effet, elle n'est pas formalisable par les méthodes axiomatiques logico-déductives habituelles. Exemple : existe-t-il un nombre pouvant caractériser la surface ou le volume d'un nuage, d'un atome ou d'un noyau ?

non-séparabilité : voir *non-localité*.

nucléon : appellation générique des deux constituants de base du noyau, c'est-à-dire du neutron et du proton.

opérateur : entité mathématique produisant un type particulier d'opération sur un être mathématique donné. Il existe des classes d'opérateurs (linéaires, différentiels...) agissant sur des familles particulières d'objets tels que les fonctions, les vecteurs... Leur intérêt est que ces classes peuvent jouir de propriétés spécifiques telles que, par exemple, des structures de groupe. De plus, ils permettent une formulation synthétique de certaines expressions mathématiques, par exemple les équations différentielles. Ils peuvent également avoir des applications physiques originales, le formalisme quantique en étant l'illustration.

parsec : abréviation de parallaxe-seconde, c'est une unité de distance astronomique qui a pour valeur 3,26 années-lumière. Elle correspond à la distance à laquelle l'orbite terrestre est vue sous un angle d'une seconde d'arc.

photon : boson de jauge de l'électromagnétisme. C'est lui qui représente l'aspect corpusculaire de la lumière.

physique quantique : théorie physique introduisant un caractère probabiliste dans la description de tout système. Elle discrétifie certains paramètres, dont les échanges d'énergie, et se traduit par des effets physiques nouveaux (exemple : effet tunnel). Ici, nous la distinguons de la théorie quantique proprement dite pour des raisons exposées dans le texte.

pion : meson hadronique (donc constitué d'une paire de quarks-antiquarks) existant sous trois formes : π^+, π^0, π^-, toutes à très faible durée de vie. Ils sont responsables de la force de liaison forte assurant la cohésion du noyau.

plasma : état de la matière ionisée. À haute température (ou plus exactement à grande énergie) c'est un gaz d'électrons et de noyaux, ou de nucléons (voire de quarks lors du big bang) qui est caractérisé par des interactions collectives.

positivisme : doctrine d'A. Comte accordant une confiance illimitée à la science fondée sur la raison (voir *scientisme*). Il s'est terminé en « religion de l'humanité », ce qui n'est pas le moindre de ses paradoxes !

positron : antiparticule de l'électron. Il possède une charge électrique identique en valeur absolue, mais de signe opposé. L'annihilation avec l'électron produit de l'énergie ainsi que des hadrons et des quarks s'ils sont accélérés à très haute énergie.

postulat d'objectivité de la nature : dans son ensemble, comme dans les détails, l'évolution n'est guidée par aucune finalité. C'est-à-dire qu'aussi bien le développement de l'univers que celui de la vie ne poursuivent aucun but prédéterminé. Il n'y a donc pas de téléologie cosmique, assertion qui n'a *jamais été contredite* par quelque fait d'observation que ce soit.

prémisses fondatrices : groupe d'hypothèses préalables devant nécessairement être introduites à la base de toute théorie fondamentale (des fondements), et de toute axiomatique. Elles ne peuvent pas être fournies de manière a priori par la nature. Elles ne peuvent donc qu'être justifiées a posteriori par l'ensemble de leurs conséquences. Elles sont choisies en fonction de leur vraisemblance, de leur généralité et de quelques autres paramètres (dont la cohérence) qui sont ceux exigés de toute axiomatique.

principe anthropique : postulat selon lequel les conditions initiales d'émergence de l'univers ont été telles que la vie, puis l'homme devaient pouvoir y apparaître. Ce principe existe sous deux formes, l'une faible n'étant qu'une constatation, donc une tautologie, alors que l'autre, dite forte, postule que l'univers *devait* avoir des conditions initiales ajustées avec précision pour permettre l'apparition d'observateurs, c'est-à-dire de la vie. C'est donc une position finaliste (voir ce terme).

principe cosmologique (ou de rationalité) : principe postulant que l'ensemble de l'univers obéit à des lois rationnelles qui sont universellement valables (à tout instant et en tout lieu). Notre planète ne jouissant ainsi d'aucune propriété spécifique, toute loi qui y est déterminée s'applique donc à l'ensemble qui est ainsi rationnellement connaissable. C'est le principe de base justifiant toute la méthode scientifique.

principe de complémentarité (Bohr) : un objet quantique peut soit manifester un comportement corpusculaire, soit ondulatoire, selon les conditions expérimentales auxquelles il est soumis. Il est interprété par son auteur en considérant que l'objet, le système physique de mesure et l'observateur forment un tout.

principe de simplicité : encore appelé rasoir d'Occam (nom du moine Guillaume d'Occam qui l'a exprimé). Si, selon ce principe, il existe plusieurs explications d'un phénomène donné, c'est la plus simple qui doit être choisie en tant que recherche générale de la simplification maximale.

principe d'exclusion de Pauli : voir *fermion.*

principe d'indétermination de Heisenberg : deux variables canoniquement conjuguées (au sens de la formulation hamiltonienne) ne peuvent pas être simultanément mesurées avec une précision arbitrairement grande. Il existe, en effet, une limite théorique liée à la constante de Planck.

pulsar : étoile à neutrons qui est en rotation rapide. Elle émet des impulsions électromagnétiques (ondes radio) séquentielles, d'où son nom.

quark : classe de particules (fermions) constituant les hadrons. Ils existent sous six formes différentes (la saveur les distinguant) auxquelles doivent être associés les antiquarks. Dans le modèle standard, ils sont considérés comme étant les constituants ultimes de la matière (avec les leptons). Pourtant rien n'est acquis puisque, par exemple et en dépit de l'absence de donnée expérimentale, d'hypothétiques *préons,* ou *rishons,* pourraient également en être des sous-constituants.

quasar : quasi stellar object. Noyau galactique extrêmement brillant qui est un puissant émetteur d'ondes électromagnétiques caractéristiques.

quaternion : généralisation maximale des nombres complexes munis de toutes leurs lois de composition. Leur intérêt tient au fait qu'ils possèdent quatre composantes, comme l'espace-temps de Minkowski. Bien que différents travaux traitent de ce sujet, cette propriété reste difficile à exploiter.

radioastronomie : ensemble des méthodes d'étude du spectre électromagnétique céleste. C'est le radiotélescope qui en constitue l'outil principal, associé à l'informatique.

rayonnement fossile : fond cosmique électromagnétique dont le spectre est celui d'un corps noir qui serait à la température de 2,7 ° K. Sa distribution céleste est quasi uniforme. C'est un indice pertinent en faveur de l'hypothèse du big bang, mais qui ne convainc cependant pas certains astrophysiciens.

réalisme physique : position philosophique consistant à postuler que le monde existe indépendamment de l'homme et de la perception qu'il peut en avoir. Ce fut la position d'Einstein et la raison pour laquelle il rejeta l'interprétation probabiliste de la théorie quantique.

récursivité : voir *calculabilité.*

réduction du paquet d'ondes : voir *mesure quantique.*

réductionnisme : méthode scientifique appliquée à l'étude des systèmes complexes (vivant compris) consistant à admettre (postulat) que leur analyse peut être entreprise, sans perte d'information, à partir de leurs constituants les plus élémentaires. Il apparaît de plus en plus que cette manière de voir connaîtrait certaines limites.

réel au quotidien : celui qui nous est naturellement fourni par la vie de tous les jours, c'est-à-dire par l'expérience quotidienne et l'éducation, mais aussi par la culture et les traditions. C'est l'expression usuelle du réel qui caractérise le mésocosme (voir ce terme), d'où l'intérêt de ce concept. N'étant pas formellement définissable à cause de l'effet lexique (voir ce terme), il correspond cependant à un consensus intersubjectif. En général, il s'appuie sur l'image et la description géométrique, ce qui n'est plus que partiellement et localement possible dans le mégacosme, et plus du tout réalisable dans le microcosme.

réfutabilité : caractéristique que doit *posséder* toute théorie pour pouvoir être qualifiée de *scientifique* (K. Popper). Elle tient au fait que sa formulation doit nécessairement être sous une forme telle qu'il soit possible de démontrer rationnellement qu'elle est fausse. Car on sait qu'il est impossible de démontrer qu'une théorie scientifique est exacte !

règle de sélection : critère d'élimination, donc de choix, entre plusieurs hypothèses ou opportunités relativement à une question donnée.

relativité générale : théorie due à Einstein qui avait initialement pour objectif de formaliser la gravitation. Permettant de modéliser l'univers, son auteur a tenté d'en expliciter une description géométrique complète. Jusqu'ici en vain car, malgré ses impressionnants succès, en particulier dans l'explication des observations célestes, la question du contenu matériel de l'univers reste insatisfaisante, notamment la représentation des particules. Malgré différentes tentatives plus complexes les unes que les autres, la gravitation reste rebelle à la quantification en dépit de la supersymétrie et des supercordes (voir ces termes) dont le caractère ad hoc n'est pas scientifiquement acceptable.

relativité restreinte : cas particulier de la relativité générale car limité aux seules translations relatives rectilignes et uniformes. Elle implique l'introduction d'une constante universelle : la vitesse de la lumière, et établit la covariance des lois physiques relativement au groupe de transformations de Poincaré-Lorentz. Elle n'intègre cependant pas la gravité.

renormalisation : dans certains calculs impliquant des champs quantiques apparaissent des termes infinis. Il s'agit d'une méthode destinée à les éliminer en dépit du fait qu'elle soit quelque peu contestable sur le plan des principes. Elle consiste à changer l'échelle de certains paramètres en admettant qu'il existe quelque degré de liberté de type invariance de jauge. Plus généralement, il s'agit de toute procédure destinée à éliminer les infinis.

reverses mathematics : nouvelle forme de mathématiques qui, partant de propriétés données a priori, tentent de déterminer quelque axiomatique qui serait susceptible d'en rendre compte. C'est un domaine nouveau, et difficile, mais probablement potentiellement prometteur.

saveur : paramètre quantique distinguant les six différentes espèces de quarks. Leur dénomination est la suivante : up, down, strange, top, bottom, charme, termes empruntés au mésocosme par suite d'une certaine forme d'humour des physiciens des hautes énergies. On peut aussi caractériser les leptons en termes de saveur qui n'intervient pas dans l'interaction forte.

scalaire : grandeur qui s'exprime par un nombre. Un scalaire est invariant par changement de référentiel. C'est le cas de l'énergie, cette propriété étant déterminante dans la théorie physique, particulièrement pour ce qui concerne le formalisme quantique.

scientisme : déviance du concept de science. C'est un mouvement apparu vers la fin du XIXe siècle (positivisme) déclarant que la science constitue le but ultime de l'esprit humain. Il postule également qu'elle permet d'atteindre la nature intime des choses, et cela de manière définitive.

supercorde : extension du concept de corde à la supersymétrie (voir ces termes).

supergravité : c'est une application de la supersymétrie quantique à la relativité générale dans le but de quantifier la gravitation. Elle prévoit, outre l'existence du graviton de spin 2, celle d'un autre boson, le gravitino de spin 3/2. Jusqu'ici, les deux restent non identifiés.

supernova : phase d'évolution explosive d'une étoile. Selon sa masse, elle se transforme en une étoile à neutrons, une naine blanche ou un trou noir. C'est l'un des processus physiques étant à l'origine des noyaux composés de l'univers (nucléosynthèse), donc des planètes.

supersymétrie : superthéorie quantique (« super » signifiant l'intervention d'un « super-espace » de dimensions supérieures à ceux des théories usuelles) fondée sur l'idée non conformiste que les fermions et les bosons seraient réciproquement transformables en tant qu'émanations singularisées d'une même source : le supermultiplet. Le problème est que chaque particule recensée devrait être accompagnée d'un partenaire supersymétrique (soit 163 dans la supersymétrie N = 8), alors qu'aucun n'est actuellement connu. De plus, cette pléthore de particules nouvelles serait bien difficile à expliquer car allant dans le sens inverse d'un principe d'unification théorique des constituants de base.

tachyon : classe de particules hypothétiques, car issues d'une théorie exotique, qui auraient une vitesse toujours supérieure à celle de la lumière, et une masse imaginaire. Ils formeraient une sorte de monde complémentaire du nôtre mais dont la détection devrait être particulièrement difficile, voire impossible... Quoique !

tauon : lepton analogue au muon mais de masse encore plus élevée (~3 491 fois la masse de l'électron).

tenseur : être mathématique intrinsèque (indépendant du système de coordonnées) défini dans un espace multidimensionnel. Il est à multicomposantes selon l'espace généralisé dans lequel il opère. En fait, il correspond à une généralisation du concept de vecteur (tenseur d'ordre 1).

théorie de jauge : voir *jauge.*

théorie standard : voir *modèle standard.*

théorie unitaire : tentative de modélisation synthétique des différentes interactions. Jusqu'ici la gravité est restée rebelle, à l'exception d'un espoir fondé sur le concept de supersymétrie. Pourtant les tentatives faites dans cette direction soulèvent d'importants problèmes, tant de nature théorique que pour ce qui concerne les possibilités de vérifications expérimentales.

TOE : Theory Of Everything (théorie de toute chose). Rêve de quelques physiciens qui voudraient expliquer l'univers et son contenu par une seule théorie, si possible réductible à une sorte de superprincipe ! Mais comment éviterait-elle l'autoréférence puisque, finalement, une telle théorie ne pourrait parler que d'elle-même ! Et, plus grave, d'où sortirait-elle ? Et comment justifierait-elle sa propre existence ? Pour éviter ces écueils, et quelques autres, il serait nécessaire qu'elle ne soit pas contenue dans l'univers... d'où paradoxe ! Ou retour plus ou moins conscient à la métaphysique ?

topologie : partie des mathématiques qui étudie les propriétés d'invariances géométriques (conservation de la dimensionnalité et du nombre de faces et de bords), sous l'effet de transformations et de déformations continues, des surfaces et des volumes multidimensionnels.

trou noir : effondrement présumé ultime d'étoiles suffisamment massiques. Leur existence reste hypothétique. La gravité devrait y être si intense qu'en théorie rien ne devrait pouvoir en sortir. En pratique, un trou noir pourrait cependant être susceptible d'émettre un rayonnement quantique, sorte d'« évaporation ». L'inverse d'un trou noir serait un *trou blanc*, car très hautement émissif et radiatif !

unité astronomique : distance moyenne séparant la Terre du Soleil, soit 499 secondes-lumière (c'est-à-dire ~150 000 000 km).

valeur propre : valeur numérique caractéristique d'un opérateur mathématique. En théorie quantique les valeurs propres d'un opérateur correspondent aux seules grandeurs physiques observables.

vecteur d'état (fonction d'onde) : être mathématique complexe (doté d'un module et d'une phase) censé caractériser un système physique quantique en fonction de ses paramètres spécifiques. Il est déterminé par la résolution de l'équation quantique d'évolution du système. Appartenant à un espace de Hilbert (espace des fonctions de carré sommable), chaque vecteur est supposé représenter un état physique possible du système dont la probabilité correspond au carré de son module. La solution générale est une superposition linéaire de ces vecteurs qui sont des vecteurs propres de l'opérateur hamiltonien du système physique considéré.

Bibliographie

Note : les ouvrages cités en référence dans le texte ne sont pas rappelés ici.

Ouvrages généraux (en langue française)

AUDOUZE J., MUSSET P. et PATY M. : *Les Particules et l'Univers*
PUF (1990)

BOHR N. : *Physique atomique et connaissance humaine*
Collection Folio essais Gallimard (1991)

BROGLIE L. de : *Recherches d'un demi-siècle*
Gauthier-Villars (1976)

BRUNSCHVIG L. : *Les Etapes de la philosophie mathématique*
Librairie Scientifique et Technique Albert Blanchard (1981 ; 1re éd. 1912)

Collectif : *Les Mathématiques aujourd'hui*
Bibliothèque Pour la Science

Collectif : *La Recherche sur les origines de l'univers*
Seuil / Revue *La Recherche* (1991)

COMBES F. *et al.* : *Galaxies et Cosmologie*
InterEditions / Editions du CNRS (1991)

CROZON M. et VANNUCCI F. : *Les Particules élémentaires*
PUF (1993)

DAVIES P. (sous la direction de) : *La Nouvelle Physique*
Flammarion ; Nouvelle Bibliothèque Scientifique (1993)
– : *Superforce ; Recherches pour une théorie unifiée de l'univers*
Payot (1987)
DAVIES P.J. et HERSH R. : *L'Univers mathématique*
Gauthier-Villars (1986)
– : *L'Empire mathématique*
Gauthier-Villars (1988)
CHALMERS A. F. : *Qu'est-ce que la Science ?*
Editions La Découverte (1987)
COHEN-TANNOUDJI G. et SPIRO M. : *La Matière Espace-Temps*
Fayard (1986)
DEVLIN K. : *Mathématiques ; Un nouvel âge d'or*
Masson (1992)
DIEUDONNÉ J. : *Pour l'honneur de l'esprit humain*
Hachette (1987)
EINSTEIN A. : *Quatre Conférences sur la théorie de la relativité*
Gauthier-Villars (1953)
– : *La Relativité : la théorie de la relativité restreinte et générale, la relativité et le problème de l'espace*
Payot (1972)
– : *Œuvres choisies* (6 tomes)
Editions du Seuil / CNRS (1989)
FANG LIZHI et LI SHUXIAN : *La Naissance de l'univers*
InterEditions (1990)
FEYNMAN R. : *La Nature des lois physiques*
Robert Laffont ; Science Nouvelle (1970)
– : *Lumière et Matière, une étrange histoire*
InterEditions (1987)
GONSETH F. : *Philosophie mathématique*
Hermann (1939)
– : *Les Mathématiques et la réalité*
Librairie Scientifique et Technique Albert Blanchard (1936, 1974)
HAKIM R. : *La Science et l'Univers ; De l'expérience au mythe*
Syros (1992)
HAWKING S. : *Une brève histoire du temps ; Du big bang aux trous noirs*
Flammarion (1989)

HEISENBERG W. : *Physique et Philosophie*
Albin Michel (1958)
– : *La Partie et le Tout*
Albin Michel (1972)
ISLAM J.N. : *Le Destin ultime de l'univers*
Belfond / Sciences (1984)
KANE G. : *Le Jardin des particules*
Masson (1996)
KOYRE A. : *Etudes d'histoire de la pensée scientifique*
Gallimard (1985)
LEDERMAN L. et TEVESI D. : *Une sacrée particule*
Odile Jacob (1996)
LESTIENNE R. : *Les Fils du temps : causalité, entropie, devenir*
Presses du CNRS (1990)
LUMINET J.P. : *Les Trous noirs*
Seuil ; Points Sciences (1992)
MORRIS R. : *Comment l'univers finira... et pourquoi*
Robert Laffont (1984)
PAGELS H. : *L'Univers quantique : des quarks aux étoiles*
InterEditions(1985)
POINCARÉ H. *: Œuvres*
Gauthier-Villars (1954)
POPPER K. : *L'Univers irrésolu*
Hermann (1984)
SCHATZMAN E. : *Le Message du photon voyageur*
Belfond / Sciences (1987)
SCHATZMAN E. et PRADERIE F. : *Les Etoiles*
InterEditions / Editions du CNRS (1990)
SELLERI F. : *Le Grand Débat de la théorie quantique*
Flammarion (1986)
TARSKI A. *: Introduction à la logique*
Gauthier-Villars (1960)
THORNE K.S. : *Trous noirs et distorsion du temps*
Flammarion ; Nouvelle Bibliothèque Scientifique (1997)
TOURRENC P. : *Relativité et Gravitation*
A. Colin (1992)
WEINBERG S. : *Les Trois Premières Minutes de l'univers*
Seuil (1980)

Ouvrages spécialisés

ARMSTRONG M.A. : *Basic Topology*
Springer-Verlag (1983)
BARWISE J. : *Handbook of Mathematical Logique*
North Hollant Pub. Co (1982)
BERRY M. : *Principles of Cosmology and Gravitation*
Adam Hilger (1989)
BOTT R. and TU L.W. : *Differential Forms in Algebraic Topology*
Springer-Verlag (1982)
BOURBAKI N. : *Eléments de mathématique*
Herman (1969)
CHAITIN G.J. : *Algorithmic Information Theory*
Cambridge University Press (1987)
CHENG T.P. and LI L.F. : *Gauge Theory of Elementary Particle Physics*
Oxford University Press (1984)
COURANT R. and HILBERT D. : *Methods of Mathematical Physics*
(2 volumes) Interscience Publishers Inc. (1953)
DEHEUVELS R. : *Tenseurs et Spineurs*
PUF (1993)
DIRAC P.A.M. : *Lectures on Quantum Mecanics*
Belfer N.Y/ (1964)
– : *General Theory of Relativity*
J. Wiley and Sons N.Y. (1975)
DODSON C.T.J. and POSTON T. : *Tensor Geometry*
Pitman (1977)
FUJIKAWA K. : *Superstrings, Supergravity and Unified Theories*
Singapore : World Scientific (1986)
GAREY M.R. and JOHNSON D.S. : *Computers Intractability*
Freeman (1979)
GIBBONS G.W. *et al.* éditeurs : *Supersymmetry and its Applications : superstrings, anomalies and supergravity*
Cambridge University Press (1986)
GREINER W. : *Quantum Mechanics :*
Volume 1 : An Introduction
Volume 2 : Symetries
Volume 3 : Relativistic Wave Equations

Volume 4 : Quantum Electrodynamics
Springer-Verlag Heidelberg (1989)
HUANG K. : *Quarks, Leptons and Jauges Fields*
Singapore : World Scientific (1982)
IYANAGA S. and KAWADA Y. : *Encyclopedic Dictionary of Mathematics*
(2 volumes)
The MIT Press (1977)
LADRIÈRE J. : *Les Limitations internes des formalismes*
Louvain E. Nauwelaerts éd. / Paris Gauthier-Villars (1957)
LAKATOS I. : *Preuves et réfutations*
Hermann (1984)
MARKOV M.A. and WEST P.C. : *Quantum Gravity*
Plenum Press (1984)
MORSE P.M. and FESHBACH H. : *Methods of Theoretical Physics*
(2 volumes)
McGraw-Hill Book Co (1953)
NAGEL E *et al.* : *Le Théorème de Godel*
Seuil ; Coll. Sources (1989)
NAKAHARA M. : *Geometry, Topology and Physics*
Adam Hilger (1990)
NASH C. and SEN S. : *Topology and Geometry for Physicists*
Academic Press (1983)
NETTALE L. : *L'Univers et la Lumière*
Flammarion ; Nouvelle Bibliothèque Scientifique (1994)
OHANIAN H.C. : *Gravitation and the Spacetime*
W.W. Norton & Co (1976)
RAE A. : *Quantum Physics : Illusion or Reality ?*
Cambridge University Press (1986)
RAMOND P. : *Field Theory : A Modern Primer*
Reading, Mass. Benjamin/Cumming (1981)
ROTA G.C. Editor : *Encyclopedia of Mathematics and its Application*
(10 volumes)
Addison-Wesley Pub. Co (1979)
SCHUTZ B.F. : *Geometrical Methods of Mathematical Physics*
Cambridge University Press (1980)
SILK J. : *The Big Bang*
Freemann (1980)

VOLLAT P. : *Calculabilité effective et algorithmique théorique*
Eyrolles (1989)

VON NEUMANN J. : *Les Fondements mathématiques de la mécanique quantique*
PUF (1947)

WALD R.M. : *General Relativity*
The University of Chicago Press (1983)

WEINBERG S. : *Gravitation and Cosmology : Principles and Applications of the General Theory of Relativity*
J. Wiley N.Y. (1972)

WHEELER J.A. : *Superspaces and the Nature of Quantum Geometrodynamics*
Batelle Rencontres ; Benjamin N.Y. (1968)

– : *Quantum Theory and Measurement*
Princeton Univ. Press (1983)

ZUBINO B. : *Geometry and Physics*
Berkeley Univ. (1987)

Index général

Remerciements

M. J.-F. Pioche, haut fonctionnaire de défense au ministère de l'Éducation nationale, de la Recherche et de la Technologie, m'a apporté un précieux concours concernant la présentation, la mise en forme de ce texte et sa relecture, phase toujours délicate. C'est pourquoi il m'est particulièrement agréable de lui exprimer ici toute ma gratitude, notamment pour sa perspicacité et pour ses pertinentes critiques constructives.

Mes remerciements vont également à mon collègue et ami, le professeur C. Rioux, de l'université de Paris-VI, avec qui j'ai longuement discuté de certaines questions traitées dans ce texte, et qui m'a apporté des éléments m'ayant permis certaines clarifications lors de sa relecture.

Table

DU MÊME AUTEUR

La Démocratie au XXIe siècle : quelles perspectives pour demain ?
J.-C. Lattès, 1996

Et si l'homme était seul dans l'Univers ?
Grasset, 1994

Le Modèle géométrique de la physique
Masson, 1992

Le Songe de Minerve. Le cerveau et les sciences de l'artificiel
Lieu commun, 1987

La Guerre dans l'espace
Berger-Levrault, 1984

XXIe siècle : les nouvelles dimensions du futur
Entente, 1981

Énergie : le défi nucléaire
Leson-Masson, 1976

DANS LA MÊME COLLECTION

John D. BARROW
La Grande Théorie,
les limites d'une explication globale en physique

Jean-Loup BERTAUX
De l'autre côté du Soleil

Luca et Francesco CAVALLI-SDFORZA
Qui sommes-nous ? Une histoire
de la diversité humaine

Michel CAZENAVE
La Science et l'âme du monde
Dictionnaire de l'ignorance (dir.)

Hans-Peter DÜRR
De la science à l'éthique
physique moderne et responsabilité scientifique

Pierre R. ETÉVENON
Du rêve à l'éveil

Murray GELL-MANN
Le Quark et le Jaguar. Au pays
du simple et du complexe

Sheldon L. GLASHOW
Le Charme de la physique. La recherche
des secrets de la matière

James GLEICK
La Théorie du chaos

Michael A. GUILLEN
Des ponts vers l'infini

Étienne KLEIN
Conversations avec le Sphinx,
les paradoxes en physique

E. KLEIN – M. LACHIÈZE-REY
La Quête de l'unité, l'aventure de la physique

Michel LAMY
Les Insectes et les Hommes

Lynn MARGULIS/Dorion SAGAN
L'Univers bactériel

Jean-Louis REVARDEL
Constance et fantaisie du vivant

Michael RIORDAN/David N. SCHRAMM
Les Mirages de la création, matière noire et structure de l'univers

Dominique TERRÉ-FORNACCIARI
Les Sirènes de l'irrationnel

Sylvie VAUCLAIR
La Symphonie des étoiles. L'humanité face au cosmos

La composition de cet ouvrage
a été réalisée par
I.G.S. - Charente Photogravure, à l'Isle-d'Espagnac,
l'impression a été effectuée
sur presse Cameron dans les ateliers de
Bussière Camedan Imprimeries
à Saint-Amand-Montrond (Cher),

Achevé d'imprimer en octobre 1998.
N° d'édition : 17526. N° d'impression : 985004/1.
Dépôt légal : novembre 1998.